"十四五"职业教育国家规划教材

新编高等职业教育电子信息、机电类精品教材

计算机监控系统的设计与调试
——组态控制技术
（第3版）

袁秀英
石梅香　主　编

田树利　主　审

U0240404

电子工业出版社

Publishing House of Electronics Industry

北京·BEIJING

内 容 简 介

本书沿袭上一版"项目驱动、任务导向，学做合一"的教学思想，在内容上更加突出 PLC 与组态软件的结合，突出控制思想的渗透。全书分为 2 个部分：第 1 部分——计算机监控技术学习项目，通过机械手监控系统等 5 个具体项目的实施，展现计算机监控系统的硬件设计、软件设计与调试的具体方法，包括计算机监控系统的方案设计；工控机、传感器变送器和接口设备选型；系统方框图和原理接线图绘制；组态监控软件制作；系统软、硬件调试等内容。其中接口设备涉及 PLC、I/O 板卡、I/O 模块等主流技术；前 3 个项目用国产通用组态软件 MCGS 完成，后 2 个项目用组态王完成。第 2 部分则给出了 14 个练习项目，供学生进行独立设计与调试训练。

本书可作为高等职业教育自动化、机电、电子、化工、电力、能源、冶金等专业的相关课程教材。各专业可根据学时和专业要求在众多实训项目中进行选择教学。

图书在版编目（CIP）数据

计算机监控系统的设计与调试：组态控制技术 / 袁秀英，石梅香主编. —3 版. —北京：电子工业出版社，2017.2（2024.8重印）

ISBN 978-7-121-30924-3

Ⅰ. ①计… Ⅱ. ①袁… ②石… Ⅲ. ①计算机监控系统－高等学校－教材 Ⅳ. ①TP277.2

中国版本图书馆 CIP 数据核字（2017）第 026829 号

责任编辑：郭乃明　　特约编辑：范　丽

印　　刷：涿州市京南印刷厂

装　　订：涿州市京南印刷厂

出版发行：电子工业出版社
　　　　　北京市海淀区万寿路 173 信箱　邮编：100036

开　　本：787×1092　1/16　印张：19.75　字数：506 千字

版　　次：2003 年 8 月第 1 版
　　　　　2017 年 2 月第 3 版

印　　次：2024 年 8 月第 16 次印刷

定　　价：59.00 元

前　　言

本书第 1 版、第 2 版于 2003 年、2010 年出版，是国家"十一五"规划教材。由国家首批高职示范校一线教师和企业工程师组成编写团队，具有以下特色。

1．技术发展方向把握准确，对课程教学具有引导作用

现在几乎所有高职院校自动化类专业都开设有组态监控技术相关课程，本书作为国内最早系统阐述该技术的教材，客观上推动了该技术在学校的传播进程。

本教材以反映技术主流、跟踪技术发展、强调技术内核为宗旨，硬件涉及 IPC、PLC、智能模块、板卡等技术；软件选择 MCGS 和 KingView 两个民族品牌。第 3 版不仅更加突出 PLC 与计算机监控技术的结合，而且有意通过不同产品的比对应用，强调技术内涵与本质。

2．对高职教学规律把握准确，具有前瞻性

本书自 2003 年诞生，即摒弃了围绕菜单或功能展开软件教学的传统写法，率先采用"项目导向，任务驱动，学做合一"的教学思想，通过对众多实际工程项目进行筛选和改造，确定了机械手、水箱水位监控等 5 个学习项目和 14 个供学生自主创新的练习项目。

"学习项目"给出详细的工作流程，学生在模仿性学习中完成工作任务，强调"学中做"；"练习项目"只给出基本提示和引导性框架，鼓励学生进行个性化设计和探索性学习，更注重"做中学"。这种训练轨迹的着意设计，既有利于知识技能的快速掌握，也有利于创新意识与能力的培养。

3．更加强调工作过程的真实性和完整性，重视核心控制思想的渗透

本教材共有 5 个学习项目，每个项目都包括方案设计→设备选型与电路设计→监控软件设计与调试→软、硬件联调内容。特别强调软、硬件结合，软、硬件内容比例接近 1∶1。

本书另一个创新点是将调试过程及方法写入教材，尝试对这种"只能意会不能言传"的技能进行有意指导与训练。

设备选型有意选取不同产品（如 MCGS 和组态王、PLC 和模块及板卡）进行比对，有利于学生发现技术内核，提高技术适应力。

4．注重职业氛围的构建和职业精神的培养

精心选择的工程项目，展示了从生产线机械设备控制到流程工业自动化的不同领域，努力构建一个有利于职业素质养成和职业精神培养的职业氛围。

5．内容组织符合认知规律

本教材涉及传感器、PLC 等多种技术，却始终以组态控制技术为主线，综合性强，主次把握恰当。项目选择按照从简单开关量到复杂模拟量过渡；教学过程"从模仿性学习→自主创新设计→模仿性学习"循环进行，符合认知规律。项目开始的"主要任务"、执行任务过程中的"想一想、做一做"、项目结尾的"思路拓展"和"项目小结"以及设备选型中即时出现的主要产品网站信息等内容，便于学生进行自主学习和拓展学习，提高自学能力。

本书第 1 部分由袁秀英编写，第 2 部分由石梅香编写，全书由田树利担任主审。对于所有为本书编写提供过帮助的人，在此表示感谢。

由于编者水平有限，书中还有许多不完善之处，希望各位同行、专家多提宝贵意见。

编　者
2016 年 8 月

目　　录

第 1 部分　学 习 项 目

先导知识学习 ……………………………………………………………………………………（1）

　0.1　什么是计算机控制系统 ……………………………………………………………………（1）

　　0.1.1　人如何实现对设备的控制 …………………………………………………………（1）

　　0.1.2　自动控制系统如何实现对设备的控制 ……………………………………………（2）

　　0.1.3　计算机控制系统如何实现对设备的控制 …………………………………………（4）

　0.2　计算机控制系统中使用哪种计算机 ………………………………………………………（4）

　　0.2.1　计算机控制系统使用的计算机种类 ………………………………………………（4）

　　0.2.2　IPC、PLC、MCU 性能比较 ………………………………………………………（5）

　0.3　什么是组态控制技术 ………………………………………………………………………（7）

　　0.3.1　组态的含义 …………………………………………………………………………（7）

　　0.3.2　采用组态技术的计算机控制系统的优越性 ………………………………………（7）

　　0.3.3　市场主流组态控制产品及生产厂家 ………………………………………………（8）

　0.4　计算机控制系统有哪些型式 ………………………………………………………………（8）

　　0.4.1　数据采集系统 ………………………………………………………………………（8）

　　0.4.2　直接数字控制系统 …………………………………………………………………（8）

　　0.4.3　集散控制系统 ………………………………………………………………………（9）

　　0.4.4　现场总线控制系统 …………………………………………………………………（10）

　本项目小结 ………………………………………………………………………………………（10）

学习项目 1　用 IPC 和 MCGS 实现机械手监控系统 ………………………………………（11）

　1.1　方案设计 ……………………………………………………………………………………（11）

　　1.1.1　控制要求 ……………………………………………………………………………（11）

　　1.1.2　对象分析 ……………………………………………………………………………（12）

　　1.1.3　方案制订 ……………………………………………………………………………（14）

　1.2　闭环控制系统设备选型与电路设计 ………………………………………………………（15）

　　1.2.1　命令输入设备选型 …………………………………………………………………（15）

　　1.2.2　传感器变送器选型 …………………………………………………………………（15）

　　1.2.3　执行器选型 …………………………………………………………………………（16）

　　1.2.4　工控机选型 …………………………………………………………………………（16）

　　1.2.5　I/O 接口设备选型 …………………………………………………………………（17）

　　1.2.6　系统软件选型 ………………………………………………………………………（21）

　　1.2.7　系统方框图和原理接线图绘制 ……………………………………………………（21）

1.3 闭环控制系统监控软件的设计与调试 ·· （22）
  1.3.1 安装 MCGS 组态软件 ·· （22）
  1.3.2 建立工程 ·· （23）
  1.3.3 定义变量 ·· （24）
  1.3.4 设计与编辑画面 ·· （26）
  1.3.5 进行动画连接与调试 ·· （31）
  1.3.6 设计控制程序 ·· （33）
  1.3.7 进行程序编辑与调试 ·· （38）
1.4 闭环控制系统的软、硬件联调 ·· （45）
  1.4.1 安装与连接西门子 S7-200 CPU222 ·· （45）
  1.4.2 编辑与调试控制程序 ·· （46）
  1.4.3 进行 PLC 通信设置 ·· （47）
  1.4.4 在 MCGS 中进行 S7-200 PLC 设备的连接与配置 ·· （47）
  1.4.5 软、硬件联调 ·· （52）
1.5 开环控制系统的实现 ·· （52）
1.6 思路拓展 ·· （55）
本项目小结 ·· （59）

学习项目 2 用 IPC 和 MCGS 实现电动大门监控系统 ·· （61）
2.1 方案设计 ·· （61）
  2.1.1 控制要求 ·· （61）
  2.1.2 对象分析 ·· （62）
  2.1.3 方案制订 ·· （63）
2.2 设备选型与电路设计 ·· （64）
  2.2.1 命令输入设备选型 ·· （64）
  2.2.2 传感器和变送器选型 ·· （64）
  2.2.3 执行器选型 ·· （65）
  2.2.4 计算机选型 ·· （65）
  2.2.5 I/O 接口设备选型 ·· （66）
  2.2.6 系统软件选型 ·· （66）
  2.2.7 系统方框图和原理接线图绘制 ·· （66）
2.3 监控软件的设计与调试 ·· （70）
  2.3.1 建立工程 ·· （70）
  2.3.2 定义变量 ·· （71）
  2.3.3 设计与编辑画面 ·· （72）
  2.3.4 进行动画连接与调试 ·· （79）
  2.3.5 进行板卡与 IPC 的任务分工 ·· （84）
  2.3.6 设计与调试 MCGS 监视程序 ·· （85）
  2.3.7 设计与调试 MCGS 控制程序 ·· （87）
2.4 软、硬件联调 ·· （95）

2.4.1 安装中泰 PCI-8408 板卡 ·· (95)

2.4.2 安装中泰 PCI-8408 板卡驱动程序 ·· (95)

2.4.3 安装与连接控制电路 ··· (96)

2.4.4 在 MCGS 中设置 PCI-8408 ·· (96)

2.4.5 进行控制电路的软、硬件联调 ·· (99)

2.4.6 进行主电路的软、硬件联调 ·· (99)

2.5 思路拓展 ··· (99)

本项目小结 ··· (102)

学习项目 3 用 IPC 和 MCGS 实现储液罐水位监控 ··· (103)

3.1 方案设计 ··· (103)

3.1.1 控制要求 ·· (103)

3.1.2 任务分析 ·· (104)

3.1.3 方案制订 ·· (106)

3.2 软、硬件选型 ·· (106)

3.2.1 命令输入设备选型 ··· (106)

3.2.2 传感器和变送器选型 ·· (106)

3.2.3 执行器选型 ·· (108)

3.2.4 计算机选型 ·· (109)

3.2.5 I/O 接口设备选型 ·· (109)

3.2.6 系统软件选型 ··· (110)

3.3 电路设计 ··· (110)

3.3.1 利用 PCL-818L 板卡做接口设备 ·· (110)

3.3.2 利用 S7-200 PLC 做接口设备 ··· (116)

3.4 程序设计与调试 ·· (117)

3.4.1 建立工程 ·· (117)

3.4.2 定义变量 ·· (118)

3.4.3 设计与编辑画面 ·· (118)

3.4.4 进行动画连接与调试 ··· (119)

3.4.5 进行水位对象的模拟 ··· (122)

3.4.6 制作与调试实时和历史报警窗口 ··· (123)

3.4.7 制作与调试实时和历史报表 ··· (131)

3.4.8 制作与调试实时和历史曲线 ··· (136)

3.4.9 编写与调试控制程序 ··· (140)

3.5 使用 PCL-818L 做接口设备的系统软、硬件联调 ··· (143)

3.5.1 安装与连接 PCL-818L 板卡 ·· (143)

3.5.2 在 MCGS 中进行 PCL-818L 设备的连接与配置 ··· (144)

3.5.3 软、硬件联调 ··· (150)

3.6 使用 S7-200 PLC 作接口设备的系统软、硬件联调 ··· (150)

3.6.1 安装与连接 S7-200 PLC ··· (150)

    3.6.2　在 MCGS 中进行 S7-200 PLC 设备的连接与配置 ················· （151）

    3.6.3　软、硬件联调 ··· （155）

  3.7　思路拓展 ··· （156）

  本项目小结 ··· （158）

学习项目 4　用 IPC 和组态王实现机械手监控系统 ···················· （160）

  4.1　方案设计 ··· （160）

  4.2　设备选型 ··· （160）

  4.3　电路设计 ··· （161）

    4.3.1　确定方案 ··· （161）

    4.3.2　设计电路 ··· （162）

  4.4　程序设计与调试 ··· （163）

    4.4.1　安装组态王软件 ··· （164）

    4.4.2　建立工程 ··· （166）

    4.4.3　定义变量 ··· （167）

    4.4.4　设计与编辑画面 ··· （170）

    4.4.5　进行动画连接与调试 ··· （172）

    4.4.6　编写控制程序 ··· （181）

    4.4.7　进行程序的模拟运行与调试 ··································· （185）

  4.5　软、硬件联调 ··· （186）

    4.5.1　连接电路 ··· （186）

    4.5.2　设置三菱 FX2N-48MR 型 PLC 通信参数 ······················· （187）

    4.5.3　在组态王中配置三菱 FX2N-48MR 型 PLC ····················· （187）

    4.5.4　进行机械手监控系统软、硬件联调 ····························· （189）

  4.6　思路拓展 ··· （189）

  本项目小结 ··· （195）

学习项目 5　用 IPC 和组态王实现水箱水位监控系统 ·················· （197）

  5.1　方案设计 ··· （197）

    5.1.1　控制要求 ··· （197）

    5.1.2　对象分析 ··· （197）

    5.1.3　初方案制订 ··· （199）

  5.2　软、硬件选型 ··· （199）

  5.3　电路设计 ··· （203）

  5.4　程序设计与调试 ··· （204）

    5.4.1　建立工程 ··· （204）

    5.4.2　定义变量 ··· （205）

    5.4.3　设计与编辑画面 ··· （208）

    5.4.4　进行动画连接与调试 ··· （211）

    5.4.5　编写控制程序并进行模拟调试 ································· （215）

    5.4.6　制作与调试实时和历史报警窗口 ······························· （216）

　　　5.4.7　制作与调试实时和历史曲线 ················· （218）

　　　5.4.8　制作与调试日报表 ························· （221）

　5.5　软、硬件联调 ······························· （225）

　　　5.5.1　连接电路 ······························· （225）

　　　5.5.2　设置三菱 FX2N-48MR PLC 通信参数 ············ （225）

　　　5.5.3　在组态王中配置 FX2N PLC 和 ND-6018 ·········· （225）

　　　5.5.4　进行软、硬件联调 ······················· （230）

　5.6　思路拓展 ································· （230）

　本项目小结 ··································· （232）

第 2 部分　练 习 项 目

练习项目 1　车库自动监控系统设计 ··················· （234）

练习项目 2　供电自动监控系统设计 ··················· （240）

练习项目 3　雨水利用自动监控系统设计 ················· （247）

练习项目 4　加热反应炉自动监控系统设计 ··············· （253）

练习项目 5　升降机自动监控系统设计 ·················· （260）

练习项目 6　废品检测自动监控系统设计 ················· （267）

练习项目 7　加料过程自动监控系统设计 ················· （273）

练习项目 8　双储液罐单水位自动监控系统设计 ············· （278）

练习项目 9　双储液罐双水位自动监控系统设计 ············· （283）

练习项目 10　双储液罐温度监控系统设计 ················ （286）

练习项目 11　双储液罐水位 PID 控制系统设计 ············· （290）

练习项目 12　双储液罐水位、温度自动监控系统设计 ········· （293）

练习项目 13　工件自动加工监控系统设计 ················ （296）

练习项目 14　污水处理过程监控系统设计 ················ （302）

第1部分 学习项目

本课程任务

先导知识学习

> **主要任务**
>
> 1. 能指出计算机控制系统的基本组成和分类。
> 2. 能指出采用组态控制技术的计算机控制系统和一般计算机控制系统的异同。
> 3. 知道常用组态控制产品。

0.1 什么是计算机控制系统

计算机控制就是用计算机控制设备，使其按照要求工作。人们熟知的机器人就是在计算机的控制下工作的。工厂自动化生产线、家用电器中也普遍使用计算机控制。

什么是计算机监控系统

计算机要想完成控制任务，还需要传感器、执行器等设备的配合，这些设备与计算机一起构成计算机控制系统（The Computer Control System）。

计算机实现自动控制的方法与人类相似，所以让我们先观察一下人类是如何实现对设备的控制的。

0.1.1 人如何实现对设备的控制

对于图 0.1 水罐，如果希望将水罐中的水位 H 控制在给定值 H_0 上，可采用以下方法：

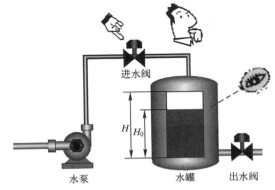

图 0.1 水罐对象

（1）用眼睛→观察水位→$H=?$

（2）用大脑→计算水位偏差→偏高还是偏低？→水位偏差是多少？→偏差 $e=H_0-H=?$

（3）用大脑→计算→应该开大还是关小进水阀？→具体应该开/关多大？

（4）用手→操作进水阀门→改变开度（进水流量）。

（5）重复步骤（1）～（4），直到→将水位偏差 e 控制在工艺允许范围。

很明显，人在控制水罐水位的过程中，动用了眼、脑、手等多种器官，而且整个过程是反复进行的。

0.1.2 自动控制系统如何实现对设备的控制

如果用水位变送器代替人眼，用电动调节器代替人脑、用电动调节阀代替人手和手动阀门，用给定器输入水位给定值，就构成了一个水位自动控制系统（**The Automatic Control System**），如图 0.2 所示。

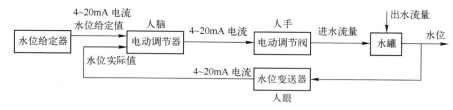

图 0.2 水位自动控制系统

在该系统中：

水位变送器：不断地检测水位，并将其转换成电流信号送给电动调节器。

电动调节器：接收水位实际值和水位给定值，计算二者的偏差；根据偏差计算出给水调节阀门的开度；将开度信号以电流等形式送给电动调节阀。

电动调节阀：根据调节器输出，改变开度，调节进水流量。

整个过程不断反复，从而达到控制水位的目的。

由水位自动控制系统，我们引出了一般自动控制系统的典型组成结构，如图 0.3 所示。在该系统中，各环节的功能如下：

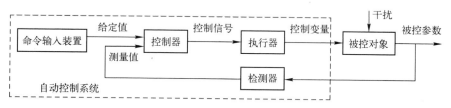

图 0.3 一般自动控制系统方框图 1

被控对象：需要控制的设备，例如水罐。

被控参数：需要控制的参数，例如水罐水位。

检测器：用于检测被控参数，并将其转换为控制器可以接收的电压、电流等信号，例如水位变送器。

命令输入装置：用于输入启动、停止、复位和给定值等信号给控制器。

控制器：用于接收控制命令、给定值和测量值，计算偏差，计算输出量，输出电压、电流等控制信号给执行器。

执行器：用于接收控制器的控制信号，并将其转换为阀门开度变化等动作。

检测器通常由各种传感器、变送器构成。执行器通常是电磁阀、电动调节阀、电动机、挡板、风门、电加热器等设备。

干扰：是使被控参数发生改变，偏离给定值的外在因素。例如，水罐系统中出水流量改变会直接造成水位变化，是水位控制系统的一个主要干扰。此外给水压力变化、环境蒸发（对敞口容器而言）等都是干扰。自动控制系统的被控参数往往受到不止一个干扰因素的影响。

控制变量是执行器输出信号的改变量，具体到水罐水位系统就是进水流量。无论发生什么干扰造成水位变化，都可以通过改变进水流量达到控制水位的目的。

有时候，也将一般自动控制系统的方框图画成图 0.4，其中符号 $\otimes$ 表示偏差计算。

$$偏差＝给定值－测量值$$

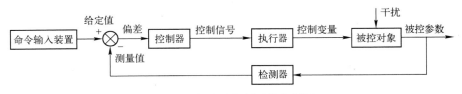

图 0.4　一般自动控制系统方框图 2

图 0.3 和图 0.4 所示自动控制系统也称为闭环控制系统（the Closed-loop Control System）。

闭环控制系统的特点是需要不断检测被控参数，控制器总是根据检测结果和给定值的偏差决定输出。当发生干扰时，被控参数偏离给定值，控制器通过检测装置"感知"到参数变化，从而发出控制信号克服干扰的影响，使被控参数稳定在规定范围。

有时候，一个自动控制系统也可以不要检测器，这样的系统称为开环控制系统（the Open-loop Control System）。开环控制系统的组成框图如图 0.5 所示。

图 0.5　开环控制系统方框图

典型的开环控制应用是电动机启停控制电路，如图 0.6 所示。在这个电路中，电动机 M 是被控设备，启动按钮 SB_2、停止按钮 SB_1 是命令输入设备，接触器 KM 的线圈及整个控制电路是控制器，KM 的主触点是执行器。

控制电路只是根据 SB_1、SB_2 的命令控制 KM 线圈是否得电，电路中并没有安装传感器以检测电动机是否真正转动或停止。

大多数家用全自动洗衣机的洗衣控制也是典型的开环控制，因为它并不检测衣服是否洗干净，只是按照设定的时间和顺序控制洗衣电机和脱水电机的启停。但家用全自动洗衣机的水位控制通常是闭环的，设有水位检测开关，系统会根据水位检测开关的状态决定是否打开进水阀门。

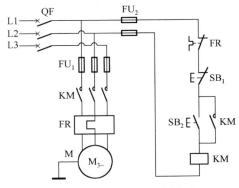

图 0.6　电动机启动控制电路

开环控制用在不需要精确控制被控参数，或被控对象受到的干扰较少，被控参数不经常波动等情况下。

0.1.3 计算机控制系统如何实现对设备的控制

一般自动控制系统，其控制器的结构形式有许多种，可能像图 0.6 一样，是一个电路；也可能是一块独立的仪表，或是某种机械装置。计算机控制系统则采用计算机作控制器，其组成框图如图 0.7 所示。

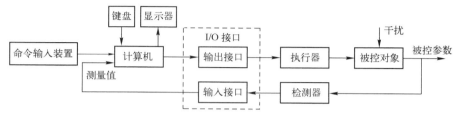

图 0.7　一般计算机控制系统的结构组成

与一般自动控制系统相比，计算机控制系统增加了输入接口（the Input Interface）和输出接口（the Output Interface），统称为输入/输出接口或 I/O 接口（I/O Interface）。

输入接口的主要作用是将检测环节的输入信号（通常为电信号）转换为计算机能够接收的数字信号；输出接口的主要作用是将计算机输出的数字信号转换为电信号输出给执行器。

计算机根据输入接口送来的测量值，按照预先编好的程序计算出合适的输出量，通过输出接口将控制命令送给执行器，实现对被控参数的控制。计算机控制系统的特点是编程灵活，可实现复杂的控制。

0.2 计算机控制系统中使用哪种计算机

0.2.1 计算机控制系统使用的计算机种类

IPC、PLC、MCU
简介与性能比较

计算机控制系统中经常使用的计算机主要有三种：IPC、PLC、MCU。

IPC 称为工业控制计算机或工业 PC 机。（the Industrial Personal Computer 或 the Industrial PC）。在外观和使用方法上，它与我们平时办公和家庭用计算机——PC（Personal Computer）最相似，图 0.8 所示是 IPC 用于工业现场控制室的场景。

图 0.8　IPC 用于工业现场

IPC 是专门用于工业控制的 PC。为了适应工业现场的恶劣环境，满足工业控制的特殊需求，IPC 在结构与性能上做了一些改进，例如，为了抗电磁干扰，常采用金属机箱；为了抗震动，采用小板结构；为了防粉尘，采用触摸键盘和触摸屏；为了能够方便地与检测器、执行器沟通，增加了一些特殊的接口等等。IPC 通常比普通 PC 价格要高许多。IPC 与 PC 性能对比，见表 0.1。

表 0.1 IPC 与 PC 性能对比

性　　能	IPC	PC
抗干扰性	强，工业现场电磁干扰严重	一般，满足日常办公家用
稳定性和可靠性	好，工业控制要求 24 小时连续运行，且要求绝对可靠	一般，满足日常办公家用
防护性能	好，工业现场粉尘、震动、高温、高湿、腐蚀性环境	一般，满足日常办公家用
运行速度	较高，有实时控制要求	一般，满足日常办公家用
存储容量	可高可低，对于有数据记录功能和数据库支持者，要求较高	一般，满足日常办公家用
装备应用软件	少，只要求安装与控制有关的软件	多，满足办公和家用多样性要求
外围设备	要求能与现场检测设备、执行器等方便沟通	通用键盘、显示器、鼠标、音箱等
可组合性	好，适应不同控制需要	一般，满足日常办公家用

PLC（the Programmable Logic Controller）的中文全称是可编程逻辑控制器，它是一种专门用于工业控制的模块级的计算机，在外观上和使用方法上与 PC 完全不同。图 0.9 所示是两种 PLC 的外观。

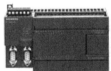 

图 0.9　PLC 外观

MCU（the Micro Controller Unit）中文名称是微控制器，也称为单片机。它是一种可用于工业控制也可用于家用电器、办公设备、实验室测量等多领域的芯片级的计算机。图 0.10 所示是两种单片机芯片的外观，图 0.11 所示是用单片机制成的智能仪表和门禁读卡器。

图 0.10　两种单片机芯片　　　　图 0.11　利用单片机制成的智能仪表和门禁读卡器

0.2.2　IPC、PLC、MCU 性能比较

1. MCU 系统

以 MCU（单片机）为核心的计算机控制系统的突出优点是结构小巧、价格低廉，因此

广泛应用于智能仪器、仪表和小规模测控系统上。

MCU 控制系统是芯片级系统，通常要围绕单片机芯片进行检测电路、I/O 接口电路、执行电路的设计；要使用汇编语言或 C 语言编写控制程序，因此对设计人员的要求较高。此外单片机构成的控制产品常不具有通用性，只适合小型控制系统。目前单片机在工控领域应用最多的是各种基于单片机的智能仪表。

2．PLC 系统

PLC 是由继电器控制系统发展而来的。现已广泛应用于工业生产的各个领域，PLC 在开始阶段主要应用于开关量为主的工控系统中。随着技术的发展，现在模拟量控制系统中的应用也相当成熟了。

与 MCU 相比，PLC 是模块级的系统，已将输入输出接口电路做在 PLC 模块里，因此不需要做接口电路设计。PLC 系统通常只进行检测器、执行器的选型设计和简单电路连接设计，硬件设计的工作量和时间大大减少了。

在软件设计方面，PLC 采用梯形图等多种编程语言，比汇编语言和 C 语言简单易学，开发周期大大缩短。

在可靠性方面，PLC 系统由于是专为工控设计的，可靠性较 MCU 和 IPC 都高。

在体积和成本上，PLC 介于 MCU 和 IPC 之间。

3．IPC 系统

以 IPC 为核心的计算机控制系统，最大的优点是可充分利用 PC 机提供的各种软件和硬件资源。软件资源包括大家熟悉的 Windows 等操作系统、各种数据库程序、各种文本处理程序等。硬件资源包括通用键盘、显示器等输入输出设备。对照 MCU 和 PLC 系统，它们都需要单独设计专门的键盘、显示电路，编写相应驱动程序，显示效果远不如 IPC。由于可以方便地利用 IPC 进行画面显示和打印，IPC 比 MCU 和 PLC 具有更好的工业现场数据显示和管理能力。因此用 IPC 构成的计算机控制系统也常被称为计算机监控系统（the Computer Monitor and Control System）。

IPC 是由 PC 发展而来的，早期应用中，设计人员需要设计制作专门的 I/O 接口电路，将其插入 PC 的扩展槽中，再利用 C 等通用程序设计语言进行软件开发。

现在 IPC 监控系统的设计已经与 PLC 系统设计类似，在硬件设计上只需进行选型设计和简单的电路连接设计，一般不再需要单独进行具体电路设计与制作了。因为市场上有大量专业生产厂家提供各种 I/O 接口设备供选择。

现在的 IPC 系统在软件设计上也很少使用 VB、VC 这样的编程语言编写控制程序了。越来越多的工程师使用工控组态软件完成自动化工程设计。组态软件实际上是个工具软件，使用就像 Word、Photoshop 一样简单，开发周期和 PLC 一样很短。

目前尽管 IPC 的可靠性相对 PC 有了很大进步，但与 PLC 相比，其可靠性和速度仍然有差距，因此常将 PLC 和 IPC 结合应用：用 PLC 直接控制被控设备，完成控制功能；用 IPC 进行生产管理和监视，这是目前工控领域经常采用的形式。MCU、PLC、IPC 的特性对比如表 0.2 所示。

表 0.2　MCU、PLC、IPC 特性对比

性　　能	MCU	PLC	IPC
体积	最小	居中	最大
价格	最低	居中	最高
可靠性	与设计水平有关，不能保证	最好	低于 PLC
开发周期	最长	较短	较短
适用领域	较广，工控、家电、商业、农业、交通运输等各领域	工控领域	工控领域
系统规模	小型系统	从小型到大型	从中型到大型系统
特长	检测控制	检测控制	监视和管理

本教材主要针对 IPC 系统的设计与调试方法进行阐述。

0.3　什么是组态控制技术

什么是组态控制技术

0.3.1　组态的含义

1．组态的本来含义

组态（Configuration）的意思是配置、装配、组合等，就是对系统进行配置，使之具有某种功能。

2．在计算机控制系统中"组态"的涵义

在计算机控制系统中，组态含有硬件组态和软件组态两个层面的含义。

所谓硬件组态，是指系统大量选用各种专业设备生产厂家提供的成熟通用的硬件设备，通过对这些设备的简单组合与连接实现自动控制。这些通用设备包括控制器（IPC、PLC 和以 MCU 为核心的各种控制器）、各种检测设备（传感器和变送器）、各种执行设备（电磁阀、气缸、电动机等）、各种命令输入设备（按钮、给定设备），还有各种 I/O 接口设备。

这些通用设备一般都做成具有标准尺寸和标准输入输出信号的模板或模块，它们就像积木一样，可以根据需要组合在一起。

所谓软件组态就是利用专业软件公司提供的工控软件进行系统程序设计。这些软件提供了大量工具包供设计者组合使用，因此被称为组态软件。利用组态软件工程技术人员可以方便地进行监控画面制作和程序编制。

0.3.2　采用组态技术的计算机控制系统的优越性

采用硬件组态和软件组态的方式构成控制系统有以下优越性：

（1）开发周期短。

（2）系统可靠性高。

（3）对工程技术人员的要求不高，便于推广。

（4）构成的系统通用性强，便于维护。

0.3.3　市场主流组态控制产品及生产厂家

国内外许多自动化设备厂家都生产可供组态的自动化产品，如德国西门子，日本三菱、欧姆龙、松下电工、富士电机，法国施耐德，美国 AB、GE，台湾研华、研祥，中国和利时、浙大中控等。这些厂家提供各种工控机、I/O 板卡、I/O 模块、PLC 等硬件产品。

常用组态软件有西门子用 WINCC、GE 用 IFIX、中国的 MCGS、Kingview（组态王）、研华的 WebAccess 等。为了使同学们能够对组态软件的使用规律有更好认识，本书选择 MCGS 和 Kinview 两个国产组态软件进行训练。

0.4　计算机控制系统有哪些型式

0.4.1　数据采集系统

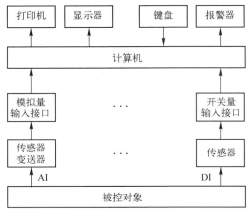

图 0.12　数据采集系统

数据采集系统也称为 DAS——Data Acquisition System。其结构如图 0.12 所示。被控对象中待检测的各种模拟量和开关量，被传感器和变送器检测，分别经模拟量输入接口和开关量输入接口进入计算机，计算机对各信号进行采集、处理后，送显示器、打印机、报警器等设备。

DAS 系统的特点是只进行参数检测，不进行控制。I/O 接口只有模拟量输入（AI——Analog Input）和开关量输入（DI——Digital Input）接口。这种系统常用于早期的计算机检测系统中，其优点是可以用一台计算机对多个参数进行巡回采集和处理，显示界面好，便于管理。

0.4.2　直接数字控制系统

直接数字控制称为 DDC——Direct Digital Control。其系统结构如图 0.13 所示。计算机既可对生产过程中的各个参数进行巡回检测，还可根据检测结果，按照一定的算法，计算出执行器应该的状态（电磁阀的通与断、调节阀的开度、电动机的启动与停止、电动机的转速等）。DDC 系统的 I/O 接口除了 AI 和 DI 外，还有模拟量输出（AO——Analog Output）接口和开关量输出（DO——Digital Output）接口。

DDC 控制是真正的计算机控制系统，与 DAS 相比，其特点是既检测，也控制。由于控制算法用程序编制，可以实现继电器和仪表不能实现的许多功能。

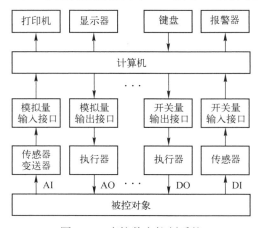

图 0.13　直接数字控制系统

通常 DDC 系统的一台计算机可以控制几个到十几个回路。如果系统较大，将过多的参数集中到一台计算机上进行控制，不仅对计算机的性能提出了较高要求，更重要的是，一旦计算机出现故障，整个系统将受到严重影响。因此 DDC 控制的回路越多，可靠性越差。如果使用几台计算机分别控制不同的回路，可靠性会提高，但由于这些计算机之间相互不连接，它们各自为政，不能进行统筹控制。因此 DDC 适用于控制回路较少的场合。

0.4.3 集散控制系统

集散式控制系统也称为分布式控制系统，简称 DCS——Distributed Control System。

集散式控制常用于较大规模的控制系统中，可以很好地解决 DDC 系统可靠性和统筹性的矛盾。其总体思想是分散控制，集中管理，即用多台计算机分别控制若干个回路，再用一台计算机对这些计算机进行统一管理。

集散式控制系统的规模可大可小，可以只有两级（称下位机和上位机），也可以多级。典型的三级结构如图 0.14 所示，分为过程控制级、控制管理级和生产管理级。

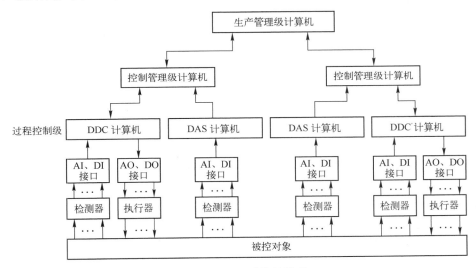

图 0.14　DCS 系统的组成

过程控制级由各控制站组成，控制站可以是 DAS，也可以是 DDC，用来进行生产的检测与控制。

控制管理级由工程师站、操作员站、数据记录检索站等组成，供工程师进行程序调试；操作员进行生产监控、手动操作、报表打印、数据查询等。

生产管理级由生产管理信息系统组成，可进行生产情况汇总与调度。

DDC 和 DAS 计算机通常采用 PLC 或以单片机为核心的智能控制器。控制管理级计算机可以是 PLC，也可以是 IPC。生产管理级计算机常采用 IPC。

举个形象的例子，如果一个工厂有若干个车间，每个车间有若干台设备，每个设备上有若干参数需要控制。过程控制级计算机相当于车间操作工人，数量最多，对不同的设备负责；控制管理级计算机相当于车间主任，领导本车间的操作工；生产管理级计算机相当于厂长，管理各车间主任。

0.4.4　现场总线控制系统

现场总线系统简称 FCS——Field Control System。

DCS 系统的计算机与计算机之间通过网络进行通信。但现场传感器、变送器、执行器仍使用模拟信号。每个传感器、变送器或执行器至少有两根信号线需要连接。当系统中需要检测和控制的参数较多时，施工工作量较大。另一方面，模拟信号在传输时的抗干扰性能比较差，造成系统可靠性下降。

FCS 系统首先要求现场变送器和执行器能直接发送或接收数字信号，使用时将它们"挂在"现场总线上，通过网络与计算机相连。现场总线系统的施工量减少了，抗干扰性能也比较高。

FCS 系统的发展很快，现场总线产品从原来的百花齐放、互不兼容过渡到现在的主要产品之间的相互融合。在 GE 的 PLC 系统中看到按照西门子推出的 PROFIBUS 现场总线标准生产的 I/O 产品已不是什么奇怪的事情。目前最新趋势是将控制系统的各部分通过工业以太网进行连接。FCS 通过现场总线将传感器、执行器、控制器连接在网络上，是一个不仅实现了对被控设备的感知，更实现了对其操作与控制的高级物联网。

本项目小结

计算机控制系统由被控对象、检测器、I/O 接口、计算机和执行器几部分组成。

计算机控制系统使用的计算机有 PLC、MCU、IPC 等。它们具有不同的特点，分别用于不同的控制领域。

计算机控制系统可分为：数据采集系统（DAS）、直接数字控制（DDC）系统、集散式控制系统（DCS）和现场总线控制系统（FCS）。

组态控制技术是计算机控制技术发展的结果，采用组态控制技术的计算机控制系统最大的特点是从硬件设计到软件开发都具有组态性，因此系统的可靠性和开发速度提高了，开发难度却下降了。组态软件的可视性和图形化管理功能也为生产管理和运行维护提供了方便。

本部分学习应掌握以下内容：

学习目标	
知识目标	技能目标
1．计算机控制系统的组成框图 2．计算机控制系统与非计算机控制系统的异同 3．传感器、计算机、执行器、I/O 接口在计算机控制系统中的功能 4．计算机控制系统使用的计算机的种类 5．IPC 与 PC 的区别 6．IPC、MCU、PLC 控制系统各自特点 7．DAS、DDC、DCS、FCS 系统的功能与组成框图 8．硬件组态和软件组态的概念 9．采用组态技术的计算机控制系统的优势 10．市场主流组态硬件产品生产厂家 11．市场主流组态软件产品	

学习项目 1　用 IPC 和 MCGS 实现机械手监控系统

主要任务

1. 读懂控制要求，设计机械手监控系统的控制方案。
2. 进行器件选型，要求使用西门子 S7-200 PLC CPU222 作 I/O 接口设备。
3. 进行电路设计，画系统接线图。
4. 用 MCGS 组态软件进行监控画面制作和程序编写。
5. 完成系统软、硬件安装调试。

1.1　方案设计

1.1.1　控制要求

想一想：机械手是个什么东东？

做一做：上网搜索关于机械手的相关内容，对机械手有初步认识；观察实验室中的机械手，总结其动作过程；读以下内容，复述机械手工作任务。

机械手（manipulator）能模仿人手的某些功能，用以抓取、搬运物品或操作工具，被广泛应用于机械制造、冶金、电子等部门。图 1.1 是几种机械手的外观。

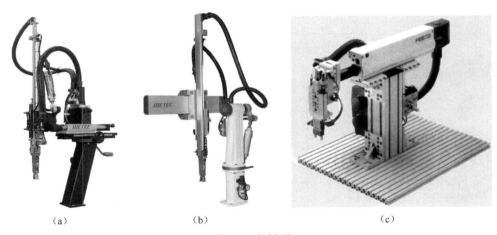

（a）　　　　　　　　　　（b）　　　　　　　　　　　　（c）

图 1.1　机械手

图 1.1（c）所示机械手，其任务是将工件送到下一工位。已知待搬运工件在机械手初始位置正下方，控制要求如下：

按下启动/停止按钮 SB_1 后，机械手下移至工件处→夹紧工件→携工件上升→右移→下移至指定位置→放下工件→上移→左移→回到初始位置，重新下移、夹紧……，循环执行。

松开启动/停止按钮 SB₁，机械手停在当前位置，再次按下启动/停止按钮，机械手继续运行。

按下复位停止按钮 SB₂ 后，机械手并不马上停止，也不立刻复位，而是继续工作，直到完成本周期操作，回到初始位置，之后停止，不再循环。

松开复位按钮，退出复位状态。

1.1.2　对象分析

想一想：机械手为什么能动？

做一做：观察实验室中的机械手系统，分析其系统组成和动作过程。

读图 1.2，复述气缸动作原理。

读表 1.1，指出两位五通双电控电磁阀的控制信号与气缸动作的关系。

读图 1.3，复述机械手系统工作原理。

1．机械手是怎么动起来的

机械手可以用电动机（Electromotor）、气缸（Pneumatic Cylinder）或液压缸（Hydraulic Cylinder）驱动。图 1.1（c）所示机械手使用 3 个气缸驱动：伸缩缸、升降缸、夹紧缸，分别驱动机械手水平、垂直运动和夹紧/放松动作。

气缸的动作受电磁阀控制。图 1.2 是气缸动作原理。图中控制气缸的电磁阀上有两个电磁线圈。

缩回线圈得电时，电磁力使电磁阀处在图 1.2（a）所示位置。气流方向如虚线箭头，在气流压力作用下，气缸杆向左缩回。

伸出线圈得电时，电磁力使电磁阀处在图 1.2（b）所示位置。气流方向与图（a）相反，气缸杆向右伸出。

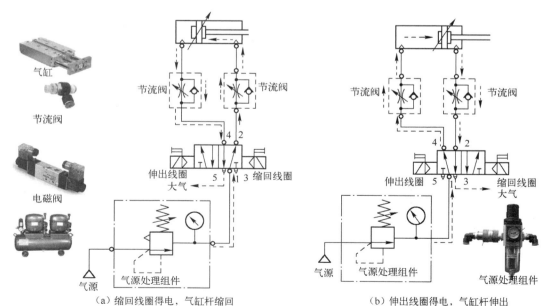

（a）缩回线圈得电，气缸杆缩回　　　　（b）伸出线圈得电，气缸杆伸出

图 1.2　气缸动作原理

观察电磁阀，图 1.2（a）位置，气流从进气口 1 流向 2；从 4 经 5 排向大气。图 1.2（b）位置，气流从进气口 1 流向 4；从 2 经 3 排向大气。

可见，当电磁阀的线圈得电或失电时，流经电磁阀的气流方向发生改变，从而驱动气缸杆，向不同方向运动。气动/液压系统中将此类电磁阀称为换向阀。

图 1.2 所使用的换向阀有两个工作位置：图（a）为右位、图（b）为左位——被称为两位阀。

有五个通气口——因此被称为五通阀。图中标号为 1～5，其中 1 为进气口，与气源相连。3 和 5 为排气口，与大气相通。2 和 4 是两个工作口，通过节流阀与气缸相连。

有两个电磁线圈——因此被称为双电控阀。通过改变伸出线圈和缩回线圈的得电与失电，控制工作口 2 和 4 的气流方向。

综合起来，本系统的电磁阀被称为两位五通双电控阀。除了这种阀，也有两位五通单电控阀、三位五通双电控阀等，请同学们观察实验室设备上采用的阀是哪种？搜索相关资料研究一下它们的种类和工作特性。

表 1.1 是该换向阀电控信号与动作关系表。

表 1.1　两位五通双电控阀电磁线圈控制信号与气缸动作关系表

伸 出 线 圈	缩 回 线 圈	气 缸 动 作
1	0	伸出
0	1	缩回
0	0	保持
1	1	不允许，可能会烧毁线圈

2．机械手系统气路图

图 1.3 是机械手气动回路图。共 3 个气缸，对应 3 个电磁阀，全部采用两位五通双电控阀。因此有 6 个电磁线圈控制信号，分别控制左移、右移、上移、下移、夹紧和放松动作。

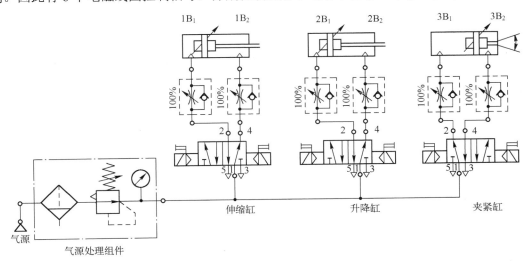

图 1.3　机械手气动回路图

3．机械手对象总结

被控对象——机械手。

控制目标——当机械手接收到启动、停止、复位命令时，能够按照要求做上/下、左/右、夹/放动作，将工件运送到指定位置。

被控参数——机械手动作。

控制变量——6 个电磁线圈（上、下、左、右、夹、放）的通电和断电。

1.1.3 方案制订

想一想：为实现机械手控制与监视，还需要哪些设备？它们各自的任务和彼此的关系是什么？

做一做：读图 1.4，复述闭环控制系统原理。

读图 1.5，复述开环控制系统原理。

观察实验室设备，指出其采用的是哪种系统。

方案制订

1．闭环方案

机械手监控系统的闭环方案如图 1.4。两个操作按钮用于输入启停和复位命令。6 个位置开关（位置检测传感器）$1B_1$、$1B_2$、$2B_1$、$2B_2$、$3B_1$、$3B_2$（如图 1.3），用于检测是否在左、右、上、下、放松、夹紧位置。计算机将根据 6 个位置开关的状态和两个按钮的命令控制 6 个线圈的通断。

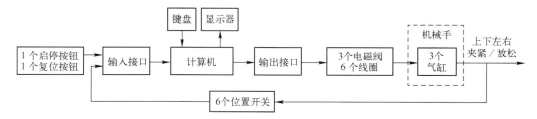

图 1.4 机械手监控系统闭环控制方案方框图

2．开环方案

开环控制不需要进行位置检测，系统方案如图 1.5。

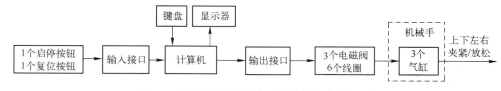

图 1.5 机械手监控系统开环控制方案方框图

开环系统靠经验时间控制机械手的动作，本机械手动作时间及过程如下：

按下启动/停止按钮 SB₁ 后，机械手下移 5s→夹紧 2s→上升 5s→右移 10s→下移 5s→放松 2s→上移 5s→左移 10s（s 为秒），最后回到原始位置，自动循环。

其硬件组成结构比闭环简单，但由于没有传感器进行位置检测，系统无法获知机械手真正的运动状态，如果机械手运动速度改变，或运动过程中出现某一个气缸故障，控制精度难以保证。

这里我们先采用闭环控制方案进行设计。

1.2 闭环控制系统设备选型与电路设计

想一想：需要选择哪些设备？如何进行电路连接？

做一做：观察实验室使用设备的型号。

读本节内容，了解选型要点。

上网查找相关设备图片和手册。

画出以 S7-200 CPU222 为接口的系统接线图。

按照图纸进行电路连接与调试。

命令输入设备、传感器、
执行器、工控机选型

1.2.1 命令输入设备选型

本系统命令输入设备只需要 1 个启动/停止按钮、1 个复位停止按钮，如图 1.6 所示。根据控制要求，可选用带自锁功能的按钮，也可选用旋转开关。本系统按钮的工作电压使用 DC24V，同学们可上网查找相关厂家的产品手册，确定按钮的型号。

（a）按钮外观   （b）带自锁按钮的符号

图 1.6 命令按钮

1.2.2 传感器变送器选型

用于位置检测的传感器有许多种，一般气缸上常使用磁性开关。图 1.7（a）所示为磁性开关的外观，图（b）所示是磁性开关在气缸上的安装示意。

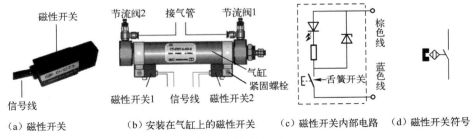

（a）磁性开关   （b）安装在气缸上的磁性开关   （c）磁性开关内部电路   （d）磁性开关符号

图 1.7 磁性开关

其基本原理是：将磁性开关 1 和 2 分别安装在左右两个极限位置。当气缸在缩回位时，活塞杆上的磁性物质与磁性开关 1 内部的舌簧开关相作用，开关 1 闭合；气缸在伸出位时，磁性开关 2 闭合。图（c）所示为一种带发光二极管指示的磁性开关内部原理。为了让发光二极管能正确显示，注意棕色引出线应接电源正极。请同学们上网查找相关厂家的产品手册，确定磁性开关的型号。

1.2.3　执行器选型

本系统的执行器是 3 个气缸和 3 个电磁阀。气缸用于直接驱动机械手动作，电磁阀的作用是将控制器输出的电控信号转换为气缸的气控信号。电磁阀集中安装在汇流板上。如图 1.8 汇流板上安装有 4 个电磁阀，其中 3 个为伸缩、升降、夹紧阀，另一个做它用，这里暂不理会。

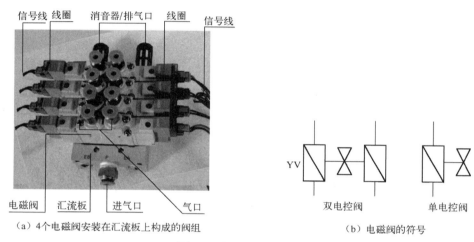

（a）4 个电磁阀安装在汇流板上构成的阀组　　　（b）电磁阀的符号

图 1.8　电磁阀及汇流板

对于五通型电磁阀，每个电磁阀有 5 个气口。图 1.8 所示的结构中，汇流板为所有电磁阀提供一个公共的进气口和两个排气口。气源处理组件的压缩空气经进气口送入所有电磁阀，做功后经排气口排入大气。排气口装有消音器，以减小噪音。每个电磁阀上还有两个独立的工作口，与气缸相连，控制气缸动作。

对于双电控电磁阀，每个阀左右两侧各有一个线圈，线圈的控制信号通过信号线送入。

本系统使用电磁阀工作电压 DC24V，线圈功率 1.5W。同学们可上网查找相关厂家的产品手册，确定其型号。

1.2.4　工控机选型

系统计算机可采用单片机、PLC 或 IPC（工控机）。这里选研华 PPC-8170 工业平板电脑，其外观及主要技术参数如图 1.9（a）和（b）所示。有关研华工控产品的详细信息可从该公司网站获得，具体网址为：http://www.advantech.com.cn/。

- 17" TFT LED 面板,分辨率最大支持 1280 x 1024
- Core™ i3, i5 桌面级处理器((LGA),英特尔 H61 芯片
- 2个204 PIN DDR3 SO-DIMM 内存插槽,各支持到4G内存
- 支持1个 PCIe x 4 / PCI (附件)
- 支持 6 USB, 6 COMs, 1 x GPIO, 8 bits (Internal pin header)
- 支持1个 2.5" SATA 硬盘
- 支持 100~240V AC 输入
- 支持远程监控,搭配 SUSIAccess and 嵌入式 APIs 软件接口

（a）外观及配置

订购信息

料号	描述
PPC-8170-RI3AE	17" SVGA Panel PC w/Intel Corei3-3220, 5-Wire Touch, 6 COM, 6 USB, 2 LAN, 1 x PCIe or 1 x PCI expansion
PPC-8170-RI5AE	17" SVGA Panel PC w/Intel Core i5-3550S, 6 COM, 6 USB, 2 LAN, 1 x PCIe or 1 x PCI expansion
PPC-WLAN-A2E	Wi-Fi Module with Antenna Cable 40cm for PPC
PPC-174T-WL-MTE	Wall mount kits for PPC series
PPC-ARM-A03	PPC ARM VESA stand
PPC-174 Stand	Stand kit for PPC-174
1702002605	Power cord 2P FRANCE 10A/16A 220V 1.83M 90D
1702002600	Power Cord 3P UL/CSA(USA) 125V 10A 1.83M 180D

I/O接口

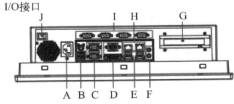

A. AC电源输入　B. USB接口　C. COM接口
D. VGA and DVI接口　E. USB接口
F. 音频输出/麦克风　G. Riser Card扩展
H. LAN接口　I. COM接口　J. 电源开关

（b）机箱背板

图 1.9　研华 PPC-8170 工业平板电脑

1.2.5　I/O 接口设备选型

在进行选型之前,首先需要了解常用 I/O 接口设备的种类与功能。

I/O 接口设备选型

1. I/O 接口设备的种类

I/O 接口设备是连接计算机和检测器、执行器的桥梁。有以下种类:

（1）按照输入输出信号的性质分类。可分为 AI、AO、AI/AO、DI、DO、DI/DO、混合信号接口等。

① AI 接口——Analog Input（模拟量输入）接口

接收传感器变送器等输入的模拟信号,将它们转换成计算机能够接收的数字量。不同 AI 设备可能存在以下不同,选型时应注意:

- 输入信号的点数:可能是 4 通道、8 通道、16 通道等。
- 输入信号的性质:可能是电压输入也可能是电流、电阻等。
- 输入信号的范围:可能是直流 0～10V 输入,也可能是 0～5V 输入等。
- 转换的精度:可能 8 位、12 位、16 位、32 位等。
- 与计算机沟通的形式:可能采用 RS232、RS485、USB、工业以太网等串行通信形式,也可能采用并行通信形式。

② AO 接口——Analog Output（模拟量输出）接口。将计算机输出的数字信号转换成模拟量输出给电动调节阀等设备。AO 设备选型注意事项与 AI 类似,这里不一一表述。

③ AI/AO（模拟量输入/输出）接口。既可以输入模拟量,也可以输出模拟量。

④ DI 接口——Digital Input（开关量输入）接口。可接收传感器、按钮等输入的开关量或数字量,将其转换为计算机能够接收的数字量。不同的 DI 设备可能存在以下不同:

- 输入信号的点数。
- 输入信号的性质：是触点的通断信号（继电器输入），还是高低电平信号（数字量输入）等。
- 输入信号的范围：是 DC5V，还是 DC24V 等。
- 与计算机沟通的形式。

⑤ DO 接口——Digital Output（开关量输出）接口。DO 设备选型时的注意点与 DI 类似。

⑥ DI/DO（开关量输入/输出）接口。既可以输入开关量，也可以输出开关量。

⑦ 混合信号接口。1 个设备可以输入/输出 AI、AO、DI、DO 等多种信号。

（2）按照产品的结构分类。I/O 接口设备可分为：板卡、模块、PLC、智能仪表等。

① 板卡。板卡在外观上和声卡、显卡类似，它们总是安装在计算机的机箱内，如图 1.10 所示。板卡通过条形插针固定在机箱内的扩展槽上，另一端以连接器（Connector）形式装在计算机背板上。条形插针是板卡与计算机信号联系的通道；连接器（Connector）是板卡与外部 I/O 设备信号联系的通道。根据计算机扩展槽的不同又有 PCI 总线板卡和 ISA 总线板卡等，现在 ISA 总线的计算机已不多见。

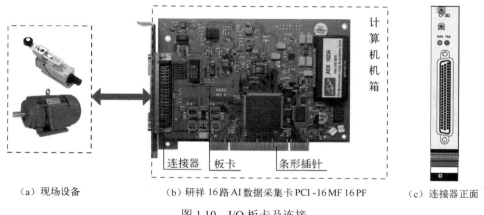

（a）现场设备　　（b）研祥 16 路 AI 数据采集卡 PCI-16MF 16PF　　（c）连接器正面

图 1.10　I/O 板卡及连接

板卡的特点是结构简单，价格较低。板卡插在工控机内，通常位于控制室里，现场传感器、电磁阀、电动机等 I/O 设备与板卡之间通过线缆和连接器进行连接。当 I/O 外设数量较多或者控制室与现场距离较远时，安装成本较高。此外这种并行传输方式的抗干扰性能相对较低。

② I/O 模块。与板卡不同，模块是安装在工控机外面的 I/O 设备。模块与 I/O 设备通过接线端子连接，模块与工控机通过串口、USB口或以太网口相连。模块的优点是安装方便且对安装距离没有太多限制，工程上应用较多。图 1.11 所示是两种模块的外观。

有时候，I/O 模块与工控机使用的串行通信协议不同，这时候就要用到转换模块。图 1.12 中，ADAM 的 I/O 模块采用 RS485 串行通信协

（a）台湾研华 ADAM4117，　　（b）台湾弘格 I-7055，
　　　7DI/8DO　　　　　　　　　8DI/8DO

图 1.11　两种 I/O 模块

议，与计算机 A 的 RS232（COM）口和计算机 B 的 USB 口通信，中间需要信号变换模块。图中 ADAM4520 是 RS485/232 转换模块，ADAM4561 是 RS485/USB 转换接口。I/O 模块常安装在控制柜的导轨上。

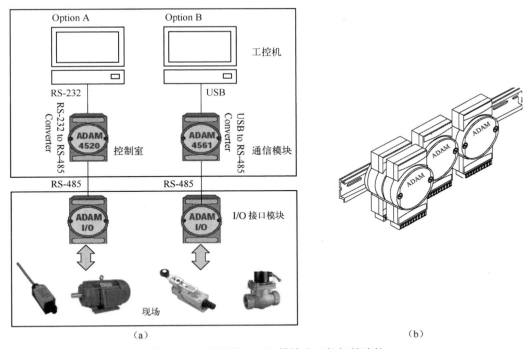

（a）   （b）

图 1.12　现场设备与 I/O 模块和工控机的连接

③ PLC。PLC 本身是控制器。由于 PLC 与工控机之间通信很方便，工控机也可以通过 PLC 与外部输入输出设备进行沟通，此时 PLC 就是工控机的 I/O 接口设备。当然，如果 PLC 还承担控制任务，它就既是 I/O 接口设备也是控制设备。PLC 与计算机的通信有 PC/PPI、Profibus（现场总线）、Profinet（工业以太网）、调制解调器等多种方式。PLC 与计算机之间的传输距离依使用通信设备不同差距较大。PC/PPI 电缆的标准长度只有 5m，但调制解调器却可以通过电话网进行全球通信。PLC 通过调制解调器与工控机连接如图 1.13 所示。

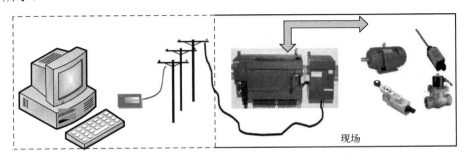

图 1.13　PLC 与现场设备和工控机的连接（通过调制解调器）

④ 其他 I/O 接口。包括智能仪表、变频器、伺服电机控制器、步进电机控制器等。这

些设备通常通过计算机的串口、USB 口或以太网口进行连接。

2．I/O 接口设备的选择

闭环控制的机械手系统 I/O 点如表 1.2，从表中可以看出，它共有 8 个 DI，6 个 DO。

表 1.2　机械手系统 I/O 情况表

序号	名称	功能	性质	特征
1	SB1	启动/停止按钮	DI	常开，带自锁
2	SB2	复位停止按钮	DI	常开，带自锁
3	1B1	缩回位检测	DI	到位接通，自带发光二极管指示
4	1B2	伸出位检测	DI	到位接通，自带发光二极管指示
5	2B1	上升位检测	DI	到位接通，自带发光二极管指示
6	2B2	下降位检测	DI	到位接通，自带发光二极管指示
7	3B1	放松位检测	DI	到位接通，自带发光二极管指示
8	3B2	夹紧位检测	DI	到位接通，自带发光二极管指示
9	YV1-1	伸出线圈	DO	工作电压 DC24V，1.5W，高电平动作
10	YV1-2	缩回线圈	DO	工作电压 DC24V，1.5W，高电平动作
11	YV2-1	下降线圈	DO	工作电压 DC24V，1.5W，高电平动作
12	YV2-2	上升线圈	DO	工作电压 DC24V，1.5W，高电平动作
13	YV3-1	夹紧线圈	DO	工作电压 DC24V，1.5W，高电平动作
14	YV3-2	放松线圈	DO	工作电压 DC24V，1.5W，高电平动作

本系统可选择西门子 S7-200 PLC 系列的 CPU222 AC/DC/RELAY 型作 I/O 接口设备。有关西门子 PLC 的资料可登录 http://www.ad.siemens.com.cn/，在"产品与应用"或"支持中心"下载到相关产品手册。

CPU222 外观和接线端子定义如图 1.14 所示。

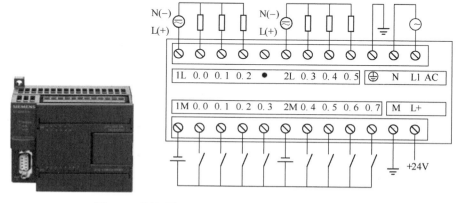

图 1.14　西门子 S7-200PLC CPU222 外观及接线端子

传输距离 5m 以下时，CPU222 与工控机之间可通过 PC/PPI 或 USB/PPI 电缆连接。PC/PPI 电缆外观及连接方法如图 1.15 所示。

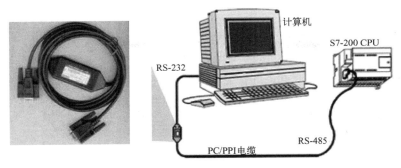

图 1.15　S7-200PLC 通过 PC/PPI 电缆与计算机连接

1.2.6　系统软件选型

选用国产 MCGS 通用版组态软件 6.2 版。

电路设计

1.2.7　系统方框图和原理接线图绘制

1. 机械手监控系统方框图

机械手监控系统方框图如图 1.16。

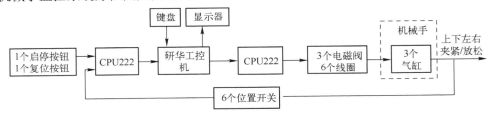

图 1.16　机械手系统方框图

2. CPU222 与传感器、执行器的连接

CPU222 与传感器、执行器连接电路如图 1.17 所示。

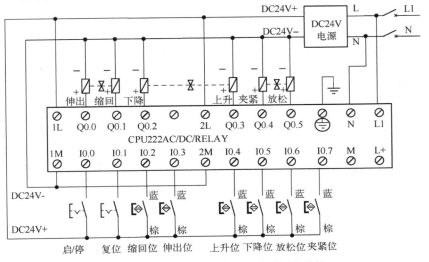

图 1.17　CPU222 与传感器、电磁阀的连接

CPU222 端子排右上角 L1、N 为～220V 供电电源输入。

分析图示电路可知，启停按钮被按下时，I0.0 和 1M 之间有 24V 电压；启停按钮被抬起时，I0.0 和 1M 之间没有电压。PLC 正是根据 I0.0 和 1M 之间有无 DC24V 电平判断该输入的状态。I0.1～I0.7 情况类似。接线时应注意 6 个磁性开关棕色线应接到 DC24V 电源的正极上，以确保其上的发光二极管能正确点亮。

对于 AC/DC/RELAY 型 CPU222，1L 和 Q0.0 之间是一对由 PLC 控制通断的继电器触点。分析图示电路可知，当 PLC 命令 Q0.0 与 1L 接通时，伸出线圈得电；当 PLC 命令其断开时，伸出线圈失电，由此实现 PLC 对伸出线圈的控制。Q0.1～Q0.5 的情况类似。

3．机械手系统的 I/O 分配

由图 1.17，机械手系统 I/O 分配如表 1.3。

表 1.3　机械手监控系统 I/O 分配表

序号	名称	功　能	接线端子	特　征
1	SB1	启动/停止按钮	I0.0	常开，带自锁，带灯
2	SB2	复位停止按钮	I0.1	常开，带自锁，带灯
3	1B1	缩回位检测	I0.2	到位接通，自带发光二极管指示
4	1B2	伸出位检测	I0.3	到位接通，自带发光二极管指示
5	2B1	上升位检测	I0.4	到位接通，自带发光二极管指示
6	2B2	下降位检测	I0.5	到位接通，自带发光二极管指示
7	3B1	放松位检测	I0.6	到位接通，自带发光二极管指示
8	3B2	夹紧位检测	I0.7	到位接通，自带发光二极管指示
9	YV1-1	伸出控制	Q0.0	工作电压 DC24V，1.5W，高电平动作
10	YV1-2	缩回控制	Q0.1	工作电压 DC24V，1.5W，高电平动作
11	YV2-1	下降控制	Q0.2	工作电压 DC24V，1.5W，高电平动作
12	YV2-2	上升控制	Q0.3	工作电压 DC24V，1.5W，高电平动作
13	YV3-1	夹紧控制	Q0.4	工作电压 DC24V，1.5W，高电平动作
14	YV3-2	放松控制	Q0.5	工作电压 DC24V，1.5W，高电平动作

1.3　闭环控制系统监控软件的设计与调试

想一想：系统应该具有哪些监视功能？系统应该具有哪些控制功能？

做一做：按照本节指示，在计算机上逐步进行工程建立、变量定义、画面制作、程序编制等任务。

进行离线仿真调试。

连接设备，进行在线软、硬件联合调试。

MCGS 组态软件的安装

1.3.1　安装 MCGS 组态软件

（1）打开 MCGS 安装文件夹，双击"setup.exe"文件，弹出图 1.18 所示窗口，单击

"继续"和"下一步",直到出现图1.19。

（2）安装程序提示输入安装目录,默认的路径是 D:\MCGS。确定安装路径后,单击"下一步",启动安装。

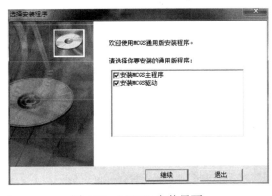

图1.18　MCGS 安装界面

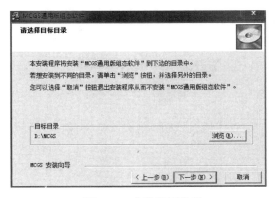

图1.19　安装路径选择

（3）安装完成后,弹出图 1.20,单击"完成"后,提示继续安装驱动程序,单击"下一步",直到出现图1.21,单击"完成"。

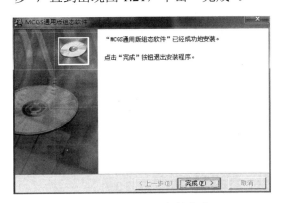

图1.20　MCGS 安装完成

图1.21　驱动程序安装完成

（4）提示重启计算机,重启后桌面上出现两个新图标,分别为"MCGS 组态环境" 和"MCGS 运行环境" 。 下可以编辑、修改设计方案, 下能运行程序。

1.3.2　建立工程

（1）首先在适当位置新建一个文件夹,用于存储自己的工程文件,例如,在 E 盘新建"机械手监控系统"文件夹。

工程建立与变量定义

（2）双击桌面"MCGS 组态环境"图标 ,进入组态环境,出现如图 1.22 所示窗口;单击"文件"菜单,弹出下拉菜单,如图 1.23 所示;单击"新建工程",出现图 1.24 所示"工作台"窗口。

（3）单击菜单"文件—工程另存为",弹出文件保存窗口,如图 1.25 所示,选择希望的路径,输入文件名,单击"保存",工程建立完毕。

图 1.22　进入 MCGS 组态环境

图 1.24　工作台

图 1.23　新建工程

图 1.25　保存工程

　　注意：MCGS 不允许工程名或存储路径中有空格，因此不要将工程保存在桌面，否则运行时可能会意外报错。

1.3.3　定义变量

在 MCGS 中，变量也叫数据对象。工程建立后首先需要定义变量。

1. 变量分配

本系统至少需 14 个变量，见表 1.4。

表 1.4　机械手监控系统变量分配表

变　量　名	类　　型	初　值	注　　释
启动停止按钮	开关型	0	启停命令，=1 启动；=0 停止
复位停止按钮	开关型	0	复位停止命令，=1 复位后停止；=0 无效
缩回位检测	开关型	1	伸缩缸位置检测，在缩回位，=1
伸出位检测	开关型	0	伸缩缸位置检测，在伸出位，=1
上升位检测	开关型	1	升降缸位置检测，在上位，=1
下降位检测	开关型	0	升降缸位置检测，在下位，=1
放松位检测	开关型	1	夹紧缸位置检测，在松开位，=1
夹紧位检测	开关型	0	夹紧缸位置检测，在夹紧位，=1
伸出控制	开关型	0	伸缩缸伸出控制，输出 1，动作
缩回控制	开关型	0	伸缩缸缩回控制，输出 1，动作
下降控制	开关型	0	升降缸下降控制，输出 1，动作
上升控制	开关型	0	升降缸上升控制，输出 1，动作
夹紧控制	开关型	0	夹紧缸夹紧控制，输出 1，动作
放松控制	开关型	0	夹紧缸放松控制，输出 1，动作

注意运行前，两个按钮都未按下，故初值=0；6 个线圈都不给电，初值均为 0；升降缸在升位、伸缩缸在缩位、夹紧缸在松位，故 3 个位置检测传感器初值为 1，另 3 个的初值为 0。

2. 变量定义

（1）如图 1.26 所示，单击工作台中的"实时数据库"选项卡，进入"实时数据库"窗口页。窗口中列出了系统已有数据对象的名称，它们是系统本身自建的变量，暂不理会它们。现在要将表 1.4 中定义的数据对象（变量）添加进去。

图 1.26 "实时数据库"窗口

（2）如图 1.27 所示，单击工作台右侧"新增对象"，窗口中立刻出现一个新的数据对象"InputTime1"。

图 1.27 "新增对象"

（3）选中该数据对象，单击右侧"对象属性"或直接双击该数据对象，弹出"数据对象属性设置"窗口，如图 1.28 所示，按表 1.4 进行变量"启动停止按钮"的设置，注意变量类型和初始值的设置，单击"确认"。

（4）重复步骤（2）和（3），将表 1.4 中的所有变量添加完成，如图 1.29 所示。

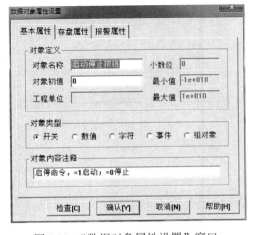

图 1.28 "数据对象属性设置"窗口

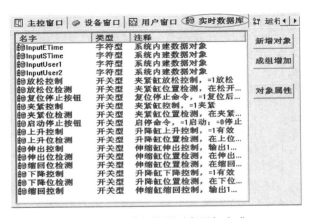

图 1.29 全部数据对象添加完成

（5）保存文件。

1.3.4　设计与编辑画面

参考的监控画面设计如图 1.30 所示，画面中画出了机械手的简单示意图。

画面制作

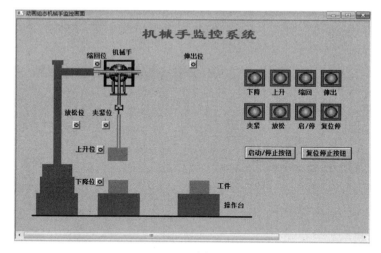

图 1.30　监控画面

1.　建立画面

（1）如图 1.31 所示，单击"用户窗口"选项卡，进入"用户窗口"页。

（2）单击"新建窗口"，出现"窗口 0"图标。

（3）单击"窗口属性"，弹出"用户窗口属性设置"画面，如图 1.32 所示。

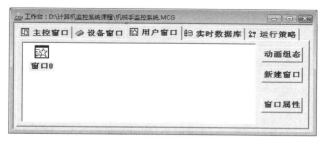

图 1.31　新建用户窗口

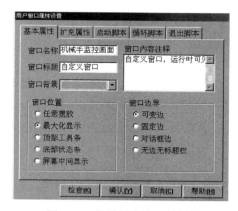

图 1.32　设置用户窗口的属性

（4）按图 1.32 所示设置后，单击"确认"。

（5）如图 1.33 所示，"窗口 0"图标已变为"机械手监控画面"。

（6）选中"机械手监控画面"，单击右键，弹出下拉菜单如图 1.34 所示，选中"设置为启动窗口"，则当 MCGS 运行时，将自动加载该窗口。

图 1.33　设置后的用户窗口图标　　　　　　　　图 1.34　设置为启动窗口

（7）存盘。

2．编辑画面

本系统画面设计可参考图 1.30。

（1）进入画面编辑环境。

① 在图 1.33 所示的"用户窗口"中，选中"机械手监控画面"，单击右侧"动画组态"（或双击"机械手监控画面"），进入动画组态画面，如图 1.35 所示。

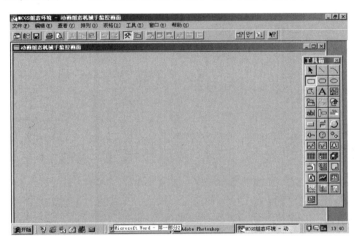

图 1.35　进入画面编辑环境

② 单击"工作台"图标，可返回如图 1.33 所示"工作台"窗口。双击"机械手监控画面"，再次进入如图 1.35 所示画面。

③ 反复单击"工具箱"图标，可弹出或隐藏绘图工具箱。

（2）输入文字"机械手监控系统"。

① 单击"工具箱"中的"标签"按钮，光标呈"十字"形，在窗口适当位置按住鼠标左键拖曳出一个矩形，松开鼠标。

② 在矩形内输入文字"机械手监控系统"，如图 1.36 所示。

③ 鼠标单击文本框外任意空白处，结束文字输入。如果文字输错了或对格式不满意，

可进行以下操作：

④ 鼠标单击已输入的文字，在文字周围出现如图 1.37 所示小方块（称为拖曳手柄）。出现小方块表明文本框被选中，可进行编辑了。

⑤ 单击右键，弹出下拉菜单，如图 1.38 所示，选择"改字符"。

图 1.36　输入和编辑文字　　　　图 1.37　拖曳手柄　　　　图 1.38　改字符

⑥ 修改文字后，在窗口任意空白位置单击鼠标，结束文字输入。

⑦ 鼠标选中文字，单击窗口上方工具栏中的"填充色"按钮，弹出填充颜色菜单，选择：没有填充。

⑧ 单击"线色"按钮，弹出线颜色菜单，选择：没有边线。

⑨ 单击"字体"按钮，弹出字体菜单，设置：字体——隶书，字体样式——粗体，大小——1 号。选择完单击"确认"。

⑩ 单击"字体颜色"按钮，弹出字体颜色菜单，选择：蓝色。

⑪ 单击"字体位置"按钮，弹出左对齐、居中、右对齐三个图标，选择：居中。

⑫ 如果文字的整体位置不理想，可按住鼠标左键拖曳，或利用↑、↓、←、→键。

⑬ 如果文本框太大或太小，可移动鼠标到小方块（拖曳手柄）位置，待光标呈"双箭头"时，按住左键拖曳。也可同时按住 Shift 键和↑、↓、←、→键进行调整。

⑭ 鼠标单击窗口其他任意空白位置，结束文字编辑。

⑮ 若需删除文字，只要用鼠标选中文字，按 Del 键。

⑯ 想恢复刚刚被删除的文字，单击"撤销"按钮。

⑰ 保存文件。

（3）画地平线。

① 单击"工具箱"的"画线"按钮，光标呈"十字"形，在窗口适当位置按住鼠标左键拖曳出一条一定长度的直线。

② 单击"线色"按钮，选择：黑色。

③ 单击"线型"按钮，选择合适的线型。

④ 调整线的位置（按住鼠标拖动或按↑、↓、←、→键）。

⑤ 调整线的长短（光标移到一个手柄处，待光标呈"十字"形，沿线长度方向拖动；

或按 Shift 和←、→键）。

⑥ 调整线的角度（光标移到一个手柄处，待光标呈"十字"形，向需要的方向拖动；或按 Shift 和↑、↓键）。

⑦ 线的删除与文字删除相同。

⑧ 保存文件。

（4）画矩形。

① 单击"工具箱"的"矩形"按钮，在窗口适当位置按住鼠标左键拖曳出一个矩形。

② 单击窗口上方工具栏中的"填充色"按钮，选择：蓝色。

③ 单击"线色"按钮，选择：没有边线。

④ 调整位置（按键盘的↑、↓、←、→键，或按住鼠标左键拖曳）。

⑤ 调整大小（同时按键盘的 Shift 键和↑、↓、←、→键中的一个；或移动鼠标，待光标呈横向或纵向或斜向"双箭头"形，按住左键拖曳）。

⑥ 单击窗口其他任何一个空白地方，结束第 1 个矩形的编辑。

⑦ 依次画出机械手画面 11 个矩形部分（8 个蓝色，3 个红色）。

⑧ 保存文件。

（5）画机械手。

① 单击"工具箱"的"插入元件"按钮 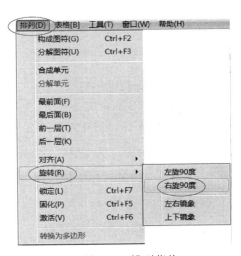，弹出"对象元件库管理"窗口，如图 1.39 所示。

② 单击窗口左侧"对象元件表"中的"其他"，右侧出现机械手图形。

③ 单击右侧窗口内的机械手，图形外围出现矩形，表明该图形被选中，单击"确定"，画面中出现机械手图形。

④ 选中机械手，单击"排列"菜单，选择"旋转"→"右旋 90 度"，如图 1.40 所示。

⑤ 调整机械手位置和大小。

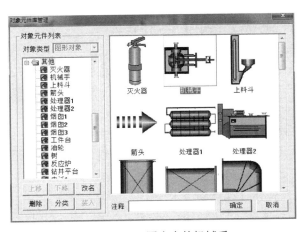

图 1.39 图库中的机械手

图 1.40 排列菜单

⑥ 在机械手上面输入文字"机械手"，调整文字，保存文件。

（6）画机械手上方和下方的缸杆。利用"插入元件"工具 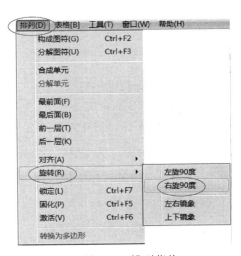，单击左侧"对象元件

表"中的"管道"文件夹，选择"管道 95"和"管道 96"，如图 1.41 所示，分别画两个缸杆，调整大小和位置。

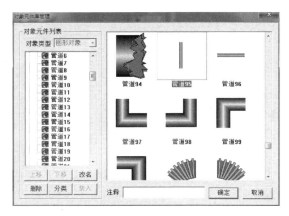

图 1.41　图库中的管道

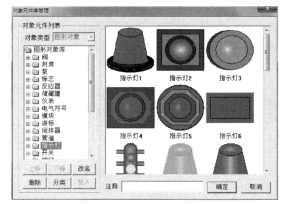

图 1.42　图库中的指示灯

（7）画指示灯。利用"插入元件"工具，单击左侧"对象元件表"中的"指示灯"文件夹，选择"指示灯 2"。参照图 1.30，画出"下移"等 8 个指示灯，并写上文字注释。

也可以利用复制、粘贴的方法，制作其他几个灯。具体步骤如下：

① 按住鼠标左键拖动出一个正方形，将画好的指示灯和文字注释包含在里面。

② 松开鼠标左键，被选中的对象周围出现拖曳手柄。

③ 如果选中的对象不是需要的，可在窗口任意空白处单击左键，然后重新选择即可。

④ 单击工具栏"拷贝"按钮，再单击"粘贴"按钮，出现被复制对象。

⑤ 调整位置，修改文字。

⑥ 画出图 1.30 所示 8 个指示灯及文字。

⑦ 保存文件。

（8）画按钮。

① 单击"工具箱"的"标准按钮"工具，在画面中画出一个按钮。

② 调整其大小和位置。

③ 鼠标双击该按钮，弹出窗口如图 1.43 所示。

④ 按照图 1.43 所示在"基本属性"页做设置。

⑤ 单击"确认"。

⑥ 复制、粘贴一个新按钮，调整位置。

⑦ 双击新按钮，在"基本属性"页将"按钮标题"改为：复位停止按钮。

⑧ 保存文件。

（9）多个图形对象的排列。使用 MCGS 的"编辑条"工具可以方便地进行多个图形对象的排列。

① 反复单击图标，编辑工具条出现或隐藏。编辑工具条如图 1.44 所示。

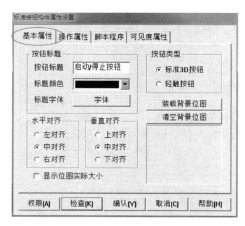

图 1.43　"标准按钮构件属性设置"窗口

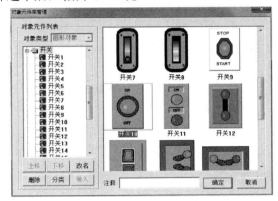

图 1.44　编辑工具条

编辑工具条提供了"左对齐"、"右对齐"、"顶对齐"等 20 余种编辑工具。前面对机械手图形对象的旋转也可用这里的"右旋 90 度"图标。

② 按住 Shift 键，依次单击各指示灯，全部选中后，松开 Shift 键。

③ 如果希望与某个指示灯底边对齐，可鼠标单击该指示灯，会发现该灯的小方块变为黑色。

④ 单击工具条中的"与底边界对齐"按钮，进行对齐操作。

⑤ 其他对齐操作与此类似，调整后存盘。

（10）画磁性开关。如图 1.45 所示，利用元件库中的"开关 10"在画面上画出 6 个带指示灯的传感器，方法与指示灯类似，不再复述。对照图 1.30 检查画面是否一致。

图 1.45　"标准按钮构件属性设置"窗口

1.3.5　进行动画连接与调试

画面编辑好以后，需要将画面中的图形与前面定义的数据对象（变量）关联起来，以便运行时，画面上的内容能随变量改变。例如，当机械手做下移动作时，下移指示灯点亮。将画面上的对象与变量关联的过程叫动画连接。

动画连接

1. 按钮的动画连接

（1）双击画面中的"启动/停止按钮"，弹出其属性设置窗口，单击"操作属性"选项卡，窗口如图 1.46 所示，选中"数据对象值操作"。

（2）单击"▼"按钮，弹出下拉菜单，单击"取反"。

（3）单击"？"按钮，弹出已定义的所有变量如图 1.47 所示，双击"启动停止按钮"。

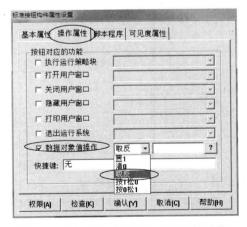

图 1.46　"启动/停止按钮"操作属性连接

图 1.47　变量列表

（4）用同样的方法将画面上的"复位停止按钮"与"复位停止按钮"变量建立动画连接。存盘。

2．指示灯的动画连接

（1）双击画面上的"启动"指示灯，弹出"单元属性设置"窗口。如图1.48所示。

（2）单击"数据对象"选项卡，进入该页，单击"可见度"，出现"？"按钮。

（3）单击"？"按钮，弹出变量列表如图1.47所示，双击"启动停止按钮"。

（4）窗口如图1.49所示，说明该指示灯与变量"启动停止按钮"建立了"可见度"连接。

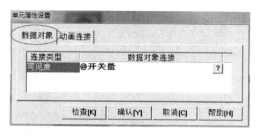
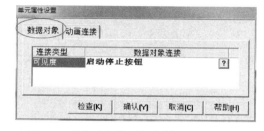

图1.48　"启动"指示灯与数据对象连接前　　　　图1.49　"启动"指示灯与数据对象连接后

（5）同样将"复位"指示灯与变量"复位停止按钮"建立"可见度"连接。存盘。
为检查动画连接是否正确，可进行以下调试。

3．按钮、指示灯的动画效果调试

（1）单击工具栏上的运行按钮，进入MCGS运行环境，8个指示灯均显示红色。

（2）将鼠标移动到画面上的"启动/停止按钮"处，鼠标变为手形，表示可以操作。

（3）反复单击画面上的"启动/停止按钮"，"启动"指示灯交替显示绿色和红色。

（4）反复单击画面上的"复位停止按钮"，"复位"指示灯交替显示绿色和红色。

（5）如果不能出现以上现象，退出运行环境，回到组态环境，检查按钮、指示灯的动画连接设置以及对应变量的属性设置是否正确。

（6）修改后回到运行环境，检查运行结果，反复步骤（4）和（5），直到结果正确。

如表1.5，运行时画面上的"启动"指示灯能受控于"启动/停止按钮"的关键在于它们都和同一个变量"启动停止按钮"建立了动画连接。

表1.5　按钮、指示灯动画连接表

图形对象	连接变量	连接属性	图形对象	连接变量	连接属性
启动	启动停止按钮	可见度	夹紧	夹紧控制	可见度
启动/停止按钮		操作属性——取反	放松	放松控制	可见度
复位	复位停止按钮	可见度	缩回位	缩回位检测	按钮输入、可见度
复位停止按钮		操作属性——取反	伸出位	伸出位检测	按钮输入、可见度
下降	下降控制	可见度	上升位	上升位检测	按钮输入、可见度
上升	上升控制	可见度	下降位	下降位检测	按钮输入、可见度
缩回	缩回控制	可见度	放松位	放松位检测	按钮输入、可见度
伸出	伸出控制	可见度	夹紧位	夹紧位检测	按钮输入、可见度

总结：

"操作属性——取反"动画连接的意义是：运行时鼠标每操作该图形对象一次，对应变量的值取反。

"可见度"动画连接的意义是：变量的值改变时，图形对象可见或者不可见。

（7）按照表1.5，将"下降"等6个指示灯与对应变量建立动画连接。

（8）为了能测试"下降"等6个指示灯的设置是否正确，可以仿照启动/停止按钮，在画面中再画出6个按钮，分别与"下降控制"等变量建立"操作属性——取反"连接，进入运行环境，逐一进行测试，结果正确后，回到"组态环境"删除这些按钮。

4．磁性开关的动画连接与调试

（1）鼠标双击画面上伸缩气缸左侧的磁性开关，弹出如图1.50所示属性设置窗口。

（2）在"数据对象"页，设置"按钮输入"和"可见度"连接变量均为"缩回位检测"，如图1.51所示。

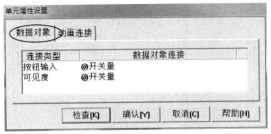

图1.50　磁性开关与数据对象连接前

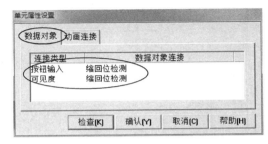

图1.51　磁性开关与数据对象连接后

（3）同样方法按照表1.5设置其他5个磁性开关的动画连接。存盘。

（4）进入运行环境，6个磁性开关中缩回位、上升位、放松位指示为绿色，其余为红色。如果不正确，说明变量初始值设置或动画连接有问题。

（5）鼠标移动到缩回位磁性开关上，变为手形🖐，表示可以操作。

（6）鼠标单击该磁性开关，指示灯从绿色变为红色。再次单击，恢复绿色。

（7）依次测试其他5个磁性开关的设置。

总结：元件库中的"开关10"有两个动画连接——"按钮输入"和"可见度"。"可见度"连接的意义与"指示灯2"相同。

"按钮输入"连接的意义是：将该图形当作按钮对待，运行时鼠标操作该图形，对应变量值改变，默认的改变方式是"取反"。

1.3.6　设计控制程序

正如本章开始所述，系统要求具有如下功能：

按下启动/停止按钮，机械手下移→到下位→夹紧→夹紧后→上升→到

程序设计

上位→右移→到右位→下移→到下位→放松→放松后→上移→到上位→左移→到左位，回到初始位置，完成一个周期工作，之后重新循环。

上述功能需要通过编写控制程序实现。MCGS在"运行策略"中编写程序。

1．运行策略的设置

（1）单击工作台图标 ，打开"工作台"，进入"运行策略"页，如图 1.52 所示。

窗口中有 3 种策略：

"启动策略"是 MCGS 首次运行执行的策略，可将初始化程序在此编写。

"退出策略"是 MCGS 退出运行时执行的程序，可将结束前的处理程序在此编写。

"循环策略"是反复执行的策略，一般将主程序在此编写。本系统只编写循环策略。

图 1.52　"运行策略"窗口

（2）选择"循环策略"后，单击"策略属性"，弹出窗口如图 1.53 所示，将循环时间设定为 200ms，即每 200ms 执行一次，单击"确认"。注意默认的循环时间是 60000ms，即 1min 执行 1 次策略，这个时间应该是太慢了。

（3）双击"循环策略"，弹出窗口如图 1.54 所示。

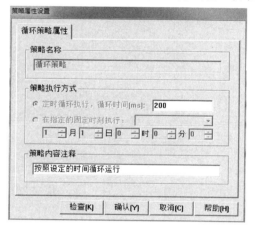

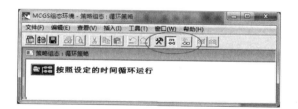

图 1.53　设定"循环策略"的循环时间

图 1.54　"循环策略"窗口

（4）单击"工具箱"图标 ，弹出"策略工具箱"；单击"新增策略行"按钮 ，窗口变为图 1.55 所示。

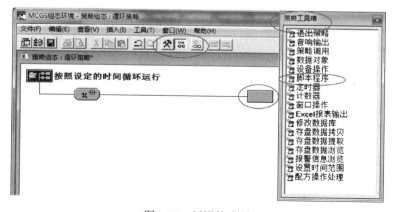

图 1.55　新增策略后

（5）单击新出现策略行末端的矩形，使其显示蓝色，之后双击策略工具箱中的"脚本程序"，窗口变为图 1.56 所示。

图 1.56　将"脚本程序"作为策略

（6）双击策略行中的"脚本程序"，进入脚本程序编辑窗口，如图 1.57 所示。

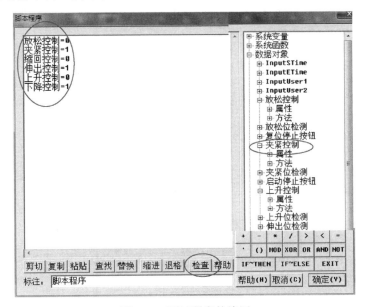

图 1.57　测试程序的编写

（7）输入图 1.57 中所示的测试程序。该程序使"缩回控制"等 3 个变量=0，"伸出控制"等 3 个变量=1。程序中涉及的变量名可直接键入，也可通过双击右侧"数据对象"列表中的变量获得。

（8）程序输入后点击"检查"，检查是否有语法错误。

（9）检查无错后单击"确定"，存盘。

（10）进入运行环境，观察下降、伸出、夹紧指示灯应为绿色，其余红色。如果不正确，应检查程序或动画连接是否正确。

（11）运行结果正确后，退出运行环境，回到脚本程序编辑窗口，将程序中的"0"全部修改为"1"；"1"全部修改为"0"。重新下载，进行运行观察。

（12）回到组态环境，删除图 1.57 中所示的测试程序。

2．完整的机械手控制程序

程序分三部分，启动/停止按钮被按下、启动/停止按钮被松开、复位停止按钮被按下。

```
'**********启动/停止按钮被按下，则根据机械手当前位置决定动作***************
  IF 启动停止按钮=1   THEN
      IF 缩回位检测=1 AND 伸出位检测=0 AND 上升位检测=1 AND 下降位检测=0 AND 放松位
检测=1 AND 夹紧位检测=0 THEN
          下降控制=1                                    '机械手在初始位，开始下降
      ENDIF
      IF 缩回位检测=1 AND 伸出位检测=0 AND 上升位检测=0AND 下降位检测=0 AND 放松位
检测=1 AND 夹紧位检测=0 THEN
          下降控制=1                                    '继续下降
      ENDIF
      IF 缩回位检测=1 AND 伸出位检测=0 AND 上升位检测=0 AND 下降位检测=1AND 放松位
检测=1 AND 夹紧位检测=0 THEN
          下降控制=0                                    '下降到位，停止下降
          夹紧控制=1                                    '开始夹紧
      ENDIF
      IF 缩回位检测=1 AND 伸出位检测=0 AND 上升位检测=0 AND 下降位检测=1 AND 放松
位检测=0 AND 夹紧位检测=0 THEN
          夹紧控制=1                                    ' 继续夹紧
      ENDIF
      IF 缩回位检测=1 AND 伸出位检测=0 AND 上升位检测=0 AND 下降位检测=1 AND 放松位
检测=0 AND 夹紧位检测=1 THEN
          上升控制=1                                    '夹紧到位，开始上升
          夹紧控制=1                                    '继续夹紧
      ENDIF
      IF 缩回位检测=1 AND 伸出位检测=0 AND 上升位检测=0 AND 下降位检测=0 AND 放松位
检测=0 AND 夹紧位检测=1 THEN
          上升控制=1                                    '继续上升
          夹紧控制=1                                    '继续夹紧
      ENDIF
      IF 缩回位检测=1 AND 伸出位检测=0 AND 上升位检测=1 AND 下降位检测=0 AND 放松位
检测=0 AND 夹紧位检测=1 THEN
          上升控制=0                                    '上升到位，停止上升
          伸出控制=1                                    ' 开始伸出
          夹紧控制=1                                    '继续夹紧
      ENDIF
      IF 缩回位检测=0 AND 伸出位检测=0 AND 上升位检测=1 AND 下降位检测=0 AND 放松位
检测=0 AND 夹紧位检测=1 THEN
```

```
            伸出控制=1                                    '继续伸出
            夹紧控制=1                                    '继续夹紧
        ENDIF
    IF 缩回位检测=0 AND 伸出位检测=1 AND 上升位检测=1 AND 下降位检测=0 AND 放松位
检测=0 AND 夹紧位检测=1 THEN
            伸出控制=0                                    '伸出到位，停止伸出
            下降控制=1                                    '开始下降
            夹紧控制=1                                    '继续夹紧
        ENDIF
    IF 缩回位检测=0 AND 伸出位检测=1 AND 上升位检测=0 AND 下降位检测=0 AND 放松位
检测=0 AND 夹紧位检测=1 THEN
            下降控制=1                                    '继续下降
            夹紧控制=1                                    '继续夹紧
        ENDIF
    IF 缩回位检测=0 AND 伸出位检测=1 AND 上升位检测=0 AND 下降位检测=1 AND 放松位
检测=0 AND 夹紧位检测=1 THEN
            下降控制=0                                    ' 下降到位，停止下降
            夹紧控制=0                                    ' 停止夹紧
            放松控制=1                                    ' 开始放松
        ENDIF
    IF 缩回位检测=0 AND 伸出位检测=1 AND 上升位检测=0 AND 下降位检测=1 AND 放松位
检测=0 AND 夹紧位检测=0 THEN
            放松控制=1                                    '继续放松
        ENDIF
    IF 缩回位检测=0 AND 伸出位检测=1 AND 上升位检测=0 AND 下降位检测=1 AND 放松位
检测=1 AND 夹紧位检测=0 THEN
            放松控制=0                                    '放松到位，停止放松
            上升控制=1                                    '开始上升
        ENDIF
    IF 缩回位检测=0 AND 伸出位检测=1 AND 上升位检测=0 AND 下降位检测=0 AND 放松位
检测=1 AND 夹紧位检测=0 THEN
            上升控制=1                                    '继续上升
        ENDIF
    IF 缩回位检测=0 AND 伸出位检测=1 AND 上升位检测=1 AND 下降位检测=0 AND 放松位
检测=1 AND 夹紧位检测=0 THEN
            上升控制=0
            缩回控制=1                                    '上升到位，停止上升，开始缩回
        ENDIF
    IF 缩回位检测=0 AND 伸出位检测=0 AND 上升位检测=1 AND 下降位检测=0 AND 放松位
检测=1 AND 夹紧位检测=0 THEN
            缩回控制=1                                    '继续缩回
        ENDIF
    IF 缩回位检测=1 AND 伸出位检测=0 AND 上升位检测=1 AND 下降位检测=0 AND 放松位
检测=1 AND 夹紧位检测=0 THEN
```

```
                    缩回控制=0                                    '缩回到位，停止缩回
            ENDIF
        ENDIF
'**********启动/停止按钮被松开，立刻停止移动**************************
    IF  启动停止按钮=0 THEN
            伸出控制=0                                    '停止伸出
            缩回控制=0                                    '停止缩回
            下降控制=0                                    '停止下降
            上升控制=0                                    '停止上升
    ENDIF
'**********复位停止按钮被按下，只有当处在初始位置时，才停止移动**************
    IF  复位停止按钮=1 AND 缩回位检测=1 AND 伸出位检测=0 AND 上升位检测=1 AND 下降位
检测=0 AND 放松位检测=1 AND 夹紧位检测=0 THEN
            伸出控制=0
            缩回控制=0
            下降控制=0
            上升控制=0
    ENDIF
```

程序中大量使用"IF THEN ENDIF"语句，意思是"如果……就……"。ENDIF用来结束 IF 开始的段。

"AND"代表"而且"。

```
    IF  缩回位检测=1   AND 伸出位检测=0   AND ……   THEN
            下降控制=1
    ENDIF
```

意思是：

```
    IF "缩回位"传感器接通，并且"伸出位传感器"没接通，并且……THEN
            下降线圈得电
    ENDIF
```

脚本程序编辑时注意事项如下：

① 可以利用编辑窗口提供的"数据对象"列表输入变量。

② 可以利用编辑窗口提供的"IF…THEN"、"AND"等按钮输入语句。

③ 注释以单引号"'"开始。

④ ">"、"<"、"="、"'"等符号应在纯英文或"英文标点"状态输入。

⑤ 可以利用编辑窗口提供的"复制"、"粘贴"等功能进行编辑。

⑥ 要按 MCGS 的语法规范写程序，否则语法检查会报错。

1.3.7 进行程序编辑与调试

1. 运行程序的编辑与调试

程序编辑与调试

运行程序就是"启动/停止按钮"被按下后的程序。该段程序较长，对初学者，要养成

输入一段，调试一段的习惯。具体如下：

（1）输入并调试第一段程序。

① 输入第一段程序。

'**********启动/停止按钮被按下，则根据机械手当前位置决定动作**************

  IF 启动停止按钮=1　THEN

    IF 缩回位检测=1 AND 伸出位检测=0 AND 上升位检测=1 AND 下降位检测=0 AND 放松位检测=1 AND 夹紧位检测=0 THEN

      下降控制=1   '机械手在初始位，开始下降

    ENDIF

  ENDIF

注意两个 IF　THEN 对应两个 ENDIF。

② 单击"检查"按钮，进行语法检查。如果报错，修改至无语法错误。

③ 确认并保存。

④ 进入运行环境，首先观察 6 个磁性开关、8 个指示灯初始显示是否正确，如果不是，应回到组态环境进行相关检查，修改后重新运行程序。

⑤ 单击"启动/停止按钮"，"启动"和"下降"指示灯应变绿。否则进行相关检查修改直到运行结果正确。

（2）输入并调试第二段程序。

① 用复制、粘贴、修改方式，插入第二段程序。

'**********启动/停止按钮被按下，则根据机械手当前位置决定动作**************

  IF 启动停止按钮=1　THEN

    IF 缩回位检测=1 AND 伸出位检测=0 AND 上升位检测=1 AND 下降位检测=0 AND 放松位检测=1 AND 夹紧位检测=0 THEN

      下降控制=1   '机械手在初始位，开始下降

    ENDIF

    IF 缩回位检测=1 AND 伸出位检测=0 AND 上升位检测=0 AND 下降位检测=0 AND 放松位检测=1 AND 夹紧位检测=0 THEN

      下降控制=1   '继续下降

    ENDIF

  ENDIF

② 进行语法检查，无错后确认存盘。

③ 进入运行环境，单击"启动/停止"按钮后，"启动"、"下降"指示灯变绿。

④ 真正的机械手下降后，"上升位"传感器会自动断开。在系统尚未与硬件连接前，可人为模拟其过程，方法是看到"下降"指示灯绿色，鼠标单击画面上的"上升位"传感器，使其指示灯变红，代表机械手已经离开该位置。此时"下降"指示灯仍应保持绿色。

（3）输入并调试第三段程序。

① 用复制、粘贴、修改方式，插入第三段程序。

'**********启动/停止按钮被按下，则根据机械手当前位置决定动作**************

  IF 启动停止按钮=1　THEN

```
        IF 缩回位检测=1 AND 伸出位检测=0 AND 上升位检测=1 AND 下降位检测=0 AND 放松位
检测=1 AND 夹紧位检测=0 THEN
            下降控制=1                                          ' 机械手在初始位，开始下降
        ENDIF
        IF 缩回位检测=1 AND 伸出位检测=0 AND 上升位检测=0 AND 下降位检测=0 AND 放松
位检测=1 AND 夹紧位检测=0 THEN
            下降控制=1                                          ' 继续下降
        ENDIF
        IF 缩回位检测=1 AND 伸出位检测=0 AND 上升位检测=0 AND 下降位检测=1 AND 放松
位检测=1 AND 夹紧位检测=0 THEN
            下降控制=0                                          ' 下降到位，停止下降
            夹紧控制=1                                          ' 开始夹紧
        ENDIF
    ENDIF
```

② 进行语法检查，无错后确认存盘。

③ 进入运行环境，单击"启动/停止"按钮后，"启动"、"下降"指示灯变绿。

④ 单击"上升位"传感器，使其显示红色，模拟气缸离开该位置，"下降"指示灯应该仍保持绿色。

⑤ 单击"下降位"传感器，使其显示绿色，模拟气缸到达该位置，"下降"指示灯应变为红色，"夹紧"指示灯变为绿色。

（4）类似方法输入并调试其他程序段。

2．停止程序的编辑与调试

（1）输入停止程序。

（2）调试方法：

① 首先单击"启动/停止按钮"，"启动"指示灯绿色，操作磁性开关使程序进入到某个阶段例如上升。

② 再单击"启动/停止按钮""启动"指示灯红色，观察上升动作是否停止。

③ 重新单击"启动/停止按钮"后，上升动作应恢复。

建议每个阶段都进行测试，防止逻辑误区。

3．复位停止程序的编辑与调试

（1）输入复位程序。

（2）调试方法：

① 单击"启动/停止按钮""启动"指示灯绿色，运行到某阶段例如右移时，单击"复位停止按钮"，"复位"指示灯绿色，所有动作应继续，但回到初始位之后将不再下降。

② 再次单击"复位停止按钮"，"复位"指示灯红色，如果"启动"指示灯绿色，则重新开始工作。

4. 设计改进

程序改进

（1）传感器动作模拟。之前调试时，都是人为模拟传感器动作，还是比较麻烦的。现在尝试编一段模拟程序，模拟传感器动作。

① 首先在实时数据库新建 4 个变量：

水平移动量、垂直移动量、夹紧量。全部为"数值型"，初始值为 0。

② 在循环策略的脚本程序中添加以下程序：

```
'*********动画模拟变量*****************
IF  下降控制=1 THEN  垂直移动量=垂直移动量 ＋1
IF  上升控制=1 THEN  垂直移动量=垂直移动量 －1
IF  伸出控制=1 THEN  水平移动量=水平移动量 ＋1
IF  缩回控制=1 THEN  水平移动量=水平移动量 －1
IF  夹紧控制=1 THEN  夹紧量=夹紧量 ＋1
IF  放松控制=1 THEN  夹紧量=夹紧量 －1
IF  垂直移动量<0   THEN  垂直移动量=0
IF  垂直移动量>25 THEN  垂直移动量=25
IF  水平移动量<0   THEN  水平移动量=0
IF  水平移动量>50 THEN  水平移动量=50
IF  夹紧量<0   THEN  夹紧量=0
IF  夹紧量>10 THEN  夹紧量=10
'*********传感器模拟*****************
IF   垂直移动量=0    THEN  上升位检测=1
IF   垂直移动量>0    THEN  上升位检测=0
IF   垂直移动量=25   THEN  下降位检测=1
IF   垂直移动量<25   THEN  下降位检测=0
IF   水平移动量=0    THEN  缩回位检测=1
IF   水平移动量>0    THEN  缩回位检测=0
IF   水平移动量=50   THEN  伸出位检测=1
IF   水平移动量<50   THEN  伸出位检测=0
IF   夹紧量=0    THEN  放松位检测=1
IF   夹紧量>0    THEN  放松位检测=0
IF   夹紧量=10   THEN  夹紧位检测=1
IF   夹紧量<10   THEN  夹紧位检测=0
```

③ 存盘后进入运行环境，单击"启动/停止按钮"后，传感器会自动改变状态，不需要再进行人为模拟。

④ 模拟程序分析。程序中增加了 3 个变量：水平移动量、垂直移动量和夹紧量。以垂直移动量为例，程序中指出：

```
IF  下降控制=1 THEN  垂直移动量=垂直移动量+1
IF  上升控制=1 THEN  垂直移动量=垂直移动量-1
```

即下降或上升时，该变量每执行一次程序，数值+1 或-1。那么程序多长时间执行 1 次呢？我们前面在图 1.53 中所示将循环时间设置为 200ms，这意味着程序每 200ms 执行一次。

假设机械手从上到下共需 5s 下降时间，则 5s 内程序执行次数为：

5s / 200ms=25 次。

因此 5s 下降时间内垂直移动量从 0 增加到 25。考虑到气缸杆不可能无限伸缩，又加入了限位程序：

$$\text{IF} \quad \text{垂直移动量} < 0 \quad \text{THEN} \quad \text{垂直移动量} = 0$$
$$\text{IF} \quad \text{垂直移动量} > 25 \text{ THEN} \quad \text{垂直移动量} = 25$$

上升的过程与之相反，5s 上升时间内垂直移动量从 25 减少到 0。

由此可知，垂直移动量=0，"上升位"传感器接通；垂直移动量＞0，"上升位"传感器断开。垂直移动量=25 或＜25，则是"下降位"传感器接通或断开的条件。传感器模拟程序表达的就是这个意思。

水平移动和夹紧放松过程与此类似。假设水平移动时间为 10s，10s 内水平移动量从 0 增加到 50。

水平移动量=0 时，"缩回位"传感器接通；水平移动量=50，"伸出位"传感器接通。

假设夹紧时间为 2s，2s 内夹紧量从 0 增加到 10。

夹紧量=0 时，"放松位"传感器接通；夹紧量=10，"夹紧位"传感器接通。

最后注意语法：

"THEN"后面如果只有一个动作，可按以下格式书写，不需要 ENDIF。例如，

图 1.58　状态条选择

$$\text{IF} \ \text{下降控制} = 1 \ \text{THEN} \ \text{垂直移动量} = \text{垂直移动量} + 1$$

（2）上工件垂直移动效果的实现。上述画面只用 8 个指示灯对机械手的工作状态进行了动画显示。如果让机械手在画面上动起来，看起来就更真实、生动了。为体现左、右、上、下动作，图 1.30 中所示要进行的动画连接如下：

上工件：垂直移动、水平移动。

下缸杆：垂直缩放、水平移动。

机械手：水平移动。

上杠杆：水平缩放。

① 单击"查看"菜单，选择"状态条"，如图 1.58 所示。在屏幕下方出现图 1.59 所示状态条。状态条左侧文字代表当前操作状态，右侧显示被选中对象的位置坐标和大小。

图 1.59　状态条

② 估计总垂直移动距离：在上工件与左下工件的底边之间画一条直线，根据状态条"大小"指示可知直线长度。此长度就是上工件的最大垂直移动距离，假设为 60 个像素。

③ 在机械手监控画面中双击上工件，弹出"属性设置"窗口。选择"垂直移动"，如图 1.60 所示。

④ 在"垂直移动"选项卡内进行参数设置。前面已知，5s 时间内垂直移动量从 0 增加到 25；5s 时间上工件从当前位置下移 60 个像素（注意你的画面可能不是这个值哦）。因此，垂直移动量=0 时，移动量=0；垂直移动量=25 时，移动量=60，据此填写参数如图 1.61 所示。

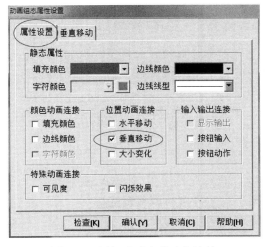

图 1.60 添加"垂直移动"连接

图 1.61 设置"垂直移动"连接参数

⑤ 确认并存盘。进入运行环境，单击"启动停止按钮"，观察工件是否在 5s 内下降到位。如果移动时间不合适，可重新调整参数设置。

（3）下杠杆垂直缩放效果的实现。

① 估计下杠杆的垂直缩放比例：

● 选中下杠杆，测量其长度，这是下杠杆的初始长度。

● 在下杠杆顶边与左下工件顶边之间画直线，测量其长度，这是下杠杆的最大长度。

● 计算：垂直缩放比例=下杠杆的最大长度/下杠杆初始长度。

假设为 200%。

② 双击下杠杆，弹出属性设置窗口，选择"大小变化"后，单击"大小变化"选项卡，进入该页，如图 1.62 所示。

垂直移动量=0 时，大小为当前的 100%；

垂直移动量=25 时，大小为当前的 200%（注意你的画面可能不是这个值），据此填写参数。

③ 按照图 1.62 所示选择变化方向。

④ 确认并存盘，进入运行环境观察效果，如果不合适，重新调整设置。

（4）上工件和机械手水平移动效果的实现。

① 水平移动总距离的测量：在上工件初始位置和移动目的地之间画一条直线，根据状态条大小指示，得知水平移动距离。假设为 194 个像素。

② 双击上工件，弹出属性设置窗口，选择"水平移动"后，单击"水平移动"选项卡，进入该页如图 1.63 所示。

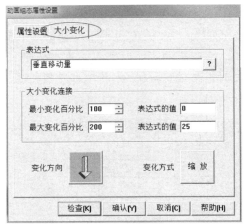

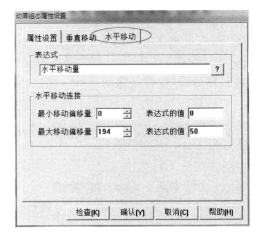

图 1.62　垂直缩放设置　　　　　　　　图 1.63　水平移动设置

水平移动量=0 时，移动量=0；

水平移动量=50 时，移动量=194（注意你的画面可能不是这个值），据此填写参数。

③ 确认并存盘，进入运行环境观察效果，如果不合适，重新调整设置。

④ 同样方法按图 1.63 所示对机械手进行水平移动连接并调试。

（5）上杠杆水平缩放效果的实现。

① 估计上缸杆的水平缩放比例：

● 选中上缸杆，测量其初始长度。

● 在上缸杆左边到右操作台中心画直线，测量其最大长度。

● 计算：水平缩放比例=最大长度/初始长度。假设为 200%。

② 双击上缸杆，弹出属性设置窗口，选择"大小变化"后，单击"大小变化"选项卡，进入该页，如图 1.64（a）和 1.64（b）所示。

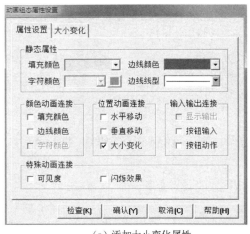
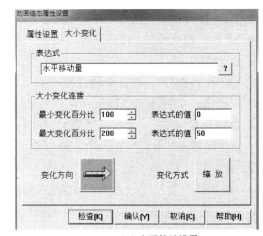

（a）添加大小变化属性　　　　　　　　（b）水平缩放设置

图 1.64

水平移动量=0 时，大小为当前的 100%；

水平移动量=50 时，大小为当前的 200%（注意你的画面可能不是这个值）。

③ 确认并存盘，进入运行环境观察效果，如果不合适，重新调整设置。

（6）工件动画的改进。大家一定很早就存在疑问，明明是一个工件，为什么却画成三个？其实，三个工件出现的条件不同，可以通过可见度设置确保三个工件只显示其中一个，操作如下：

① 选中上工件，在"属性设置"页中选择可见度。

② 进入"可见度"页，进行如图1.65（a）所示设置，确认。

③ 左下工件和右下工件的可见度设置，如图1.65（b）和1.65（c）所示。

④ 进入运行环境，查看动画效果。

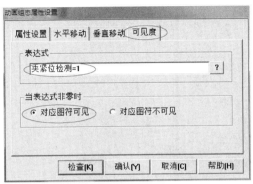
（a）上工件"可见度"连接

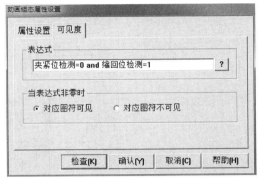
（b）左下工件"可见度"连接

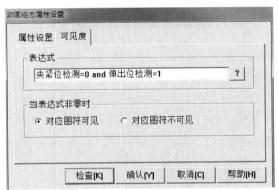
（c）右下工件"可见度"连接

图 1.65

机械手监控系统软件设计与调试到此结束。要说明的是，这里采用的设计方法不是唯一的，动动脑筋，你还可以设计出更好的方法。

1.4 闭环控制系统的软、硬件联调

1.4.1 安装与连接西门子 S7-200 CPU222

（1）断开所有电源，以防发生危险。

（2）将 PLC 安装在机架上。

（3）按照图1.66进行线路连接。

MCGS 与 S7-200 PLC
联合调试

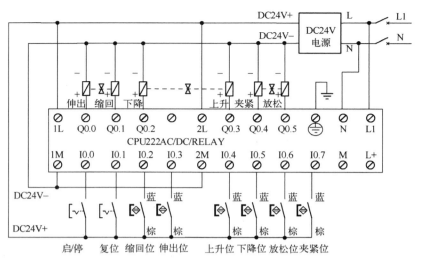

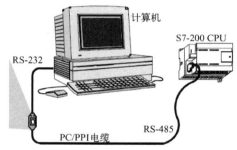

图 1.66 机械手系统接线图

（4）用 PC/PPI 电缆连接计算机和 PLC。

（5）检查无误后给 PLC 上电，PLC 模块电源指示灯点亮。

（6）操作启/停按钮和复位按钮，PLC 模块上 I0.0 和 I0.1 对应指示灯应正确亮灭。

（7）气缸上电，缩回位、上升位、放松位传感器自带指示灯应点亮，PLC 模块上 I0.2、I0.4、I0.6 指示灯亮。

（8）分别操作 3 个电磁阀的手动换向机构，强迫电磁阀换向，气缸上的传感器以及 PLC 上的 I0.2～I0.6 指示灯应能相应改变。

（9）手动操作电磁阀回到初始状态：缩回、上升、放松。

（10）打开 STEP7-MicroWIN 编程软件，利用状态表给 Q0.0 强制写"1"，观察 PLC 上 Q0.0 指示灯应点亮，伸出缸应动作。强制写"0"，PLC 上 Q0.0 指示灯应熄灭，伸出缸动作保持。测试后取消强制。

（11）同样方法测试 Q0.1～Q0.5。

1.4.2　编辑与调试控制程序

PLC+IPC 系统的程序，按照功能可分为两大类，一类是为在计算机上显示设备的运动状态，实现监视功能而编写的程序，比如之前编写的水平移动量、垂直移动量、夹紧量的加减 1 程序。另一类是为了实现自动控制而编写的程序，就是我们 6 个线圈的**控制程序**。

一般来说，可以有以下三种方案：

（1）IPC 只负责监视，PLC 负责全部的控制，即将全部的控制程序在 PLC 里编写。

（2）IPC 负责监视和少部分控制，PLC 负责大部分控制，即 IPC 和 PLC 都需要编写控制程序。

（3）IPC 负责监视和控制，PLC 只作为 I/O 接口使用，即全部控制程序都在 IPC 里编写。

由于 PLC 可靠性高，实时性好，实际系统一般采取上述（1）或上述（2）方案。但为了集中精力掌握组态软件的功能，我们先采取上述（3）方案，即 PLC 只做 I/O 接口，不编写任何程序。

1.4.3　进行 PLC 通信设置

（1）在 STEP7-MicroWIN 编程环境下，单击左侧"查看"窗口的"通信"图标，弹出通信设置窗口，如图 1.67 所示，右侧窗口 CPU 型号是检测到的实际型号。注意左侧窗口以下显示内容：

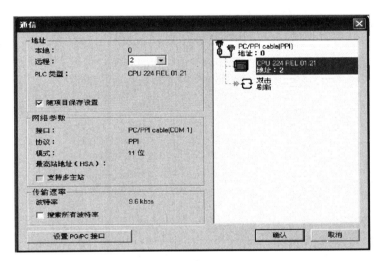

图 1.67　S7-200PLC 通信设置窗口

远程（地址）：2

接口：PC/PPI cable (COM1)

模式：11 位

传输速率：9.6Kbps

实际系统的参数可能有差别，没关系，记住它们，以便在 MCGS 上进行通信设置。

（2）清空 PLC 程序（只做 I/O 接口，不编程）。

（3）退出 STEP 7-Micro/WIN 编程环境。

1.4.4　在 MCGS 中进行 S7-200 PLC 设备的连接与配置

连接过程包括添加设备、设置设备属性、调试设备三部分。

1. 添加设备

添加设备的目的是告诉 MCGS，系统通过什么设备和外设沟通。对本系统来说，这个设备就是 S7-200PLC。

如图 1.66 所示,计算机利用 RS232 串口连接 PC/PPI 电缆到 S7-200PLC。相应地,需要在 MCGS 设备窗口中添加一个串口设备,再在串口下添加一个 PLC 设备。串口设备称为父设备,PLC 设备称为子设备。

(1)单击工作台中的"设备窗口"选项卡,进入"设备窗口"页,如图 1.68 所示。

(2)单击"设备组态"图标,弹出设备组态窗口,窗口内为空白,没有任何设备。

(3)单击工具条上的"工具箱"图标 ,弹出"设备工具箱"窗口,如图 1.69 所示。

图 1.68　设备窗口　　　　　　　　　　　　图 1.69　设备工具箱

(4)单击"设备管理"图标,弹出设备管理窗口,如图 1.70 所示。

(5)双击"通用串口父设备",该设备将出现在"选定设备"栏,如图 1.71 所示。

图 1.70　设备管理窗口　　　　　图 1.71　添加"通用串口父设备"至选定设备

(6)打开"PLC 设备"列表。双击"西门子_S7200PPI"图标,该设备也被添加到"选定设备"栏,如图 1.72 所示。

图 1.72　添加"S7-200PPI"至选定设备

（7）单击"确认"，"设备工具箱"列表中出现以上两个设备，如图 1.73 所示。

（8）双击"通用串口父设备"，再双击"西门子_S7200 PPI"，它们被添加到设备组态窗口中，如图 1.74 所示。至此，完成设备的添加。

图 1.73　添加设备后的工具箱

图 1.74　添加 PLC 后的设备窗口

注意 S7-200 PPI 设备必须添加在"通用串口父设备"下。

S7-200PLC 的串口父设备也可利用图 1.71 所示的"通用串口父设备"添加。

2．设置"通用串口父设备"基本属性

双击图 1.74 所示"设备窗口"的"通用串口父设备 0-[通用串口父设备]"，进入"通用串口设备属性编辑"窗口，如图 1.75 所示。在"基本属性"页做如下设置：

初始工作状态：有两个选项，1-启动、0-停止。这里选择启动。

最小采集周期（ms）：设为 200。

串口端口号（1～255）：有 3 个选项，0-COM1、1-COM2、2-COM3。由前面图 1.67 知，本系统 PLC 连到计算机的 COM1 上，因此必须选 COM1（注意你的系统设置可能不同）。

通讯波特率：也必须与 PLC 设置一致。由

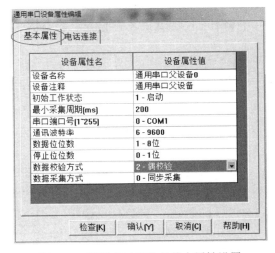

图 1.75　通用串口父设备基本属性设置

图 1.67 知，本系统波特率 9.6Kbps，因此须选 9600（注意你的系统设置可能不同）。

数据位：8 位。数据校验方式：偶校验。

数据采集方式：同步采集。

"电话连接"页不做任何设置。

单击"确认"，回到设备组态窗口。

3．设置"S7-200PPI 设备"基本属性

（1）双击"设备 0-S7-200PPI"，弹出图 1.76 所示窗口。在"基本属性"页，设置初始工作状态：启动；最小采集周期：200；设备地址：2（注意你的系统设置可能不同）。

（2）单击"[内部属性]"之后出现"…"按钮，单击该按钮，弹出图 1.77 所示窗口，其上列出了 PLC 的通道及其含义，I0000.0 代表 I0.0。现在需要将输出 Q0.0～Q0.5 增加进去。

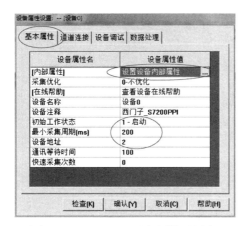

图 1.76　S7-200PPI 设备属性设置窗口

图 1.77　S7-200PLC 通道属性设置窗口

（3）单击"增加通道"，弹出图 1.78 所示窗口，修改为图 1.79 所示。

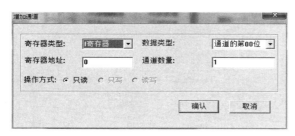

图 1.78　增加通道窗口

图 1.79　增加 Q0.0～Q0.5

欲增加 Q0.0～Q0.5，则，

寄存器类型：Q 寄存器；寄存器地址：0；数据类型：通道的第 0 位；通道数量：6。

"读写"的意思是可以将 MCGS 的控制信号写到 PLC 的 Q0.0～Q0.5。

也可以把 PLC 的 Q0.0～Q0.5 上的数据读进 MCGS。

（4）单击"确认"，弹出图 1.80 所示窗口，可以看到增加了 6 个输出通道。单击"确认"，回到基本属性设置页。

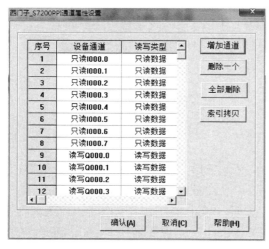

图 1.80　增加了 6 个输出通道 Q0.0～Q0.5

图 1.81　通道连接

4. 将 MCGS 变量与 PLC 通道进行连接

通道连接的目的是告诉 MCGS：启停按钮等变量是通过 PLC 哪个通道送进来的，下降控制等信号又是通过哪个通道送出去的。

单击"通道连接"选项卡，进入"通道连接设置"页，按表 1.6 所示的 I/O 分配表进行设置，设置后的连接如图 1.81 所示。

表 1.6　PLC 通道与 MCGS 变量对应表

序号	设备名称	PLC 地址	MCGS 变量	序号	设备名称	PLC 地址	MCGS 变量
1	启/停按钮	I0.0	启动停止按钮	9	伸出线圈	Q0.0	伸出控制
2	复位按钮	I0.1	复位停止按钮	10	缩回线圈	Q0.1	缩回控制
3	缩回位传感器	I0.2	缩回位检测	11	下降线圈	Q0.2	下降控制
4	伸出位传感器	I0.3	伸出位检测	12	上升线圈	Q0.3	上升控制
5	上升位传感器	I0.4	上升位检测	13	夹紧线圈	Q0.4	夹紧控制
6	下降位传感器	I0.5	下降位检测	14	放松线圈	Q0.5	放松控制
7	放松位传感器	I0.6	放松位检测				
8	夹紧位传感器	I0.7	夹紧位检测				

5. 调试设备

调试的目的在于确定是否所有输入信号都能经 PLC 的输入通道正确送入 MCGS；MCGS 的输出信号都能经 PLC 的输出通道正确送出。

（1）检查无误后，接通电源。

（2）单击"设备调试"选项卡，进入"设备调试"页，如图 1.82 所示。如果通讯成功，则通讯状态标志=0。由于机械手处于初始位置，"缩回位"等 3 个传感器信号=1。

（3）按下设备上的启/停按钮，应能看到窗口中"启动停止按钮"对应数据变为"1"，如图 1.83 所示。

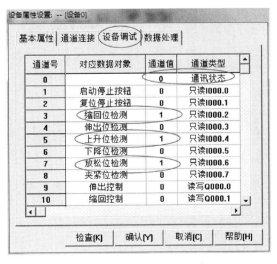

图 1.82　进入设备调试页

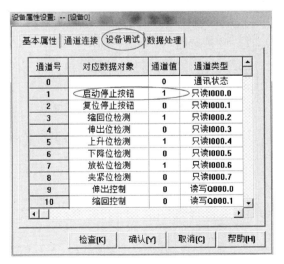

图 1.83　按下启/停按钮，通道值变为 1

（4）手动操作各个电磁阀使其换向，应能观察到相应传感器通道信号的变化。

（5）将"伸出控制"对应值修改为"1"，如图 1.84 所示，PLC 的 Q0.0 指示灯应变绿，气缸杆伸出。同样方法测试所有输出。

（6）单击"确认"按钮，关闭"设备调试"窗口。

1.4.5 软、硬件联调

（1）删除 MCGS 循环策略中的传感器模拟程序，因为真正的传感器已经连接好，不需要模拟了。

（2）删除画面上的"启动/停止按钮"和"复位停止按钮"，因为设备上的按钮已连好。

图 1.84 在设备调试页将 Q0.0 置 1

（3）观察 MCGS 监控画面中各个传感器、指示灯和机械手的初始状态是否正确。

（4）按下设备上的启/停按钮，观察监控画面中启动按钮对应指示灯是否点亮。

（5）观察机械手动作是否符合控制要求。观察至少 2 个运行周期。

（6）在运行周期的不同阶段抬起启/停按钮，观察是否立即停止移动；再次按下该按钮，观察是否能重新动作。要求每个动作阶段都进行测试。

（7）在运行周期的不同阶段按下复位按钮，观察能否在本周期结束后停止工作；抬起该按钮，观察是否能开始运行。

（8）观察 MCGS 画面的动画效果是否与实际一致，特别是水平移动和垂直移动的速度。如果有差异，则调整动画连接参数直至满意。

1.5 开环控制系统的实现

1．设备选型

开环系统与闭环系统的区别是不需要传感器。

实现开环控制系统

2．绘制系统方框图和原理接线图

对照图 1.16 和图 1.17，很容易画出开环系统的方框图和接线图如图 1.85 所示、图 1.86 所示。

图 1.85 开环控制的机械手系统方框图

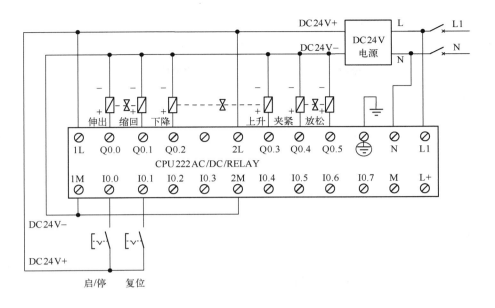

图 1.86 开环控制的机械手系统接线图

3．设计与调试系统监控软件

（1）变量定义和画面设计。与闭环系统相比，实时数据库和画面上都少了 6 个传感器。请新建项目并自行完成。

（2）程序设计。

① MCGS 程序设计与调试。开环系统需要根据时间进行控制，具体过程如下：

按下启/停按钮后，机械手下移 5s→夹紧 2s→上升 5s→右移 10s→下移 5s→放松 2s→上移 5s→左移 10s，最后回到原始位置，自动循环

可利用 MCGS 提供的定时器实现此功能，也可将控制任务全部交给 PLC。如果将全部控制任务交 PLC 实现，MCGS 的循环策略只需保留动画程序即可。具体如下：

```
'*********动画模拟变量********************
IF 下降控制=1 THEN 垂直移动量=垂直移动量 +1
IF 上升控制=1 THEN 垂直移动量=垂直移动量 -1
IF 伸出控制=1 THEN 水平移动量=水平移动量 +1
IF 缩回控制=1 THEN 水平移动量=水平移动量 -1

IF 垂直移动量<0  THEN 垂直移动量=0
IF 垂直移动量>25 THEN 垂直移动量=25
IF 水平移动量<0  THEN 水平移动量=0
IF 水平移动量>50 THEN 水平移动量=50
```

MCGS 程序调试过程与开环系统类似。但该程序不能提供"下降控制"等信号，为测试动画效果，可在画面上制作 6 个按钮，分别与"下降控制"等变量进行"操作属性--取反"连接。运行时分别点击这些按钮，观察机械手指示灯和移动缩放效果是否正确。之后删

除这些按钮即可。

② PLC 程序设计，如图 1.87 所示。PLC 程序编辑完成后，应在 STEP7-MicroWIN 中进行调试，调试思路与 MCGS 控制程序的调试类似，这里不详述。

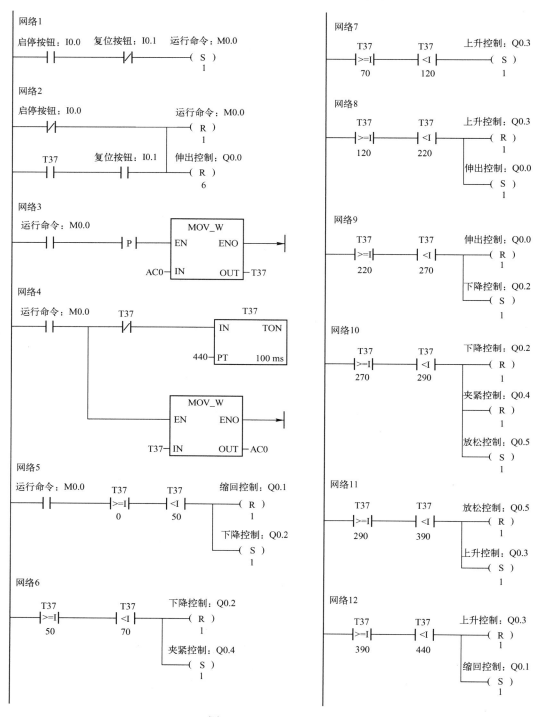

图 1.87　PLC 控制程序

4．软、硬件联调

软、硬件联调与闭环控制类似。

1.6 思路拓展

1．关于操作属性动画连接

之前对画面上各按钮进行的是"取反"动画连接，类似的连接还有"置 1"、"清 0"、"按 1 松 0"、"按 0 松 1"。如图 1.46。打开机械手监控画面，将"启动/停止按钮"的连接分别改成这些形式，进入运行环境，操作该按钮，同时观察对应指示灯效果，体会这几种连接的不同。

"取反"：常用来形容带自锁的按钮。

"按 1 松 0"：常用来模拟不带自锁的常开按钮。

"按 0 松 1"：常用来模拟不带自锁的常闭按钮。

"置 1"、"清 0"：功能类似于 RS 触发器。

恢复"启动/停止按钮"的"取反"动画连接，以便后面的操作。

2．关于显示输出动画连接

之前一直使用指示灯显示变量的状态，也可利用"显示输出"动画连接。方法是先用工具箱中的"标签" 在画面上的"启动/停止按钮"旁随便写个文字例如"####"，再对其进行"显示输出"连接，如图 1.88 所示和图 1.89 所示。

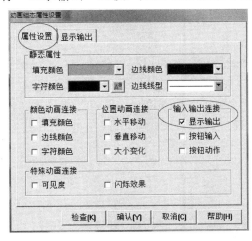

图 1.88　选择"显示输出"连接

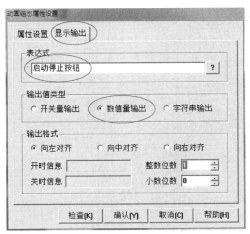

图 1.89　"显示输出"连接设置

进入运行环境，文字"####"被"0"取代了。单击画面上的"启动/停止按钮"，该文字显示"1"；再次单击，显示"0"。可见"显示输出"→"数值量输出"连接是将变量的值以数值形式显示。

图 1.89 中所示若选择"开关量输出"，则应填写"开时信息"和"关时信息"，例如，"开时信息"为 ON；"关时信息"为 OFF。

3．关于可见度动画连接

在画面上画两个圆形，分别填充红色和绿色，对二者进行"可见度"连接。绿色圆设置为：当"启动停止按钮=1"时，"对应图符可见"，如图1.90所示；红色则相反，如图1.91所示。

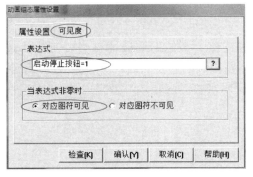 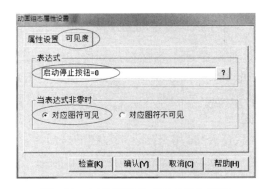

图1.90　绿色圆形的"可见度"连接　　　图1.91　红色圆形的"可见度"连接

进入运行环境，画面上应只能看见红色圆。操作画面上的"启动/停止按钮"，红色圆消失，绿色圆出现。可见，绿色圆的规律是：当变量"启动停止按钮"=1时，可以见到；"启动停止按钮"=0时，见不到。红色圆则相反。

4．关于合成单元和构成图符

回到组态环境，将两个圆形叠放在一起。再进入运行环境，操作"启动/停止按钮"，红色和绿色在一个位置交替显示，效果与一盏灯类似。

回到组态环境，拖动鼠标将两个圆形都选中，然后单击"排列"菜单，选择"合成单元"，如图1.92所示。之后两个圆形就被合成为一个整体了，可以整体移动，双击该单元，弹出属性设置窗口，进入"动画连接"页，如图1.93所示。该页有两个椭圆，连接表达式分别为"启动停止按钮=1"和"启动停止按钮=0"。单击"启动停止按钮=0"椭圆的"〉"，进入其"属性设置"页，可以看到其填充颜色恰为红色。

 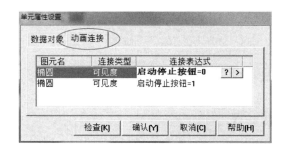

图1.92　合成单元　　　　　图1.93　合成单元后的"动画连接"页

合成后的单元可通过"分解单元"重新分解。

MCGS 图库中提供的图形有许多都是利用合成单元功能构成的。包括前面用到的 2 号指示灯和 10 号开关。在画面上画一个 2 号指示灯，将其分解后移动图形，看看它是由几个图形构成的，又是如何定义的动画连接。

"构成图符"与"合成单元"的共同之处是可以将几个图形合成为一个整体。不同之处在于："合成单元"后的整体可以保留各自的动画连接。"构成图符"后的整体原有动画连接消失。

2 号指示灯分解后可以看出，它是由一个红色球、一个绿色球和一个组合图符合成的。组合图符还可以通过"分解图符"进一步分解为 2 个矩形和 1 个圆形。"组合图符"常用于不需要对图形元素分别进行动画连接的场合。

5．关于填充颜色动画连接

在画面上画一个圆，对其进行"填充颜色"连接，如图 1.94 所示和图 1.95 所示。利用"增加"按钮可以添加"分段点"。"分段点"=0，代表变量"启动停止按钮"=0，对应颜色选择红色；"启动停止按钮"=1，对应颜色选择绿色。

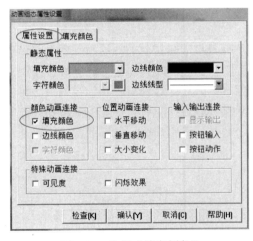

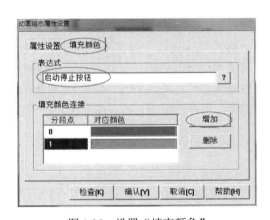

图 1.94　选择"填充颜色"　　　　　　图 1.95　设置"填充颜色"

进入运行环境，操作画面上的"启动/停止按钮"，该圆形颜色发生红绿转变。可见利用该功能，1 个圆形即可实现红绿显示。

6．关于按钮输入和按钮动作动画连接

在画面上画一个矩形，选择"按钮动作"连接后进入该页如图 1.96 所示，会发现其设置页与标准按钮属性连接类似。

将该矩形动画连接修改为"按钮输入"连接如图 1.97 所示。设置后进入运行环境，操作该矩形时可弹出小键盘，如图 1.98 所示。

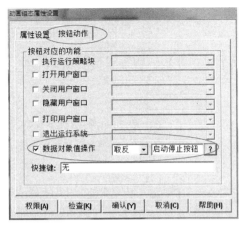
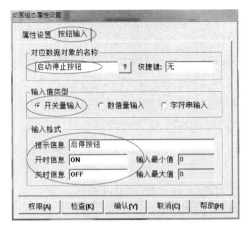

图 1.96　"按钮动作"连接　　　　　图 1.97　"按钮输入"连接

图 1.98　"开关量输入"连接运行效果

7. 关于两位五通双电控阀的控制

回看表 1.1 可以知道，两个线圈都不得电时，电磁阀处于保持状态。这意味着如果希望机械手下移，可以先给下移线圈一个高电平的控制信号，使线圈动作，之后即使给它一个低电平，只要上移线圈的电平仍然为低，机械手就可以保持下降。即这种电磁阀的控制信号可以是脉冲信号（当然也可以是电平信号）。前述闭环系统中的 MCGS 控制程序、开环系统中的 PLC 控制程序，都是按照电平信号编写的，也可以修改为脉冲信号，具体做法请同学们思考。

8. 关于两位五通单电控阀的控制

单电控电磁阀只有一个控制线圈，如图 1.99 所示。线圈得电时气缸伸出；线圈失电时，弹簧复位，回到缩回状态。与双电控阀不同，单电控阀线圈控制信号必须保持到动作结束，不能是脉冲信号。

（a）4个单电控电磁阀及汇流板

图 1.99　两位五通单电控带弹簧复位电磁阀

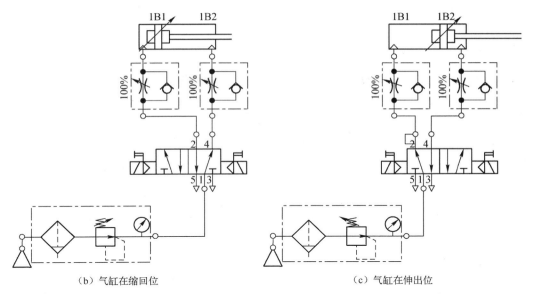

（b）气缸在缩回位   （c）气缸在伸出位

图 1.99　两位五通单电控带弹簧复位电磁阀（续）

本项目小结

项目 1	用 IPC 和 MCGS 实现机械手监控系统

任务描述：

利用 IPC 控制一个机械手的上升、下降、左移、右移、夹紧、放松动作，要求机械手能按照要求的顺序动作，并在计算机上动态显示其动作情况

实现步骤：

1．教师提出工作任务，学生在教师指导下，按以下步骤逐步完成工作

（1）讨论并确定方案，画系统方框图

（2）进行硬件选型

（3）根据选择硬件情况修改完善系统方框图，画出电路原理图

（4）在 MCGS 组态软件开发环境下进行软件设计

（5）在 MCGS 组态软件运行环境下进行调试直至成功

（6）根据电路原理图连接电路，进行软、硬件联调直至成功

2．教师给出作业，学生在课余时间利用计算机独立完成以下工作

（1）讨论并确定方案，画系统方框图

（2）进行软、硬件选型

（3）根据选择硬件情况修改完善系统框图，画出电路原理图

（4）在 MCGS 组态软件开发环境下进行软件设计

（5）在 MCGS 组态软件运行环境下进行调试直至成功

3．作业展示与点评

学习目标	
知识目标	技能目标
1．计算机控制和自动控制的相关知识	1．能读懂机械手气路图
● 机械手的结构、气缸、气动电磁阀的知识	2．能读懂闭环和开环机械手监控系统方框图
● IPC 的知识	3．能利用 IPC 和 S7-200PLC 进行简单开关量监控系统的
2．I/O 接口设备的知识	方案设计
● 计算机监控系统使用的 I/O 设备的作用与分类	4．能读懂带有 S7-200PLC 的机械手监控系统电路图
● DI、DO、AI、AO 的概念	5．能设计使用 S7-200PLC 作为 I/O 接口设备的电路

- I/O 板卡的作用与特征
- I/O 模块的作用与特征
- PLC 的作用与特征
- S7-200 PLC　CPU222 的接线端子定义

3. 组态软件的知识
- "组态环境"、"运行环境"的功能
- "工作台"的功能与调用方法
- "实时数据库窗口"的功能
- 系统内建变量和用户变量的含义
- 开关型变量和数值型变量的含义
- "用户窗口"的功能，启动窗口的含义
- 绘图工具箱、对象元件库的功能
- 编辑条的功能
- 动画连接的功能
- 操作属性动画连接→数据对象值操作→取反的含义
- 可见度动画连接的含义
- 显示输出→数值量输出动画连接的含义
- 按钮动作→取反动画连接的含义
- 按钮输入动画连接的含义
- 填充属性动画连接的含义
- 合成单元与分解单元的作用
- 构成图符与分解图符的作用
- "运行策略窗口"的功能
- 启动策略、退出策略、循环策略的含义
- 循环策略的执行时间的设置方法
- MCGS 脚本程序语法规则
- 水平移动、垂直移动、大小变化动画连接的含义；移动速度和缩放速度的设置方法
- "设备窗口"的功能
- 设备工具箱的功能
- "选定设备"和"可选设备"的含义
- PLC 设备的添加方法
- 设备属性设置窗口中基本属性页的功能
- 设备属性设置窗口中通道连接页的功能
- 设备属性设置窗口中设备调试页的功能

6. 能使用 MCGS 进行监控程序设计、制作与调试
- 会进入组态环境并新建和存储工程、会打开一个已经存在的工程
- 会使用工作台进入不同的组态窗口
- 会根据变量分配表在 MCGS 中建立开关型变量和数值型变量；正确设置变量的类型和初值
- 会新建用户窗口、定义窗口名称、将窗口设置为启动窗口并最大化显示
- 会根据监控画面要求，绘制文字、直线、矩形、按钮、机械手、直管道、指示灯，并能够修改内容、大小、颜色、位置、方向角度等
- 能利用编辑条对多个图形元素进行对齐操作
- 能对制作的按钮进行操作属性→取反动画连接
- 能对文字对象进行显示输出→数值量输出动画连接
- 能对指示灯进行可见度动画连接
- 会进入运行环境进行调试，测试动画连接是否成功
- 能正确设置循环策略的循环时间间隔
- 能在循环策略中添加一个脚本程序，并编辑程序
- 能读懂机械手系统脚本程序
- 会使用分段试用方法进行程序编辑与调试
- 会对图形对象进行水平移动、垂直移动、大小变化动画连接并调试成功

7. 能进行系统软硬件联调
- 能根据电路图进行电路连接
- 能进行 S7-200 PLC 的安装
- 会在 MCGS 中添加 S7-200PLC 设备
- 会对 S7-200PLC 进行基本属性、通道连接设置，会进行设备调试操作
- 能够成功进行系统软、硬件联调

作业	车库自动监控系统设计
任务描述：见练习项目 1	

学习项目 2　用 IPC 和 MCGS 实现电动大门监控系统

> **主要任务**
>
> 1. 读懂控制要求，设计电动大门监控系统的控制方案。
> 2. 进行器件选型，要求使用中泰 PCI-8408 板卡作 I/O 接口设备。
> 3. 进行电路设计，画系统接线图。
> 4. 用 MCGS 组态软件进行监控画面制作和程序编写。
> 5. 完成系统软硬件安装调试。

2.1　方案设计

2.1.1　控制要求

想一想：平时见到的电动大门都有什么功能？

做一做：观察学校电动大门,研究其结构组成与功能。

　　　　　上网搜索整理电动大门控制系统的相关内容，小组间进行讲述。

　　　　　读以下内容，复述本系统工作任务。

电动大门（Electric Door）在生活中很多见。独立的电动大门多使用普通继电器或单片机进行控制。如果需要对多个大门进行监控（例如智能楼宇系统），可使用工控机/计算机作为控制器或监视器，以获得良好的监控性能。

对图 2.1 所示电动大门有如下控制要求：

图 2.1　电动大门

（1）门卫在警卫室通过操作开门按钮、关门按钮和停止按钮控制大门。

（2）当门卫按下开门按钮后，报警灯开始闪烁，提示所有人员和车辆注意。5s 后，门开始打开，当门完全打开后，门自动停止，报警灯停止闪烁。

（3）当门卫按下关门按钮时，报警灯开始闪烁，5s 后，门开始关闭，当门完全关闭后，门自动停止，报警灯停止闪烁。

（4）在门运动过程中，任何时候只要门卫按下停止按钮，门马上停在当前位置，报警灯停闪。

（5）关门过程中，只要门夹住人或物品，门立即停止运动，以防发生伤害。

（6）能在计算机上动态显示大门运动情况。

2.1.2　对象分析

对象分析与方案制定

想一想： 电动大门为什么能动？

做一做： 观察学校的电动大门，分析其系统组成。

读图 2.3，复述单相电动机正反转控制主电路原理。

仿照三相异步电动机正反转控制，设计基于继电器的单相电动机正反转控制电路并讨论。

1．电动大门的驱动装置

电动大门的运动由电动机驱动。常采用单相异步电动机，电动伸缩门的电动机一般被固定在底座上，通过链条等机构驱动走轮，进而拉动伸缩门，如图 2.2 所示。其主要技术参数如下：

输入电压：～220V±10%，50Hz

电机功率：370W

电机转速：1400r/min

输出转速：46.6r/min

重量：18kg

启动电流：3A

2．开门电动机主电路

图 2.2　开关门电机

电动大门的开关门动作可通过电动机正、反转实现。图 2.3 所示是单相异步电动机正、反转控制主电路。

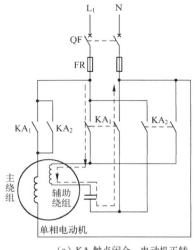

（a）KA₁触点闭合，电动机正转

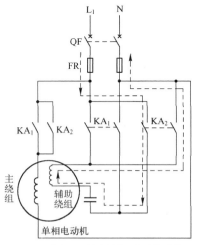

（b）KA₂触点闭合，电动机反转

图 2.3　一种单相异步电动机正、反转控制主电路

单相电动机内有主绕组和辅助绕组，二者空间上相隔90°放置。辅助绕组串接电容，使得辅助绕组与主绕组电流产生90°相位差，进而产生旋转磁场，带动电动机转子转动。

KA_1触点闭合时，主绕组与辅助绕组得电，电动机转动。KA_2接通时，主绕组电流方向不变，辅绕组电流反向，电动机反向运动。

本电动机额定功率只有370W，用中间继电器驱动即可。但正、反转继电器不能同时接通，否则会发生电源短路。

基于继电器的电动大门控制电路与三相异步电动机正反转控制电路类似，这里不再给出。继电器控制电路的缺点是没有监视功能。下面采用工控机实现电动大门监控系统。

3. 电动大门对象分析

被控对象——电动大门。

被控参数——开/关门动作、报警灯闪烁。

控制目标——实现2.1.1节所述的所有控制要求。

控制变量——共3个，分别控制正转继电器、反转继电器和报警灯。

2.1.3 方案制订

想一想：控制电动大门开关门动作的关键是什么？

做一做：读图2.4和2.5，阐述开环系统和闭环系统原理，并比较其特点。

电动大门的控制可采用闭环或开环形式。开环计算机监控系统方框图如图2.4所示。

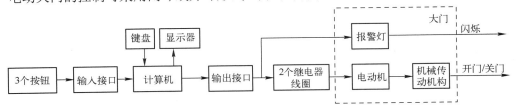

图 2.4　开环控制的电动大门系统方框图

1. 开环方案

开环方案的问题是，不能自动检测大门的状态，只能人工目测，安全性不好。

2. 闭环方案

电动大门控制系统的闭环方案如图2.5所示。

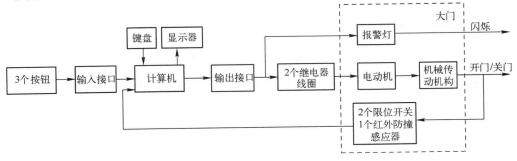

图 2.5　闭环控制的电动大门系统方框图

系统至少需要安装 3 个传感器,检测门是否已完全打开/关闭/是否碰到人或物品。闭环控制在硬件结构上比开环开销大,但可以实现到位后或撞到人自动停止,因此安全性好。

3.本系统采纳方案

从人身安全、公共利益,提高自动化程度、降低劳动强度考虑,本系统选择闭环方案。

2.2 设备选型与电路设计

想一想:本系统需要哪些电气设备?

做一做:查找相关资料,确定传感器、执行器、I/O 接口设备型号。

根据以上各设备的端子定义,画出系统接线图。

设备选型

2.2.1 命令输入设备选型

本系统需要 1 个开门按钮、1 个关门按钮、1 个停止按钮,都不带自锁,如图 2.6 所示。

2.2.2 传感器和变送器选型

电动伸缩门常采用磁性开关进行限位检测。如图 2.7 所示。检测原理是:磁性限位开关安装在电动机两侧,磁铁安装在地上靠近墙体的位置,当大门运动到磁铁位置时,磁性限位开关(干簧管)受磁力作用吸合。

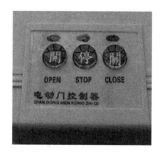

(a)电动门控制器外观　　(b)按钮符号

图 2.6 按钮及符号

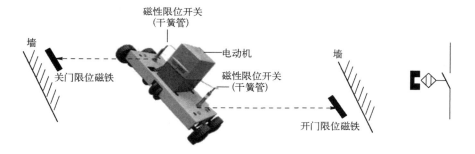

(a)限位磁铁及磁性开关　　(b)磁性开关符号

图 2.7 磁性限位开关

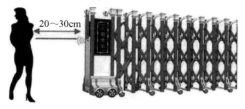

(a)防撞红外传感器工作示意　　(b)一种防撞红外传感器　　(c)红外开关符号

图 2.8 防撞红外传感器

为防止大门碰到人或物体，还应该在大门上安装至少1个传感器。伸缩门常采用红外传感器进行检测，当人或物体与大门距离过近时，红外传感器的常开触点闭合。

2.2.3 执行器选型

1. 中间继电器选型

本系统被控对象是单相异步电动机，电动机参数如图2.2所示。

由图2.3知，为控制电动机正、反转，需要2个中间继电器 KA$_1$ 和 KA$_2$，每个继电器至少需要3对常开触点。可选择施耐德中间继电器。有关施耐德电气产品的详细情况可在网址：http://www.schneider-electric.com.cn/获得。该网站的"下载中心"提供所需产品的详细资料。

根据网站提供的电子样本，可选择施耐德 RXM 系列小型可插拔继电器，型号为：RXM4ABBD。其主要技术参数如下：

线圈电压：DC24V

带有 4 个常开/常闭触点，触点额定电压～220V

额定电流：6A

线圈额定功耗：1.1W。

该继电器外观和端子定义如图2.9所示。

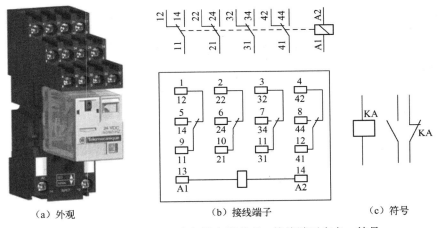

（a）外观　　　　　（b）接线端子　　　　　（c）符号

图 2.9　RXM4AB2U7 中间继电器外观、接线端子定义、符号

2. 报警灯选型

系统还需要一个报警灯，可选择施耐德旋转反射信号灯，如图 2.10 所示，型号为 XVR-1M04，交流 220V 供电，发红光。

2.2.4 计算机选型

可选择研华 PPC-6170 平板电脑。有关研华公司及其产品的情况可登陆 http://www.advantech.com.cn/网站查询。

图 2.10　施耐德旋转反射信号灯
XVR-1M04 及符号

2.2.5 I/O 接口设备选型

1. I/O 点基本情况

电动大门系统的 I/O 点如表 2.1，共有 6 个 DI，3 个 DO。

2. I/O 设备选型

本系统可用 I/O 板卡作接口设备。常见的板卡品牌有研华、研祥、泓格、中泰、康拓、同维等。本项目选用中泰板卡。该公司网址：http://www.ztic.com.cn/。

中泰 PCI-8408 板卡提供 16DI/16DO，完全满足本系统需要（6DI/3DO）。由于 PCI-8408 的 D 型接头不方便与按钮、传感器等设备进行连接，需要使用端子板过渡一下。图 2.11 中所示按钮、传感器、继电器等设备连接首先连接到 PS-037 的接线端子上，经 D 型电缆连接到 PCI-8408。PCI-8408 通过插针将信号送入 IPC。

表 2.1 电动大门系统 I/O 情况表

序号	名称	功能	性质
1	SB1	开门按钮	DI
2	SB2	停止按钮	DI
3	SB3	关门按钮	DI
4	SQ1	关门限位开关	DI
5	SQ2	开门限位开关	DI
6	SQ3	安全触板	DI
7	KA1	开门继电器	DO
8	KA2	关门继电器	DO
9	HL	报警灯	DO

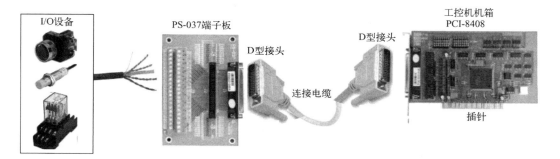

图 2.11　I/O 设备与 PCI-8408 的连接

2.2.6 系统软件选型

选用国产通用组态软件 MCGS。

2.2.7 系统方框图和原理接线图绘制

电路设计

1. 系统方框图

电动大门监控系统方框图如图 2.12 所示。

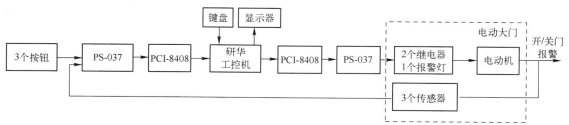

图 2.12　采用 PCI-8408 作接口设备的电动大门系统方框图

2．PCI-8408 与按钮的连接

PCI-8408D 型连接器引脚定义如表 2.2 所示，1 号引脚为 DO1、20 号引脚为 DO2，其他依此类推，9、28 号为 DO 公共地。10、29 号为电源输入。

表 2.2　PCI-8408 板卡引脚定义

PCI-8408 引脚号 PS-037 端子号	信号定义	PCI-8408 引脚号 PS-037 端子号	信号定义
1	CH1（DO1）	20	CH2（DO2）
2	CH3（DO3）	21	CH4（DO4）
3	CH5（DO5）	22	CH6（DO6）
4	CH7（DO7）	23	CH8（DO8）
5	CH9（DO9）	24	CH10（DO10）
6	CH11（DO11）	25	CH12（DO12）
7	CH13（DO13）	26	CH14（DO14）
8	CH15（DO15）	27	CH16（DO16）
9	DO 公共地	28	DO 公共地
10	12～36V 电源输入	29	12～36V 电源输入
11	CH1（DI1）	30	CH2（DI2）
12	CH3（DI3）	31	CH4（DI4）
13	CH5（DI5）	32	CH6（DI6）
14	CH7（DI7）	33	CH8（DI8）
15	CH9（DI9）	34	CH10（DI10）
16	CH11（DI11）	35	CH12（DI12）
17	CH13（DI13）	36	CH14（DI14）
18	CH15（DI15）	37	CH16（DI16）
19	DI 公共地		

PCI-8408 的 11 号引脚对应 DI1，30 号引脚对应 DI2，其他依此类推，19 号为 DI 公共地。注意 DI 公共地和 DO 公共地内部未作连接。

PS-037 接线端子板上端子号的排列规则与 PCI-8408 引脚排列完全相同。

PCI-8408DI 通道内部电路如图 2.13 所示，图中只画出了 CH1 通道的情况。

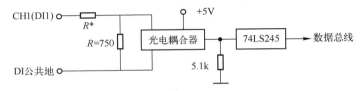

图 2.13　PCI-8408DI 通道内部电路

PCI-8408 要求电平输入，当输入端与 DI 公共地之间输入高电平时，计算机数据总线上得到"1"信号，否则得到"0"。

表 2.3　　PCI-8408 接口卡输入电平与 R 的对应关系

输入电平的范围与板卡上的限流电阻 R^* 大小有关，当 R^*=4.7kΩ时，可接收 12～24V 高电平。限流电阻 R^* 可以根据需要改变，以适应不同的电平范围。

输入信号高电平	R^*
3～6V	470Ω
6～12V	2.4kΩ
12～24V	4.7kΩ
24～48V	10kΩ

根据表 2.2，将按钮、传感器接入 PS-037，并通过 D 型电缆连接到 PCI-8408，如图 2.14 所示。

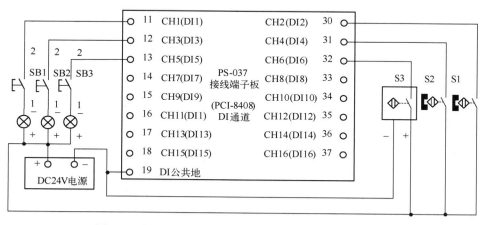

图 2.14　按钮 SB1、SB2 与 PCS-037（PCI-8408）接线图

3．PCI-8408 与中间继电器的连接

PCI-8408 的 DO 输出电路如图 2.15 所示。计算机数据总线送"1"时，输出驱动器中的三极管导通，输出端被下拉到 DO 地；计算机数据总线送"0"时，输出驱动器中的三极管截止，输出端悬空。

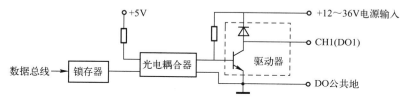

图 2.15　PCI-8408 的 DO 输出通道电路

负载通常接在电源输入端和输出端之间，如图 2.16（a）所示。当计算机数据总线送"1"时，三极管导通，负载得电；当计算机送"0"时，三极管截止，负载失电。

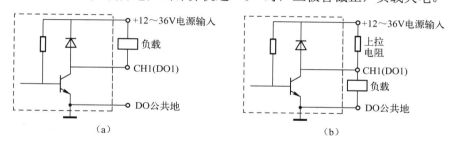

图 2.16　PCI-8408 输出端与负载的连接方法

也可将负载接在输出端和 DO 公共地之间，此时电源输入端与输出端之间应接上拉电阻，如图 2.16（b）所示。当计算机数据总线送"1"时，三极管导通，负载失电；当计算机数据总线送"0"时，三极管截止，负载得电。

PCI-8408 的输出端允许通过 200mA 电流，饱和压降 V_{CE} 约 1V 左右，耐压 BV_{CEO} 约为 36V。

PCI-8408 板卡的电源输入应根据负载需要在+12～+36V 之间选择。按照图 2.16（a）所示方法将 3 个继电器连接到 PS-037 上，电路如图 2.17 所示。注意之前选用的报警灯是 AC220V 供电，PCI-8408 无法驱动，因此增加了一个中间继电器 KA3。

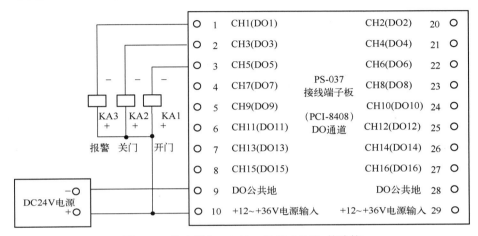

图 2.17　继电器与 PS-037（PCI-8408）的连接

4．中间继电器与电动机和报警灯的连接（如图 2.18 所示）

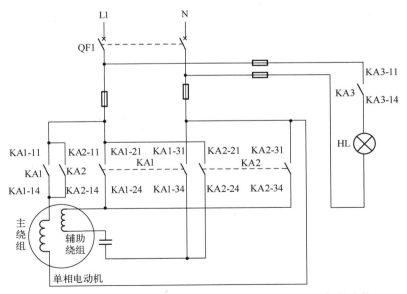

图 2.18　RXM4AB2U7 中间继电器与电容运行单相电动机的连接

5．系统 I/O 分配

由图 2.14 和图 2.17，电动大门系统 I/O 分配如表 2.4 所示。

表 2.4　电动大门控制系统 I/O 分配表

序号	名称	功能	PCI-8408 通道	特征
1	SB1	开门按钮	CH1（DI1）	常开，不带自锁，按下为 1，松开为 0
2	SB2	停止按钮	CH3（DI3）	同 SB1
3	SB3	关门按钮	CH5（DI5）	同 SB1
4	S1	开门限位开关	CH2（DI2）	门全开为 1，否则为 0
5	S2	关门限位开关	CH4（DI4）	门全关为 1，否则为 0
6	S3	红外防碰	CH6（DI6）	检测到人或物为 1，否则为 0
7	KA1	开门继电器	CH1（DO1）	=1，开门
8	KA2	关门继电器	CH3（DO3）	=1，关门
9	HL	报警灯	CH5（DO5）	=1，闪烁

2.3　监控软件的设计与调试

想一想：电动大门监控画面应该包括哪些元素？

　　　　　电动大门监控系统的设计应包括哪些主要步骤？

做一做：按照以下步骤，逐步完成系统设计。

工程建立与变量定义

2.3.1　建立工程

可按如下步骤建立工程：

（1）双击桌面"MCGS 组态环境"图标，进入组态环境。

（2）单击"文件"菜单，弹出下拉菜单，单击"新建工程"，如图 2.19 所示。

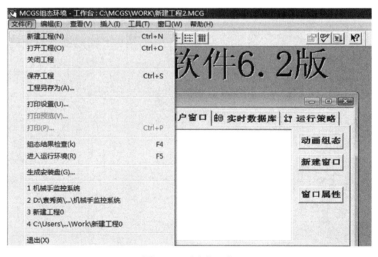

图 2.19　新建工程

（3）单击"文件"菜单，弹出下拉菜单，单击"工程另存为"，弹出文件保存窗口，如图 2.20 所示。

图 2.20　输入工程名

（4）选择希望的路径，在文件名一栏内输入工程名，如"电动大门监控系统"，单击"保存"按钮，工程建立完毕。

注意 MCGS 不允许工程名或保存路径中有空格，因此不能将工程保存在桌面，否则运行时会报错。

2.3.2　定义变量

1．变量分配

根据表 2.4，本系统至少有 9 个变量，如表 2.5 所示。

表 2.5　电动大门控制系统变量分配表

变量名	类型	初值	注释
开门按钮	开关型	0	输入信号，上升沿，要求开门
停止按钮	开关型	0	输入信号，上升沿，要求停止
关门按钮	开关型	0	输入信号，上升沿，要求关门
开门限位开关	开关	0	输入信号，=1，门已全开
关门限位开关	开关	0	输入信号，=1，门已全关
红外防碰	开关	0	输入信号，=1，碰到人或物
开门继电器	开关型	0	输出信号，=1，控制大门电机正转
关门继电器	开关型	0	输出信号，=1，控制大门电机反转
报警灯	开关型	0	输出信号，=1，控制报警灯闪烁

2．在 MCGS 中添加变量

（1）单击工作台中的"实时数据库"选项卡，进入"实时数据库"窗口页，如图 2.21 所示。现在要将表 2.5 中定义的数据对象逐个添加进去。

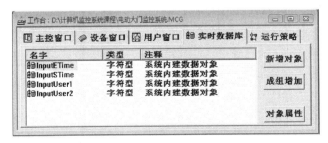

图 2.21　实时数据库

（2）单击工作台右侧"新增对象"按钮，在数据对象列表中立刻出现了一个新的数据对象，如图 2.22 所示。

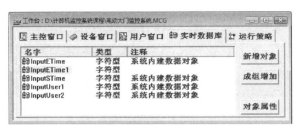

图 2.22　新增数据对象

（3）选中该数据对象，单击右侧"对象属性"按钮或直接双击该数据对象，弹出"数据对象属性设置"窗口，如图 2.23 所示。

（4）将"对象名称"改为：开门按钮；"对象初值"改为：0；"对象类型"改为：开关型；"对象内容注释"栏填入：输入信号，上升沿，要求开门。

（5）单击"确定"按钮。

（6）重复（2）～（5），添加其他数据对象。

（7）单击"保存"按钮。

2.3.3　设计与编辑画面

参考的监控画面设计如图 2.24 所示，画面中画出了电动大门的简单示意图。画面设计包括建立画面、编辑画面两个步骤。

图 2.23　"数据对象属性设置"窗口

1．建立画面

（1）单击屏幕左上角的工作台图标，弹出"工作台"窗口。

画面制作

（2）单击"用户窗口"选项卡，进入"用户窗口"页。

（3）单击右侧"新建窗口"按钮，出现"窗口 0"图标，如图 2.25（a）所示。

（4）单击"窗口属性"按钮，弹出"用户窗口属性设置"窗口，如图 2.25（b）所示。

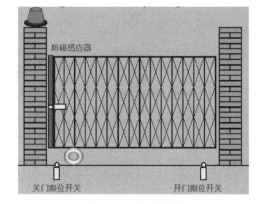

图 2.24　监控画面

（5）在"窗口名称"栏内填入"电动大门监控画面"，"窗口位置"选"最大化显示"，其他不变。单击"确认"按钮。

（6）观察"工作台"的"用户窗口"，"窗口 0"图标已变为"电动大门监控画面"，如图 2.25（c）所示。

（7）选中"电动大门监控画面"，单击右键，弹出下拉菜单，选中"设置为启动窗口"，如图 2.25（d）所示，则当 MCGS 运行时，将自动加载该窗口。

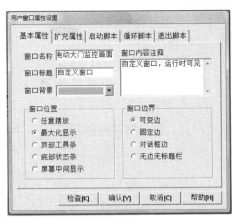

（a）新建用户窗口　　　　　　　　　　（b）设置用户窗口的属性

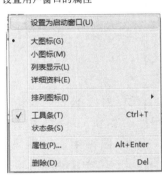

（c）设置后的用户窗口图标　　　　　　（d）将画面设置为启动窗口

图 2.25

（8）单击"保存"按钮。

2．编辑画面

本系统画面设计可参考图 2.24。

（1）进入画面编辑环境。

① 在工作台的用户窗口页选中"电动大门监控画面"后，单击右侧"动画组态"按钮；或双击"电动大门监控画面"图标，进入动画组态窗口，如图 2.26 所示。

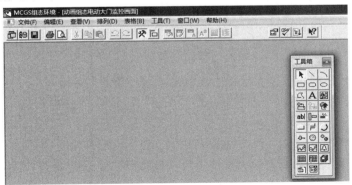

图 2.26　进入画面编辑环境

② 单击工具箱图标，弹出绘图工具箱，如图 2.27 所示。

（2）输入文字"电动大门监控系统"。

① 单击绘图工具箱中的按钮 ▣，挪动鼠标光标，此时呈"十字"形。在窗口上中部某位置按住鼠标左键并拖曳出一个一定大小的矩形，松开鼠标。

② 在矩形内光标闪烁位置输入"电动大门监控系统"，按回车键，如图 2.27 所示。

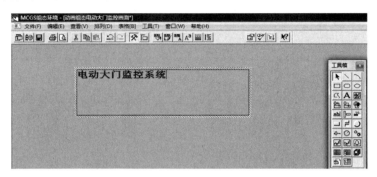

图 2.27 输入文字

③ 鼠标单击文本框外任意空白处，结束文字输入。如果文字输错了或对输入的文字的字形、字号、颜色、位置等不满意，可进行如下的操作：

④ 鼠标单击已输入的文字，在文字周围出现了许多小方块（称为拖曳手柄），如图 2.28 所示，表明文本框被选中，可对其进行编辑了。注意对任何对象的编辑都要先选中，再编辑。

⑤ 单击右键，弹出下拉菜单，如图 2.29 所示，选择"改字符"。

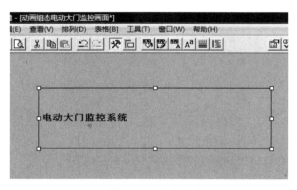

图 2.28 选中文字

图 2.29 改字符菜单

⑥ 修改文字后，在窗口任意空白位置单击鼠标，结束文字输入。

⑦ 鼠标选中文字，单击窗口上方工具栏中的"填充色"按钮 ▨，弹出填充颜色菜单，选择：没有填充。

⑧ 单击"线色"按钮 ▨，弹出线颜色菜单，选择：没有边线。

⑨ 单击"字体"按钮 ▨，弹出字体菜单，设置：字体——隶书，字体样式——粗体，大小——1 号。选择完单击"确认"按钮。

⑩ 单击"字体颜色"按钮 ▨，弹出字体颜色菜单，选择：蓝色。

⑪ 单击"字体位置"按钮▥，弹出左对齐、居中、右对齐三个图标，选择：居中。注意这里的居中是指文字在文本框内左右、上下位置居中。

⑫ 如果文字的整体位置不理想，可在选中文字后按下键盘的光标移动（↑、↓、←、→）键，或按住鼠标左键拖曳，直至位置合适，再松开鼠标。

⑬ 如果觉得文本框太大或太小，可移动鼠标到小方块（拖曳手柄）位置，待光标呈纵向或横向或斜向"双箭头"形，即可按住左键拖曳，改变文本框大小直至满意。

⑭ 鼠标单击窗口其他任意空白位置，结束文字编辑。

⑮ 若需删除文字，只要用鼠标选中文字，按 Del 键。

⑯ 想恢复刚刚被删除的文字，单击"撤销"按钮▣。

⑰ 单击工具栏"保存"按钮。

其他图形的绘制和编辑方法与文字类似。

（3）画地平线。

① 单击绘图工具箱中"画线"工具按钮▨，挪动鼠标光标，此时呈"十字"形。在窗口适当位置按住鼠标左键并拖曳出一条一定长度的直线。

② 单击"线色"按钮，选择：黑色。

③ 单击"线型"按钮▨，选择合适的线型。

④ 调整线的位置（按↑、↓、←、→键或按住鼠标拖动）。

⑤ 调整线的长短（按 Shift+←、→键，或光标移到一个手柄处，待光标呈"十字"形，沿线长度方向拖动）。

⑥ 调整线的角度（按 Shift+↑、↓键，或光标移到一个手柄处，待光标呈"十字"形，向需要的方向拖动）。

⑦ 线的删除与文字删除相同。

⑧ 单击工具栏"保存"按钮。

（4）画墙体。

① 单击绘图工具箱中的"矩形"工具按钮，挪动鼠标光标，此时呈"十字"形。在窗口适当位置按住鼠标左键并拖曳出一个砖块大小的矩形。

② 单击窗口上方工具栏中的"填充色"按钮，选择：砖红色。

③ 单击"线色"按钮，选择：黑色。

④ 在选中矩形情况下，按 Ctrl+C 进行复制操作，再按 Ctrl+V 进行粘贴操作，则出现另一个矩形。

⑤ 在其中一个矩形中画竖线，如图 2.30 所示。

⑥ 将竖线和矩形一起选中，单击"排列"菜单，出现图 2.31 所示下拉菜单，单击"构成图符"，则矩形和其内部的竖线变成了一个整体。选中后矩形和竖线将一起移动。

⑦ 调整两个矩形的位置，使其呈上下排放。为确保砖块整齐，可使用排列菜单的"横向对中"工具，如图 2.32 所示。

⑧ 调整两个砖块垂直方向距离，使其整齐码放。

⑨ 反复使用复制、粘贴、横向对中等工具，制作出图 2.33 所示砖墙。

⑩ 选中所有砖块，单击"排列"菜单→"构成图符"，将整个砖墙变成一个整体，便于移动。

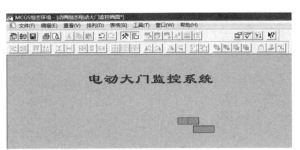

图 2.30　两个砖块

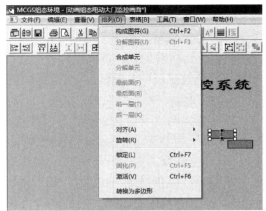

图 2.31　将矩形和竖线构成图符

图 2.32　用"横向对中"工具调整砖块位置

⑪　利用复制、粘贴、底边对齐等工具制作另一面砖墙，如图 2.34 所示。

图 2.33　一面砖墙

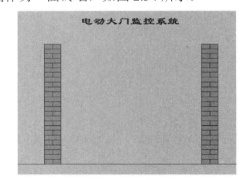

图 2.34　利用"构成图符"和复制、粘贴工具制作另一面砖墙

⑫　单击工具栏"保存"按钮。

（5）画电动大门。

①　利用绘图工具箱中的"矩形"工具按钮，在两面墙之间画出一个大门大小的矩形。

②　单击"填充"按钮，选择"没有填充"。

③　利用绘图工具箱中的"直线"工具画出伸缩门上的一条竖线。

④　利用"直线工具"、复制、粘贴、旋转、对齐、"构成图符"等工具完成一个×的制作。

⑤ 利用复制、粘贴、对齐、"构成图符"等工具完成上、中、下三个×的制作。

⑥ 将三个×和竖线构成图符，之后复制粘贴出多个，将它们排列整齐。

⑦ 再次利用"构成图符"工具将整个大门变成一个整体，之后拖动到合适位置，如图 2.35 所示。

⑧ 单击工具栏"保存"按钮。

（6）画磁性限位开关和红外防碰开关。打开绘图工具箱中的图库，找不到合适样式的磁限位开关。只能自己制作。

① 利用矩形和圆形工具制作 1 个磁限位开关，如图 2.36 所示。

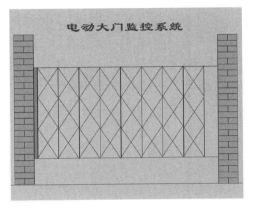

图 2.35　制作完成的大门　　　　　图 2.36　制作完成的磁限位开关

② 利用"构成图符"工具将矩形和圆变成一个整体。

③ 利用复制、粘贴或其他方法制作其他两个传感器，并将它们拖到合适位置。

④ 在每个传感器旁写注释文字，将它们和对应注释构成图符。

（7）画轮子和报警灯。

① 利用绘图工具箱的"常用符号"工具中的"三维圆环"制作轮子，如图 2.37 所示。

② 调整轮子大小、位置。

③ 利用绘图工具箱的"插入元件"→"指示灯"工具，将指示灯 1 插入画面中，如图 2.38 所示。注意 MCGS 版本不同时，图库中图符的标号可能会不同。

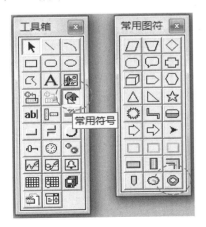

图 2.37　三维圆环

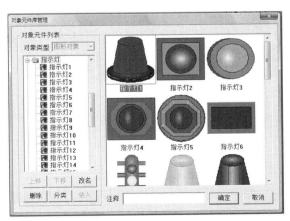

图 2.38　指示灯 1

④ 对指示灯进行缩放，并将它们拖到合适位置，如图2.39所示。

（8）画按钮。

① 单击画图工具箱的"标准按钮" 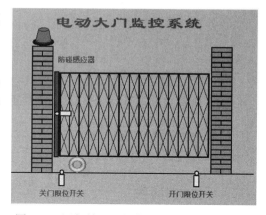 工具，在画面中画出一定大小的按钮。

② 调整其大小和位置。

③ 鼠标双击该按钮，弹出"标准按钮构件属性设置"窗口，将"按钮标题"改为：开门，如图2.40所示。

④ 在"基本属性"页进行其他设置：

"标题颜色"：黑色。

"标题字体"：隶书、规则、四号。

"水平对齐"：中对齐。

"垂直对齐"：中对齐。

"按钮类型"：标准3D按钮。

⑤ 单击"确认"按钮。

图2.39　添加轮子和报警灯后的电动大门画面

⑥ 对画好的按钮进行两次复制、粘贴，调整新按钮的位置。

⑦ 将另外两个按钮的"按钮标题"分别改为"关门"和"停止"。

⑧ 调整位置后的画面如图2.41所示。

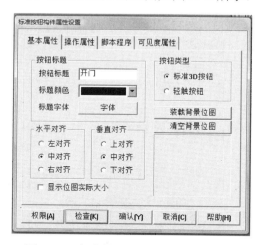

图2.40　"标准按钮构件属性设置"窗口

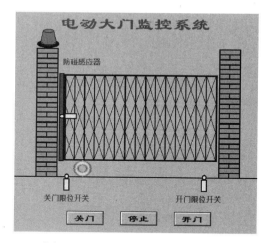

图2.41　添加按钮后的电动大门画面

⑨ 单击工具栏"保存"按钮。

（9）画状态指示灯。

① 利用绘图工具箱的"插入元件"→"标志"→"标志30"，如图2.42所示，在画面中添加右箭头。注意MCGS版本不同时，图库中图符的标号可能会不同。

② 调整其大小和位置。

③ 利用复制、粘贴工具，复制一个右箭头。

④ 利用旋转→左右镜像工具，将右箭头变成左箭头。

⑤ 调整左箭头位置，利用对齐工具对齐左右箭头和三个按钮。制作好的画面如图 2.43 所示。

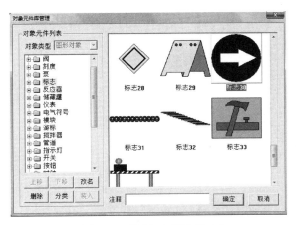

图 2.42 "插入右箭头标志"

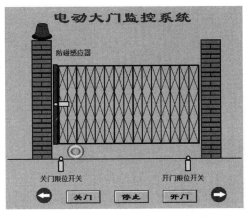

图 2.43 制作完成的电动大门画面

2.3.4 进行动画连接与调试

1. 按钮的动画连接

（1）双击"开门"按钮，弹出"属性设置"窗口，单击"操作属性"

动画连接

选项卡，显示该页，如图 2.44 所示。选中"数据对象值操作"（单击其前面的小方框，出现对钩）。

（2）单击第 1 个下拉列表框的"▼"按钮，弹出按钮动作下拉菜单，单击"按 1 松 0"。

（3）单击第 2 个下拉列表框的"？"按钮，弹出当前用户定义的所有数据对象列表，双击"开门按钮"。

（4）用同样的方法建立"关门"按钮、"停止"按钮与对应变量之间的动画连接，单击"保存"按钮。

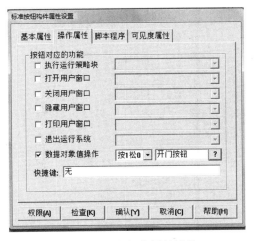

图 2.44 按钮操作属性连接

"按 1 松 0"的意思是：如果运行时按下按钮，变量值变为 1；松开按钮，值变为 0。这和不带自锁按钮的特性一致。所以"按 1 松 0"动画连接用来模拟没有自锁的按钮。对比"取反"动画连接，该连接用来模拟带自锁的按钮。

2. 按钮动画效果的调试

（1）在"开门"按钮旁边写文字"#"。

（2）对文字"#"进行"显示输出"→"数值量输出"动画连接，如图 2.45（a）、（b）所示。

（a）　　　　　　　　　　　　　　（b）

图 2.45　对文字"#"进行显示输出动画连接

（3）存盘后进入运行环境。

（4）操作"开门"按钮，检查是否为"按 1 松 0"效果，如图 2.46（a）、（b）所示。

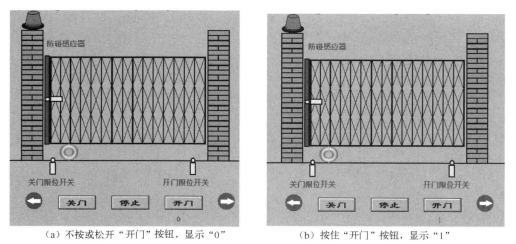

（a）不按或松开"开门"按钮，显示"0"　　（b）按住"开门"按钮，显示"1"

图 2.46　"按 1 松 0"效果观察

（5）用同样方法测试其他 3 个按钮。

3．指示灯的动画连接

（1）双击报警灯，弹出"单元属性设置"窗口。

（2）单击"动画连接"选项卡，进入该页，如图 2.47（a）所示。

（3）单击"组合图符"，出现"？"和"＞"按钮。

（4）单击"＞"按钮，弹出"动画组态属性设置"窗口，如图 2.47（b）所示。

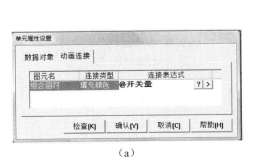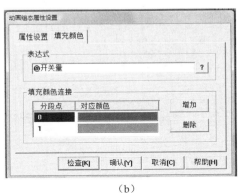

图 2.47　指示灯动画连接

（5）进入"属性设置页"，可看到"填充颜色"动画连接项被打钩，如图 2.48（a）所示。

（6）进入"填充颜色"页，单击"？"按钮，在弹出的菜单中选择"报警灯"。将"填充颜色连接"项中"0"对应颜色改为黄色；"1"对应颜色改为红色，如图 2.48（b）所示。

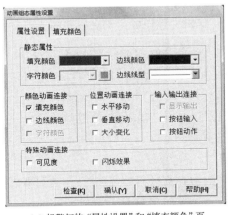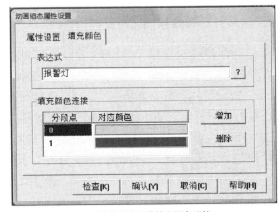

（a）报警灯的"属性设置"和"填充颜色"页　　　　（b）设置报警灯的填充颜色连接

图 2.48　报警灯的填充颜色动画连接

以上进行的动画连接叫"填充颜色动画连接"，其含义为：当变量"报警灯"的值=0 时，报警灯显示黄色；当变量"报警灯"的值=1 时，报警灯显示红色。

（7）为实现报警灯闪烁效果，还需进入"属性设置页"，选中"闪烁效果"（单击其前面小方块，使出现对钩）后，立刻出现闪烁效果页，如图 2.49（a）所示。

（8）单击"闪烁效果"选项卡，进入该页，按照图 2.49（b）所示进行设置。

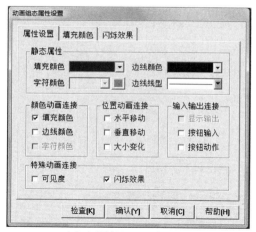

（a）在属性设置页添加闪烁效果

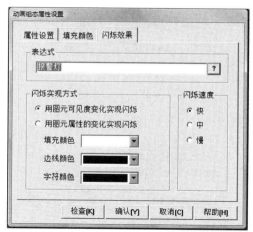

（b）对闪烁效果进行设置

图 2.49　报警灯动画属性设置

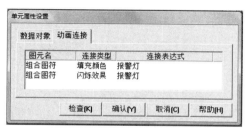

图 2.50　修改后的报警灯动画属性

（9）单击"确认"按钮，退出"闪烁效果"设置页，单元属性设置页变为图 2.50 所示，这意味着报警灯这个组合图符被设置了"填充颜色"和"闪烁效果"两种动画连接。

（10）单击"确认"按钮，退出"单元属性设置"窗口，结束启动指示灯的动画连接。

（11）单击"保存"按钮。

4．指示灯动画效果调试

要在运行环境观察指示灯动画效果，需要指示灯变量能够改变。可以临时创建一个按钮，修改指示灯变量的值，以达到观察指示灯填充颜色和闪烁效果的目的。方法如下：

（1）在画面中添加一个按钮，名为"指示灯试验"。

（2）对该按钮作"操作属性"→"数据对象值操作"→"取反报警灯"动画连接。

（3）存盘后进入运行环境观察，正确的结果应该是：

● 刚进入运行环境，"报警灯"变量=0，报警灯显示黄色。

● 鼠标单击"报警灯试验"按钮，"报警灯"变量=1，报警灯显示红色，且闪烁。

● 再次单击"报警灯试验"按钮，"报警灯"变量=0，报警灯显示黄色。

5．左右箭头的动画连接

（1）单击右箭头，弹出动画组态属性设置窗口，选择"闪烁效果"，如图 2.51（a）所示。

（2）进入"闪烁效果"设置页，将右箭头与变量"开门继电器"连接，如图 2.51（b）所示。

（3）单击"确认"后，同样方法将左箭头与变量"关门继电器"进行闪烁连接。

（4）存盘。

（a） （b）

图 2.51　右箭头与变量"开门继电器"进行闪烁连接

6．左右箭头的动画效果调试

（1）在画面中添加一个按钮，名为"右箭头试验"。

（2）对该按钮作"操作属性"→"数据对象值操作"→"取反开门继电器"动画连接。

（3）存盘后进入运行环境观察，正确的结果应该是：

- 刚进入运行环境，"开门继电器"变量=0，右箭头不闪烁。
- 鼠标单击"右箭头试验"按钮，"开门继电器"变量=1，右箭头闪烁。
- 再次单击"右箭头试验"按钮，"开门继电器"变量=0，右箭头停止闪烁。

（4）用同样方法测试左箭头。

7．磁限位开关的动画连接

（1）双击画面上的"关门限位开关"图标，弹出动画组态属性设置窗口，选择"填充颜色"连接，如图 2.52（a）所示。

（2）进入"填充颜色"页，分段点为 0 时，选择黄色；分段点为 1 时，选择红色，如图 2.52（b）。

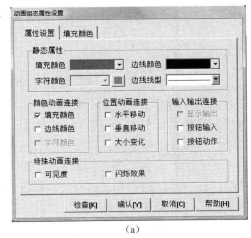 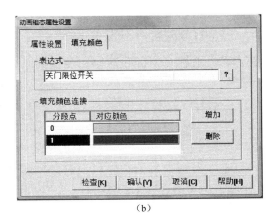

（a） （b）

图 2.52　关门限位开关的填充颜色动画连接

（3）单击"确认"后存盘。

（4）用同样方法进行开门限位开关、红外防碰感应器动画连接。

8．磁限位开关动画效果调试

可以采用与左、右箭头相同的方法，利用两个特别添加的按钮帮助进行磁限位开关填充效果的测试。这里采用另一种方法。

（1）双击"关门限位开关"，弹出动画组态属性设置窗口，选择"按钮动作"动画连接，如图 2.53（a）所示。

（2）进入"按钮动作"页，按图 2.53（b）所示进行设置。

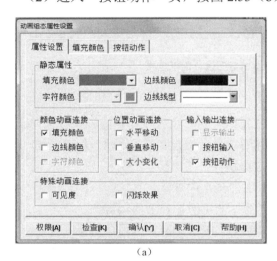
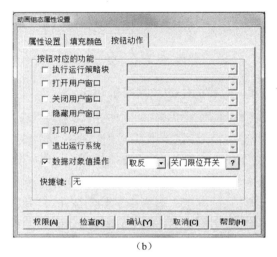

（a）　　　　　　　　　　　　　　　　　　　（b）

图 2.53　"按钮动作"动画连接

（3）存盘，进入运行环境。应观察到如下效果：

● 刚进入运行环境，变量"关门限位开关"=0，显示黄色。

● 鼠标单击画面上的"关门限位开关"，变量"关门限位开关"=1，显示红色。

● 鼠标再次单击画面上的"关门限位开关"，变量"关门限位开关"=0，显示黄色。

（4）同样方法调试"开门限位开关"和"红外防碰开关"。

2.3.5　进行板卡与 IPC 的任务分工

电动大门系统控制程序的作用是根据"开门按钮"、"关门按钮"、"停止按钮"、"开门限位开关"、"关门限位开关"、"红外防碰"这六个输入信号的情况，控制"报警灯"、"开门继电器"、"关门继电器"的动作。正如本章开始所述，系统要求具有如下功能：

（1）当门卫按下开门按钮后，报警灯开始闪烁，5s 后，开门继电器闭合，门开始打开，直到碰到开门限位开关（门完全打开）时，门停止运动，报警灯停止闪烁。

（2）当门卫按下关门按钮时，报警灯开始闪烁，5s 后，关门继电器闭合，门开始关闭，直到碰到关门限位开关（门完全关闭）时，门停止运动，报警灯停止闪烁。

（3）在门运动过程中，任何时候只要门卫按下停止按钮，门马上停在当前位置，报警灯停闪。

（4）关门过程中，只要门碰到人或物品，门立即停止运动，以防止发生伤害。

（5）能在计算机上动态显示大门运动情况。

本系统 I/O 接口设备使用 PCI-8408 板卡，此款板卡本身不具有控制功能，必须将监视与控制的所有任务交给工控机。

2.3.6 设计与调试 MCGS 监视程序

当大门运动时，希望在计算机显示器上看到大门运动的动画效果。仿照机械手系统，做如下工作：

（1）在 MCGS 变量表中增加一个变量"水平移动参数"，数值型，初始值=0。

（2）在 MCGS 循环策略的脚本程序中增加两条语句：

> IF 开门继电器=1 THEN 水平移动参数=水平移动参数+1
>
> IF 关门继电器=1 THEN 水平移动参数=水平移动参数−1

动态监视程序

具体步骤如下：

1. 编写动画程序

（1）打开工作台，进入"运行策略"窗口，如图 2.54（a）所示。

（2）选中循环策略，单击右侧"策略属性"按钮，弹出循环策略执行时间对话框，将循环时间调整为 200ms，如图 2.54（b）所示。单击"确定"回到工作台。

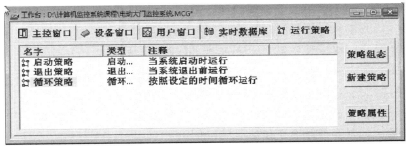

（a）运行策略窗口

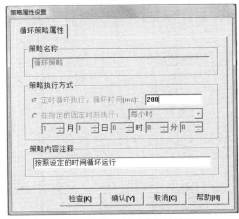

（b）设置循环策略的执行时间

图 2.54 循环策略属性设置

（3）双击"循环策略"，进入"策略组态"页，在该页添加一个"脚本程序"，如图 2.55 所示。

图 2.55　在循环策略中添加脚本程序

（4）双击"脚本程序"，进入"脚本程序"编辑页，输入如下语句：

IF　开门继电器=1 THEN　水平移动参数=水平移动参数+1

IF　关门继电器=1 THEN　水平移动参数=水平移动参数-1

（5）存盘。

2．进行动画效果设置

（1）回到电动大门监控画面。

（2）对轮子进行水平移动动画连接，具体步骤如下：

● 利用状态条和直线工具，测量轮子最大移动量，假设=300。

● 现场测量大门从全开到全关所需时间，假设=15s。

● 计算 15s 内水平移动参数的增量=15s / 循环程序执行时间=15s/200ms=75。

● 根据以上计算对轮子水平移动动画连接进行设置，如图 2.56 所示。

（3）对红外防碰感应器进行水平移动动画连接。方法与轮子相同。

（4）对大门做水平缩放动画连接。具体步骤如下：

● 利用状态条和直线工具，测量大门水平方向最大变化率，假设=112/462=24%。

● 现场测量大门从全开到全关所需时间，假设=15s。

● 计算 15s 内水平移动参数的增量=15s / 循环程序执行时间=15s/200ms=75。

● 根据以上计算对大门水平缩放动画连接进行设置，如图 2.57 所示。

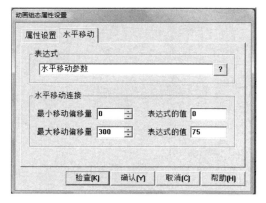

图 2.56　对轮子做水平移动动画连接

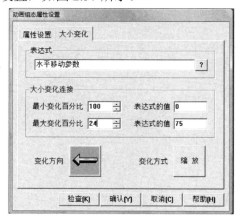

图 2.57　对大门做水平缩放动画连接

3．进行动画效果调试

（1）存盘后进入运行环境。大门应显示设计时状态。

（2）单击"右箭头试验"按钮，对应右箭头闪烁，同时轮子、红外防碰开始向右移动，大门开始收缩。

（3）大约 15s，画面上的轮子运行到开门限位开关。

（4）鼠标单击开门限位开关，模拟真实传感器动作，开门限位开关颜色将随之变化。

（5）鼠标单击"右箭头试验"按钮，人工清除开门继电器信号，则大门停止。

（6）观察缩放和移动效果是否理想，如果不理想，需要重新调整。

（7）操作"左箭头试验"按钮，观察关门动画效果是否理想，调整至满意。

2.3.7　设计与调试 MCGS 控制程序

控制程序

由控制要求知，系统需要两个 5s 定时器。

MCGS 提供了定时器构件，可以利用它实现定时功能。

1．认识 MCGS 定时器

（1）在策略中添加一个定时器构件。

① 单击屏幕左上角的工作台图标 ，弹出"工作台"窗口。

② 单击"运行策略"选项卡，进入"运行策略—循环策略"页。

③ 在"脚本程序"下新增一条"定时器"策略，如图 2.58 所示。

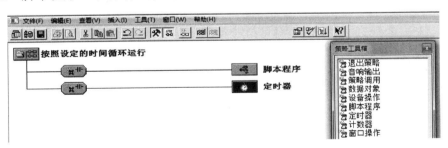

图 2.58　新增"定时器"

④ 双击"定时器"图标，弹出定时器属性设置窗口，如图 2.60 所示。

（2）解读定时器的属性。

① 设定值：即希望的定时时间，单位为 s（秒）。本系统可设为 5。

② 当前值：定时器的当前计时时间，单位为 s（秒）。上电复位后，"当前值"=0。

③ 计时条件："计时条件"=1 时，定时器开始计时，"当前值"每秒自动加 1；"计时条件"=0 时，定时器停止计时，"当前值"保持不变。

④ 复位条件："复位条件"=1 时，定时器复位，"当前值"=0；"复位条件"=0 时，定时器不复位，"当前值"受"计时条件"控制。

⑤ 计时状态："当前值" ≥ "设定值"时（定时时间到），"计时状态=1"；

"当前值" < "设定值" 时（定时时间不到），"计时状态=0"。

（3）定义与定时器有关的变量。根据以上分析，需要添加 4 个变量，以控制和监视定时器的运行。步骤如下：

① 单击工具栏左上角的"工作台"按钮，出现"工作台"窗口。

② 单击"实时数据库"选项卡，进入该页。

③ 单击"新增对象"，按表 2.6 添加 4 个变量。注意"计时时间 1"是数值型变量，其他为开关型。

表 2.6　变量的说明

变　量　名	类　型	初　值	注　释
定时器启动 1	开关	0	控制定时器 1 的启停，1 启动，0 停止
计时时间 1	数值	0	代表定时器 1 计时时间
时间到 1	开关	0	定时器 1 定时时间到为 1，否则为 0
定时器复位 1	开关	0	控制定时器 1 复位，1 复位

（4）设置定时器属性。

① 单击工作台"运行策略"选项卡，进入"运行策略"页。

② 选中"循环策略"，单击"策略组态"按钮，重新进入"策略组态：循环策略"页。

③ 双击新增策略行末端的定时器方块，出现定时器属性设置窗口，如图 2.59 所示。

④ 按照图 2.60 所示进行设置。

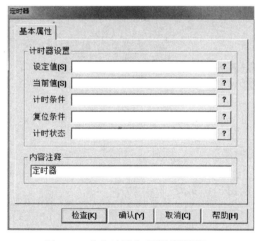

图 2.59　"定时器"属性设置窗口

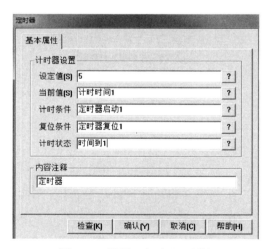

图 2.60　设置"定时器"属性

⑤ 单击"确认"按钮，退出定时器属性设置。

⑥ 保存。

（5）观察定时器特性。

① 为了观察定时器的工作，可在原画面上增加 2 个按钮、6 个文字，如图 2.61 所示。

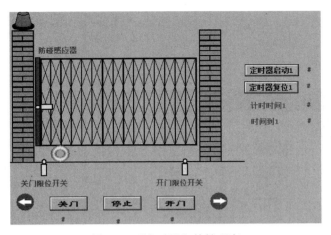

图 2.61 "定时器"特性观察

② 按照表 2.7，分别进行动画连接。

表 2.7　定时器相关变量连接

图　　形	连　接　类　型	连　接　变　量
按钮：定时器启动 1	操作属性——取反	定时器启动 1
文字：#（定时器启动 1 按钮旁）	显示输出——数值量输出	定时器启动 1
按钮：定时器复位 1	操作属性——取反	定时器复位 1
文字：#（定时器复位 1 按钮旁）	显示输出——数值量输出	定时器复位 1
文字：计时时间 1	---	--
文字：#（计时时间 1 旁）	显示输出——数值量输出	计时时间 1
文字：时间到 1	---	---
文字：#（时间到 1 旁）	显示输出——数值量输出	时间到 1

③ 进入运行环境，操作两个按钮，观察文字显示值。正确的结果应该是：

按下按钮"定时器启动 1"→"计时时间 1"每秒自动加 1；（计时）

→"计时时间 1"≥5s→"时间到 1"=1；（定时时间到）

→再次按下按钮"定时器启动 1"→停止计时、"时间到 1"=1；（停止计时）

→再次按下按钮"定时器启动 1"→继续计时、"时间到 1"=1；（计时）

→按下按钮"定时器复位 1"→"计时时间 1"=0、"时间到 1"=0；（复位）

→再次按下按钮"定时器复位 1"→继续计时。（退出复位，计时）

（6）设置另一个定时器。本系统需要两个定时器，类似方法，再增加 4 个变量和 1 个定时器，并进行相应的属性设置。如表 2.8 和图 2.62、图 2.63 所示。

表 2.8　再增加 4 个与定时器有关的变量

变　量　名	类　　型	初　值	注　　释
定时器启动 2	开关	0	控制定时器 1 的启停，1 启动，0 停止
定时器复位 2	开关	0	代表定时器 1 计时时间
计时时间 2	数值	0	定时器 1 定时时间到为 1，否则为 0
时间到 2	开关	0	控制定时器 1 复位，1 复位

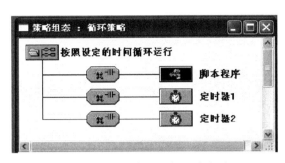

图 2.62　循环策略中再添加一个定时器 2

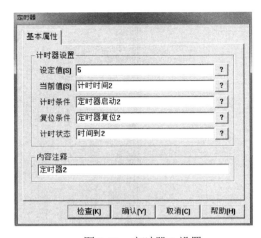

图 2.63　定时器 2 设置

进行定时器 2 特性观察，以检验其设置是否正确。

2．编写 MCGS 控制程序

之前已经编写了 MCGS 监视程序：

```
'-----------动画模拟-----------------------------
'水平移动参数修改程序，与画面水平移动和水平缩放动画连接配合后，实现大门移动动画效果
IF 开门继电器=1 THEN 水平移动参数=水平移动参数+1
IF 关门继电器=1 THEN 水平移动参数=水平移动参数-1
'----------------------------------------------------
```

以下为参考的控制程序，请阅读并理解其编程思路。

```
'------按钮采集与控制程序--------------
IF 开门按钮=1   THEN
    开门命令=1
    关门命令=0
ENDIF

IF 关门按钮=1   THEN
    开门命令=0
    关门命令=1
ENDIF
IF 停止按钮=1   THEN
    开门命令=0
    关门命令=0
ENDIF

'-----------定时器 1 控制程序----------------------------
IF 开门命令=1   THEN
    定时器启动 1=1
```

定时器复位 1=0
ELSE
定时器启动 1=0
定时器复位 1=1
ENDIF

'----------定时器 2 控制程序-------------------------
IF 关门命令=1　THEN
定时器启动 2=1
定时器复位 2=0
ELSE
定时器启动 2=0
定时器复位 2=1
ENDIF

'---------'报警灯控制程序-----------------------------
IF 开门命令=1　AND 开门限位开关=0　THEN
报警灯控制信号 1=1
ELSE
报警灯控制信号 1=0
ENDIF

IF 关门命令=1　AND 关门限位开关=0　AND 红外防碰=0　THEN
报警灯控制信号 2=1
ELSE
报警灯控制信号 2=0
ENDIF

IF 报警灯控制信号 1=1　or 报警灯控制信号 2=1　THEN
报警灯=1
ELSE
报警灯=0
ENDIF
'------------------开关门动作控制程序-----------------------------
IF 时间到 1=1　AND 开门限位开关=0　THEN
开门继电器=1
ELSE
开门继电器=0
ENDIF

IF 时间到 2=1　AND 关门限位开关=0　AND 红外防碰=0　THEN
关门继电器=1
ELSE
关门继电器=0

```
        ENDIF
```

注意以上程序中新增加了"开门命令"、"关门命令"等多个变量，请在实时数据库中进行正确的添加。

3. 调试 MCGS 控制程序

编辑和调试程序时仍然要遵循逐段编辑和调试的习惯，切忌一次性输入。具体做法如下：

（1）输入并调试第二段程序。

① 直接或用复制、粘贴、修改方式，输入第二段程序：

```
    IF 开门按钮=1  THEN
        开门命令=1
        关门命令=0
    ENDIF
```

② 单击"检查"按钮，检查语法错误，修改至无错。

③ 在画面上添加文字"开门命令"，在旁边添加文字"#"。

④ 对"#"作"显示输出"→"数值量输出"动画连接，连接对象为变量"开门命令"。

⑤ 单击"保存"按钮。

⑥ 进入运行环境检查，"开门命令"初值=0，文字"#"显示0。

⑦ 单击"开门按钮"，开门命令=1，文字"#"显示1。

（2）输入并调试第三段程序。

① 直接或用复制、粘贴、修改方式，输入下面程序：

```
    IF 关门按钮=1  THEN
        开门命令=0
        关门命令=1
    ENDIF
    IF 停止按钮=1  THEN
        开门命令=0
        关门命令=0
    ENDIF
```

② 单击"检查"按钮检查是否有语法错误。

③ 在画面上添加文字"关门命令"，在旁边添加文字"#"。

④ 对"#"作"显示输出"→"数值量输出"动画连接，连接对象为变量"关门命令"。

⑤ 单击"保存"按钮。

⑥ 进入运行环境检查，"关门命令"初值=0，"开门命令"初值=0。

⑦ 分别单击"关门"、"停止"、"开门"按钮，观察对应值显示是否正确。如果不正确，分析错误原因，修改后重新运行，直到结果满意。

⑧ 单击"保存"按钮。

（3）输入并调试第四段程序。

① 直接或用复制、粘贴、修改方式，输入第四段程序：

```
IF  开门命令=1    THEN
     定时器启动 1=1
     定时器复位 1=0
ELSE
     定时器启动 1=0
     定时器复位 1=1
ENDIF
```

② 单击"检查"按钮检查，进行语法检查。

③ 存盘后进入运行环境，单击"开门"按钮，观察定时器 1 各变量的变化是否合理。如果有误，重新进行调整。

④ 单击"停止"按钮，观察定时器 1 各变量的变化是否合理。如果有误，重新进行调整。

⑤ 单击"保存"按钮。

（4）输入并调试第五段程序。

① 直接或用复制、粘贴、修改方式，输入第五段程序：

```
IF  关门命令=1    THEN
     定时器启动 2=1
     定时器复位 2=0
ELSE
     定时器启动 2=0
     定时器复位 2=1
ENDIF
```

② 单击"检查"按钮检查语法错误。

③ 存盘后进入运行环境，单击"关门"按钮，观察定时器 2 各变量的变化是否合理。如果有误，重新进行调整。

④ 单击"停止"按钮，观察定时器 2 各变量的变化是否合理。如果有误，重新进行调整。

⑤ 单击"开门"按钮，观察定时器 1 各变量的变化是否合理。如果有误，重新进行调整。

⑥ 单击"停止"按钮，观察定时器 1 和 2 各变量的变化是否合理。如果有误，重新进行调整。

⑦ 单击"保存"按钮。

（5）输入并调试第六段程序。

① 直接或用复制、粘贴、修改方式，输入第六段程序：

```
IF  开门命令=1    AND  开门限位开关=0    THEN
     报警灯控制信号 1=1
ELSE
     报警灯控制信号 1=0
ENDIF
IF  关门命令=1    AND  关门限位开关=0    AND  红外防碰=0    THEN
```

```
            报警灯控制信号 2=1
        ELSE
            报警灯控制信号 2=0
        ENDIF
        IF  报警灯控制信号 1=1   or   报警灯控制信号 2=1   THEN
            报警灯=1
        ELSE
            报警灯=0
        ENDIF
```

② 单击"检查"按钮检查语法错误。

③ 存盘后进入运行环境，单击"开门"按钮，观察报警灯是否闪烁。单击"开门限位开关"，观察报警灯是否停止。如果有误，重新进行调整。

④ 类似方法观察单击"关门"按钮、停止按钮后报警灯情况。如果有误，重新进行调整。

⑤ 重复几次。

⑥ 单击"保存"按钮。

（6）输入并调试第七段程序。

① 直接或用复制、粘贴、修改方式，输入第七段程序：

```
        IF  时间到 1=1   AND  开门限位开关=0   THEN
            开门继电器=1
        ELSE
            开门继电器=0
        ENDIF


        IF  时间到 2=1   AND  关门限位开关=0   AND   红外防碰=0   THEN
            关门继电器=1
        ELSE
            关门继电器=0
        ENDIF
```

② 单击"检查"按钮检查语法错误。

③ 进入运行环境，单击"开门"按钮，观察报警灯是否闪烁，5 秒后大门和右箭头是否正常运行。单击"开门限位开关"，观察大门和是否停止。如果有误，重新进行调整。

④ 单击"关门"按钮，观察报警灯是否闪烁，5 秒后大门和左箭头是否正常运行。单击"关门限位开关"，观察大门和左箭头是否停止。如果有误，重新进行调整。

⑤ 重复③～④几次。

⑥ 单击"开门"按钮，待门运动后单击"停止"按钮，看是否有效。如果有误，重新进行调整。

⑦ 单击"关门"按钮，待门运动后单击"停止"按钮，看是否有效。如果有误，重新进行调整。

⑧ 单击"保存"按钮。

4．脚本程序的完整测试

全部程序分段调试结束后，再进行整体调试。操作顺序见表2.9。

表2.9　调试顺序表

步骤	操作	报警灯	正转继电器	反转继电器	大门
				结　果	
0	初始状态	灭	不通	不通	停止
1	单击开门按钮	闪	5秒后接通		5秒后开始开门
2	轮子碰到开门限位开关时，按住开门限位开关	灭	不通		立即停止
3	单击关门按钮	闪		5秒后接通	5秒后开始关门
4	松开开门限位开关，因为门已离开此开关	闪			
5	轮子碰到关门限位开关时，按住关门限位开关	灭		不通	立即停止
6	单击开门按钮	闪	5秒后接通		5秒后开始开门
7	单击停止按钮	灭	不通		立即停止
8	单击关门按钮	闪		5秒后接通	5秒后开始关门
9	单击停止按钮	灭		不通	停止关门
10	单击关门按钮	闪		5秒后接通	5秒后开始关门
11	单击红外防碰开关	闪		不通	立即停止
12	单击开门按钮	闪	5秒后接通		5秒后开始开门
13	单击关门按钮	闪	不通	5秒后接通	立即停止，5秒后关门
14	单击开门按钮	闪	5秒后接通	不通	立即停止，5秒后开门
15	单击停止按钮	灭			立即停止

2.4　软、硬件联调

软硬件联调

想一想：本系统软、硬件联合调试应包括哪些步骤？

做一做：按照以下步骤，逐步完成电路安装与软、硬件联调任务。

2.4.1　安装中泰PCI-8408板卡

（1）断开所有电源，以防发生危险。

（2）打开机箱。

（3）将PCI-8408数字量I/O卡插入计算机机箱内空余的PCI扩展槽上，再将挡板固定螺丝压紧，合上机箱。

2.4.2　安装中泰PCI-8408板卡驱动程序

（1）启动计算机，插入PCI-8408驱动程序光盘。

（2）按照提示进行驱动程序安装。具体安装步骤参见手册，这里不详述。

（3）驱动程序安装完成后，可利用板卡制造商提供的测试软件，对装入的板卡进行测试。

2.4.3　安装与连接控制电路

（1）断开所有电源，以防发生危险。

（2）按照图 2.14、图 2.17 所示连接按钮、传感器、继电器与 PS-037。

（3）断电情况下，用万用表检查连接是否正确。

（4）用 D 型电缆连接 PS-037 和 PCI-8408。

（5）断电情况下，用万用表检查连接是否正确。

2.4.4　在 MCGS 中设置 PCI-8408

之前已将 PCI-8408 板卡安装在计算机的 PCI 总线扩展槽上，并在计算机上安装了该卡的驱动程序，现在要在 MCGS 中对 PCI-8408 I/O 接口卡进行连接，连接的目的如下：

（1）告诉计算机"机械手监控系统"使用 PCI-8408 板卡与外设进行信号交换。

（2）告诉计算机"开门按钮"、"开门继电器"等设备是通过 PCI-8408 的哪个通道送到计算机，在计算机内各自对应哪个变量。

连接过程包括添加设备、设置设备属性、调试设备三部分。

1．添加设备

（1）单击工作台中的"设备窗口"选项卡，进入"设备窗口"页，如图 2.64 所示。

（2）单击右侧"设备组态"按钮或双击"设备窗口"图标，弹出设备组态窗口。如果之前没有装入任何设备，窗口内空白如图 2.65 所示。

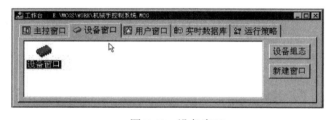

图 2.64　设备窗口　　　　　　图 2.65　没装入任何设备的设备组态窗口

（3）单击工具条上的"工具箱"图标 ⚙，弹出"设备工具箱"窗口，如图 2.66 所示，工具箱中列出了已选定的设备列表。

（4）单击"设备管理"按钮，弹出如图 2.67 所示窗口，窗口左侧为"可选设备"列表，右侧为"选定设备"（即已经选定的设备）列表。

（5）在左侧"可选设备"列表中，双击"采集板卡"，弹出不同厂家的板卡列表。

（6）双击"中泰板卡"，弹出中泰板卡产品列表。

（7）双击"PCI-8408"，弹出两个可选项，如图 2.68 所示。

图 2.66　"设备的工具箱"窗口

图 2.67 "设备管理"窗口

图 2.68 可选设备列表中的中泰 PCI-8408 板卡

（8）双击图标💿中泰PCI-8408，右侧"选定设备"列表中出现"中泰 PCI-8408"，如图 2.69 所示，表明该板卡成为"选定设备"。单击"确认"按钮，"设备管理"窗口被关闭。

（9）在右侧"设备工具箱"列表中双击"中泰 PCI-8408"，设备被添加到左侧设备组态窗口中，如图 2.70 所示。

图 2.69 中泰 PCI-8408 成为"选定设备"

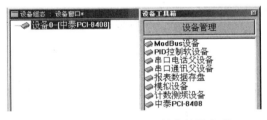

图 2.70 已添加 PCI-8408 板卡的设备窗口

（10）单击"保存"按钮。至此完成设备的添加。

2. 设置设备属性

（1）双击左侧"设备窗口"的"设备 0-[中泰 PCI-8408]"，进入"设备属性设置"窗口，如图 2.71 所示，按照图 2.71 所示进行基本属性设置。

（2）单击"通道连接"选项卡，进入"通道连接设置"页，如图 2.72 所示。按表 2.4 所示的 I/O 分配表进行以下操作：

① 在"通道类型"栏中找到"第 01 通道 DI 输入"，双击同一行中"对应数据对象"输入框，

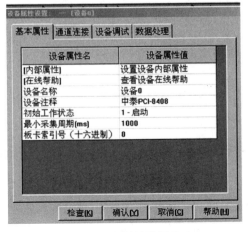

图 2.71 "设备属性设置"窗口

输入"开门按钮"，依次输入其他 5 个 DI，注意通道地址与变量的对应，如图 2.72 所示。

　　② 在"通道类型"栏中找到"第 01 通道 DO 输出"，双击同一行中"对应数据对象"输入框，依次输入"开门继电器"等 3 个 DO，如图 2.73 所示，注意通道地址与变量的对应。

图 2.72　"通道连接"窗口——DI 连接

图 2.73　"通道连接"窗口——DO 连接

　　③ 完成后确认并保存。

3．调试设备

（1）检查无误后，接通电源。

（2）单击"设备调试"选项卡，进入"设备调试"页。

（3）按下/松开设备上的按钮或操作传感器，窗口中对应"通道值"应相应改变，如图 2.74 所示。依次检查所有 DI 通道。

（4）按照图 2.75 所示，改变"开门继电器"的值为 1 或 0，电路中的继电器线圈应吸合或断开。依次检查所有 DO 通道。

图 2.74　设备调试窗口——按下开门按钮时　　　　图 2.75　设备调试窗口——强制开门继电器=1

（5）单击"确认"按钮，关闭"设备属性设置"窗口。

2.4.5　进行控制电路的软、硬件联调

（1）进入运行环境。

（2）按下设备上的开门、关门、停止按钮，观察监控画面中对应显示值是否正确。如果不正确，查找原因并设法解决。

（3）按下设备上的开门、关门、停止按钮，观察开门继电器、关门继电器、报警灯继电器动作是否正确。如果不正确，查找原因并设法解决。

2.4.6　进行主电路的软、硬件联调

（1）断电，按照图 2.18 所示连接继电器、电动机、报警灯。

（2）检查无误后，上电运行。

（3）按下设备上的开门、关门、停止按钮，观察电机和报警灯动作是否正确。如果不正确，查找原因并设法解决。

（4）按下设备上的开门、关门、停止按钮，观察监控画面的动画效果与实际是否一致。如果不一致，调整移动和缩放参数，直至一致。

2.5　思路拓展

1. 如何利用 MCGS 定时器，实现机械手控制？

基于 MCGS 定时器的
机械手监控系统的设计

之前设计的机械手开环控制系统，机械手的动作控制由 PLC 实现，MCGS 只负责监视任务。如果将全部的控制任务都交给 MCGS，就需要利用定时器。可以使用 8 个定时器，分别控制下移（5s）→夹紧（2s）→上升（5s）→右移（10s）→下移（5s）→放松（2s）→上移（5s）→左移时间（10s）；也可以使用 1 个定时器，定时时间为 1 个周期所用时间（44s）。使用 1 个定时器的 MCGS 机械手开环监控系统脚本程序如下：

```
'********动画模拟*****************************
IF 下降控制=1 THEN 垂直移动量=垂直移动量 ＋1

IF 上升控制=1 THEN 垂直移动量=垂直移动量 －1

IF 伸出控制=1 THEN 水平移动量=水平移动量 ＋1

IF 缩回控制=1 THEN 水平移动量=水平移动量 －1


IF 垂直移动量<0  THEN 垂直移动量=0

IF 垂直移动量>25 THEN 垂直移动量=25

IF 水平移动量<0  THEN 水平移动量=0

IF 水平移动量>50 THEN 水平移动量=50
'***************定时器控制*****************
IF  启动停止按钮=1  AND  复位停止按钮=0  THEN
    定时器复位=0
    定时器启动=1            '如果启动/停止按钮按下、复位停止按钮松开，则启动定时器工作
```

```
         ENDIF
   IF     启动停止按钮=0       THEN
         定时器启动=0                        '只要启动/停止按钮松开，立刻停止定时器工作
   ENDIF
   IF     复位停止按钮=1   AND   计时时间>=44   THEN
         定时器启动=0                  '如果复位停止按钮按下
                                       '只有当计时时间>=44s，即回到初始位置时，才停止定时器工作
   ENDIF
   '*************运行控制*******************
   IF 定时器启动=1     THEN
       IF   计时时间<5   THEN
           下降控制=1                      '下移 5s
         EXIT
         ENDIF
         IF     计时时间<7     THEN
           下降控制=0                      '停止下移
           夹紧控制=1                      '夹紧 2s
           工件夹紧标志=1                  '处于夹紧状态
       EXIT
         ENDIF
         IF   计时时间<12   THEN
           上升控制=1                      '上移 5s
       EXIT
         ENDIF
         IF   计时时间<22   THEN
           上升控制=0                      '停止上移
           伸出控制=1                      '右移 10s
       EXIT
         ENDIF
         IF   计时时间<27   THEN
           伸出控制=0                      '停止右移
           下降控制=1                      '下移 5s
       EXIT
         ENDIF
         IF   计时时间<29   THEN
           下移信号=0                      '停止下移
           夹紧控制=0                      '停止夹紧
           放松控制=1                      '放松 2s
           工件夹紧标志=0                  '处于放松状态
       EXIT
         ENDIF
         IF   计时时间<34   THEN
           放松控制=0                      '撤除放松控制
           上升控制=1                      '上移 5s
```

```
            EXIT
        ENDIF
        IF   计时时间<44   THEN
            上升控制=0                    '停止上移
            缩回控制=1                    '左移 10s
        EXIT
        ENDIF
        IF  计时时间>=44   THEN
            缩回控制=0                    '停止左移
            定时器复位=1                  '定时器复位，准备重新开始计时
        EXIT
        ENDIF
    ENDIF
'**************停止控制**************
IF  定时器启动=0   THEN
    下降控制=0
    上升控制=0
    缩回控制=0
    伸出控制=0
ENDIF
```

2. 关于"EXIT"

以上运行控制程序中几乎每一段都有一个 EXIT 语句。如果去掉小于 5 秒段的 EXIT 语句，会发现运行时 5 秒以内不会下移，直接夹紧。这是由于程序使用"小于"条件判断，如下所示：

```
IF  计时时间<5   THEN
    下降控制=1                    '下移 5s
EXIT
ENDIF
IF   计时时间<7    THEN
    下降控制=0                    '停止下移
    夹紧控制=1                    '夹紧 2s
    工件夹紧标志=1                '处于夹紧状态
EXIT
ENDIF
```

例如，计时时间为 2 秒时，因为小于 5 秒，满足第一段程序条件，下降控制在第一段程序被置 1。但 2 秒同样满足小于 7 秒条件，因此会立即执行第二段程序，撤销下降控制，发出夹紧控制。由于计算机运行速度非常快，运行时根本看不到下降控制信号被发出。

加入 EXIT 后，只要时间小于 5 秒，执行完下移信号后马上退出脚本程序，之后的动作就不会发生了，除非运行时间超过 7 秒。

此外由于有 EXIT，水平移动量和垂直移动量加 1 减 1 语句必须放在含有 EXIT 的语句前面，否则将不能被执行。

本项目小结

项目 2	用 IPC 和 MCGS 实现电动大门监控系统

任务描述：

利用 IPC 控制一个电动大门的开启和关闭，并在计算机上动态显示其动作情况

实现步骤：

1. 教师提出任务，学生在教师指导下按以下步骤逐步完成工作：

（1）讨论并确定方案，画系统方框图

（2）进行硬件选型

（3）根据选择硬件情况修改完善系统方框图，画出电路原理图

（4）在 MCGS 组态软件开发环境下进行软件设计

（5）在 MCGS 组态软件运行环境下进行调试直至成功

（6）根据电路原理图连接电路，进行软、硬件联调直至成功

2. 教师给出作业，学生在课余时间利用计算机独立完成以下工作：

（1）讨论并确定方案，画系统方框图

（2）进行软、硬件选型

（3）根据选择硬件选型情况修改完善系统框图，画出电路原理图

（4）在 MCGS 组态软件开发环境下进行软件设计

（5）在 MCGS 组态软件运行环境下进行调试直至成功

3. 作业展示与点评。

学习目标
（只标出本项目新出现的知识目标和技能目标）

知识目标	技能目标
1. 计算机控制和自动控制的相关知识 （1）电动大门控制的知识 （2）单相异步电动机正、反转控制的知识 （3）磁限位开关的知识 （4）红外防碰感应器的知识 （5）供电系统监控的知识（作业涉及） 2. I/O 接口设备的知识 （1）I/O 板卡的作用 （2）主要 I/O 板卡生产商 （3）中泰 PCI-8408 引脚定义 3. 组态软件的知识 （1）"常用图符"工具箱的功能 （2）"构成图符"的功能 （3）操作属性动画连接→数据对象值操作～按 1 松 0 的含义 （4）显示输出动画连接→数值量输出和开关量输出的含义 （5）填充颜色动画连接的功能 （6）闪烁动画连接的功能 （7）添加 I/O 板卡设备的方法 （8）I/O 板卡设备基本属性页、通道连接页、设备调试页的功能	1. 能读懂电动大门监控系统方框图 2. 能利用 IPC 和 I/O 板卡进行简单监控系统的方案设计 3. 能读懂使用中泰 PCI-8408 板卡的机械手监控系统电路图 4. 能设计使用中泰 PCI-8408 板卡作为 I/O 接口设备的电路 5. 能使用 MCGS 进行监控程序设计、制作与调试 （1）会利用"常用图符"工具箱绘制具有立体感的圆盘、圆柱 （2）会利用"构成图符"工具将多个图形对象变成一个整体，并使其具有相同的动画连接 （3）能对按钮进行操作属性→按 1 松 0 动画连接并调试成功 （4）能对文字对象进行显示输出→开关量输出动画连接，并调试成功 （5）能对指示灯进行闪烁动画连接，并调试成功 （6）能对图形对象进行填充颜色动画连接，并调试成功 （7）能对数值型或开关型变量进行按钮按输入动画连接 （8）能根据需要划分 I/O 板卡和 IPC 的功能 （9）能读懂电动大门系统 MCGS 脚本程序 （10）会进行程序调试 6. 能进行系统软、硬件联调 （1）能根据电路图进行电路连接 （2）会在 MCGS 中添加板卡设备 （3）会设置中泰 PCI-8408 板卡的基本属性 （4）会对中泰 PCI-8408 板卡进行基本属性、通道连接设置，会进行设备调试操作 （5）能够进行系统软、硬件联调

作业	供电自动监控系统设计

任务描述：见练习项目 2

学习项目 3　用 IPC 和 MCGS 实现储液罐水位监控

> **主要任务**
>
> 1. 读懂控制要求，设计储液罐水位监控系统的控制方案。
> 2. 进行器件选型，要求使用 S7-200 CPU 224 XP 或研祥 PCL-818L 作 I/O 接口设备。
> 3. 进行电路设计，画系统接线图。
> 4. 用 MCGS 组态软件进行监控画面制作和程序编写。
> 5. 完成系统软硬件安装调试。

3.1　方案设计

3.1.1　控制要求

储液罐（Liquid Storage Tank）在工厂很多见。图 3.1 所示为双储液罐对象。罐 1 液体由水泵输入，液体在其内按照工艺要求进行处理后送罐 2，在罐 2 中进一步处理后送后续设备。

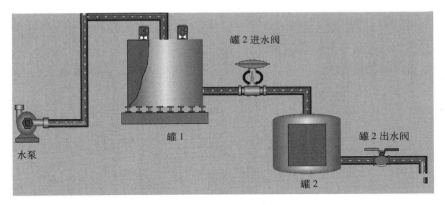

图 3.1　双储液罐对象组成

对储液罐有如下控制要求：

（1）水位控制：将罐 1 水位 H_1 控制在 1～9m，罐 2 水位 H_2 控制在 1～6m。

（2）当 H_2 低于 0.5m 时采取必要保护措施。

（3）水位报警：当水位超出以上控制范围时报警。

（4）水位显示：能够实时检测罐 1、罐 2 水位，并在计算机中进行动态显示。

（5）报表输出：生成水位参数的实时报表和历史报表，供显示和打印。

（6）曲线显示：生成水位参数的实时趋势曲线和历史趋势曲线。

3.1.2　任务分析

对象分析与方案选择

想一想：为什么 H_1 和 H_2 会偏离给定范围？

　　　　偏离了以后该怎么做才可以使水位回到给定范围？

做一做：查找有关控制算法的资料，课上讨论一下。

1．水位控制任务

H_2 不在规定范围时，说明罐 2 进水量与出水量不平衡，可以调节进水量也可以调节出水量使 H_2 恢复正常。但出水量主要受负荷需求控制，一般应最大限度满足，所以 H_2 过高或过低时，应调整进水量。

本系统 H_2 正常范围较宽（1～6m），调节难度不大，可采用 H_2 过低时接通进水阀；H_2 过高时断开进水阀的方法。

同样，H_1 不在规定范围时，说明罐 1 进水量与出水量不平衡，可以通过调节罐 1 进水量或出水量达到控制 H_1 的目的。罐 1 出水量已用于控制罐 2 水位，只能选择改变罐 1 进水量的方法控制 H_1。

同样由于 H_1 正常范围较宽（1～9m），也可采用 H_1 过低时接通水泵；H_1 过高时断开水泵的方法。

用数学公式描述以上控制方法：

$$Y_1 = \begin{cases} 1 & H_1 < 1\text{m} \\ 0 & H_1 > 9\text{m} \\ \text{保持} & 1\text{m} \leqslant H_1 \leqslant 9\text{m} \end{cases} \qquad Y_2 = \begin{cases} 1 & H_2 < 1\text{m} \\ 0 & H_2 > 6\text{m} \\ \text{保持} & 1\text{m} \leqslant H_2 \leqslant 6\text{m} \end{cases}$$

其中 Y_1 是水泵控制信号，$Y_1=1$，接通水泵；$Y_1=0$，断开水泵。

Y_2 是罐 2 进水阀控制信号，$Y_2=1$，接通罐 2 进水阀；$Y_2=0$，关断罐 2 进水阀。

用图形描述以上控制规律，如图 3.2 所示。

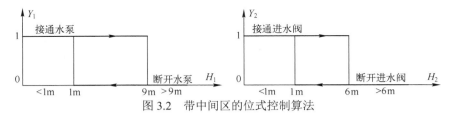

图 3.2　带中间区的位式控制算法

此算法控制器的输出只有 0 和 1 两个值，对应执行器只有接通和断开两个位置，称为"位式控制"算法。

这种算法，被控参数在上、下限之间的中间区时，控制器保持原来状态不变，称为带有中间区的位式控制算法。

本系统水泵和进水阀只有接通和断开两种状态，对应进水量或者100%或者0%。

一般情况下，最大进水量应大于最大出水量。图 3.3 所示是罐 2 出水量从 0 突然变化为100%后，按照以上控制算法进行控制得到的变化曲线。

（1）初始状态：出水量=进水量=0，水位稳定在 1～6m 之间的某个位置 H_0。

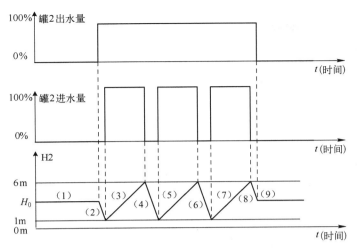

图 3.3　罐 2 出水量阶跃变化情况下 H_2 控制结果

（2）出水阀打开后：出水量>进水量→水位下降，但只要水位在 1～6m 之间→进水阀保持断开。

（3） H_2 继续下降→ H_2 <1m 后→控制器命令进水阀接通→进水量大于出水量→ H_2 重新上升。只要水位在 1～6m 之间，进水阀保持接通。

（4） H_2 >6m 后→控制器命令进水阀关断→出水量>进水量→ H_2 下降，但只要水位在 1～6m 之间→进水阀保持断开。

（5）～（8）水位重复上升或下降。

（9）出水阀断开，出水量=进水量=0，水位恒定下来。

由此看出，只要负荷用水，水位就会在上、下限之间不停波动，进水阀总是在通与断之间不停切换。

可见，位式控制的控制品质不高，只适用于允许被控参数在较宽范围波动的场合。

2．极低水位保护任务

大多数情况下，我们不应限制负荷需求改变，只能最大限度地满足其需求。但如果水位过低超出了安全限度，就只能牺牲负荷需求，确保生产安全了。本系统如果 H_2 低于 0.5m，应关闭出水阀，打开进水阀和水泵。

3．水位检测与监视任务

水位实时显示、越限报警、报表生成、曲线记录等功能可利用组态软件在计算机上显示。

总结：

被控对象——储液罐 1 和 2。

被控参数——罐 1 水位 H_1 、罐 2 水位 H_2 。

控制目标——使 H_1 在 1～9m 范围； H_2 在 1～6m 范围。

控制变量——罐 1 进水量和罐 2 进水量。

控制算法——带中间区的位式控制算法。

储液罐水位系统
效果演示

3.1.3　方案制订

水位系统方框图如图 3.4 所示。水位 H_1 和 H_2 经检测后通过输入接口送计算机，计算机根据水位高低发出控制命令，控制命令通过输出接口作用到水泵、罐 2 进水阀上，实现对水位 H_1 和 H_2 的闭环控制。

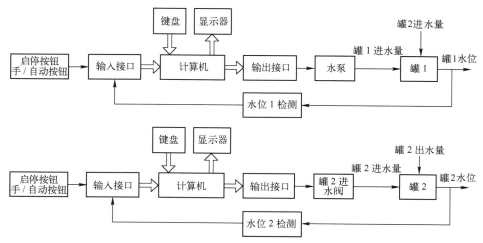

图 3.4　储液罐闭环控制系统方框图

3.2　软、硬件选型

设备选型与
电路设计

想一想： 按照方框图，应该进行哪些设备选型？

做一做： 查找模拟量输入设备的相关资料，课上讨论一下。

读本节内容，说明 PCL-818L 和 S7-200　CPU224XP 功能。

3.2.1　命令输入设备选型

本系统命令有：启动、停止、手动、自动。命令输入设备可使用外接按钮，也可直接利用键盘、鼠标，在计算机上输入。本系统采用第二种，直接在计算机上输入命令。

3.2.2　传感器和变送器选型

仅就控制而言，本系统采用带中间区的"位式控制"算法，该算法只要求检测水位是否低于下限或者高于上限，水位检测传感器使用简单的水位开关即可。当水位达到限位值时，水位开关动作。

但是考虑到监控系统要求实时检测并显示水位，水位开关显然不能满足要求，这样，我们需要选择模拟量输出的水位传感器。

市场上模拟量输出的水位传感器形式种类很多，压力式是使用最多的一种。压力式水位测量利用静压力 $P=\rho g H$ 这一基本原理，可将水位 H 的测量转换为压力 P 的测量。

工业上压力测量装置多使用传感器+变送器结构。传感器根据测量原理不同，可将压力信号转换为位移、电感、电容、电阻等信号；变送器则将传感器输出信号转换成标准电流信号或电压信号。传感器与变送器多设计为一体式，称为压力变送器。

压力变送器按照传感器的不同有力平衡式、电容式、电感式、扩散硅式等多种；按照输出信号线的多少分为两线制、三线制、四线制；按照输出信号形式分为电流输出型、电压输出型等。

扩散硅压力变送器利用压阻效应进行压力测量。它是在单晶硅片的特定晶向上，用光刻、扩散等半导体工艺制做 4 个电阻，形成敏感膜片。当受到压力作用时，电阻值改变。四个电阻被接成电桥形式，在电桥的两端加上直流电源，就会在电桥的另两端产生一个直流电压信号，经过信号变换电路对电压信号进行再处理，压力信号被转换为标准 1～5V DC 电压或 4～20mA DC 电流信号输出。

这里选用 DBYG 型扩散硅压力变送器，该变送器主要指标如表 3.1 所列。

表 3.1 DBYG 型扩散硅压力变送器型号

输　出	供电电压	负载电阻	精度等级	环境温度	相对湿度	接液温度	外磁场强度	气　氛
4～20mA DC 二线制	DC24±2.4V	0～250Ω	±0.2%FS（25℃±5℃ 时）	−20℃～ +80℃	≤95%	≤100℃	≤400A/m	周围空气中不含有对铬、镍镀层有色金属及其合金起腐蚀作用的介质也不应含有爆炸性混合物（防爆型除外）

序号	型号	测量范围（MPa）	精度等级
1	DBYG-3000A/STXX1	0～0.017-0～0.105 连续可调	0.2
2	DBYG-4000A/STXX1	0～0.06-0～0.35 连续可调	0.2
3	DBYG-4000A/STXX2	0～0.12-0～0.7 连续可调	0.2
4	DBYG-5000A/STXX1	0～0.6-0～3.5 连续可调	0.2
5	DBYG-5000A/STXX2	0～1.2-0～7.0 连续可调	0.5
6	DBYG-6000A/STXX1	0～6.0-0～35 连续可调	0.5

注：本型号变送器为本介质安全型，无迁移；可带指针式表头或液晶数显表头；外部调节零点和满度。

压力变送器量程选择方法如下：

罐 1 正常水位范围 0～9m，测量范围适当放大，取 4/3 倍，为 0～12m，转换为压力：

$$P=\rho gh=10^3kg/m^3×9.8m/s^2×12m=117.6×10^3N/m^2=117.6kPa=0.1176MPa。$$

罐 2 正常水位范围 0～6m，测量范围适当放大，取 4/3 倍，为 0～8m，转换为压力：

$$P=\rho gh=10^3kg/m^3×9.8m/s^2×8m=78.4×10^3N/m^2=78.4kPa=0.0784MPa$$

由表 3.1，可选择 DBYG-4000A/STXX1 型 2 个。使用前应进行零点和量程调整，确保：

H_1=0m 时，变送器 1 输出 4mA；H_1=12m 时，变送器 1 输出 20mA。

H_2=0m 时，变送器 2 输出 4mA；H_1=8m 时，变送器 2 输出 20mA。

该变送器外观及电气连接线路如图 3.5 所示。

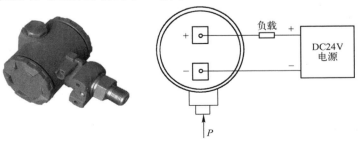

图 3.5　扩散硅压力变送器外观及连接

3.2.3 执行器选型

1. 水泵选型

水泵通常由工艺设计人员根据系统需求选择，电气工程师需要了解水泵参数，以便设计控制电路，配备控制器件。本系统水泵参数如下：

型号：50SG-10-15

流量：10m³/h

扬程：15m

功率：0.75kW

电压：～380V，50Hz

转数：2800r/min

口径：50mm

图 3.6　立式离心泵

2. 进水阀与出水阀选型

由于采用位式控制算法，进水阀与出水阀只要求进行通断控制，选择电磁阀即可满足要求。图 3.7 所示是 ZCW 型液用电磁阀外观和参数。

型号	ZCW-1									ZCW-2	
工作介质	水、空气、油、瓦斯、煤气						热水、低压蒸气				
介质温度 (℃)	≤80						≤125				
工作压力 (Mpa)	0～1.0						0～1.6				
额定电压 (V)	AC:380、220、110、50Hz/60Hz DC:220、36、24、12										
功率 (W)	≤15										
使用流体粘度	20CST 以下										
使用电压范围	+10%										
阀体材料	黄铜和不锈钢										
密封材料	NBR 或 VIION										
防护等级	IP65										
公称通径 (mm)	2	3	4	8	10	15	20	25	32	40	50
接管尺寸 (G)	1/4″		3/8″		1/2″	3/4″	1″	1~1/4″	1~1/2″		2″

图 3.7　ZCW 型液用电磁阀外观及参数

可选择额定电压 DC 24V、ZCW-2 型电磁阀。

3.2.4 计算机选型

可选择研华 ARK-3440 嵌入式工控机，其外观及配置如图 3.8 所示。ARK-5280 系列是一种无风扇紧凑型工控机，提供 4 个 COM 端口、2 个用于扩展的 PCI 插槽。有关研华公司及其产品的情况可登陆 http://www.advantech.com.cn/网站查询。

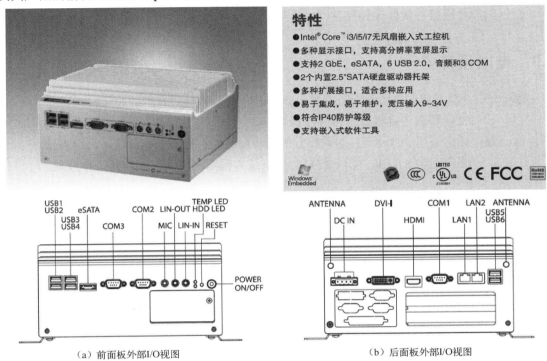

（a）前面板外部I/O视图　　　　　　　（b）后面板外部I/O视图

图 3.8　ARK-3440 工控机外观及特性

3.2.5　I/O 接口设备选型

1．I/O 点基本情况

储液罐系统的 I/O 点如表 3.2，共有 2 个 AI，3 个 DO。

表 3.2　储液罐系统 I/O 情况表

序　号	名　称	功　能	性　质
1	水位变送器 1 输出信号	检测罐 1 水位	AI
2	水位变送器 2 输出信号	检测罐 2 水位	AI
3	水泵控制信号	控制水泵通断	DO
4	进水阀控制信号	控制罐 2 进水阀通断	DO
5	出水阀控制信号	控制罐 2 出水阀通断	DO

2．I/O 设备选择

提供如下两种方案。

方案一：选择研祥 PCL-818L 多功能板卡作为 I/O 接口设备。

方案二：选择西门子 S7-200 PLC 作为 I/O 接口设备。

3.2.6　系统软件选型

选用国产通用组态软件 MCGS。

3.3　电路设计

想一想：PCL-818L 为什么要配用 PCLD-880 和 PCLD785？

PLC 和板卡哪种设备可靠性高？

做一做：画出采用 PCL-818L 的系统方框图和电路，讲述其工作原理。

画出采用 S7-200　CPU224XP 的系统方框图和电路，讲述其工作原理。

3.3.1　利用 PCL-818L 板卡做接口设备

1．系统方框图（如图 3.9 所示）

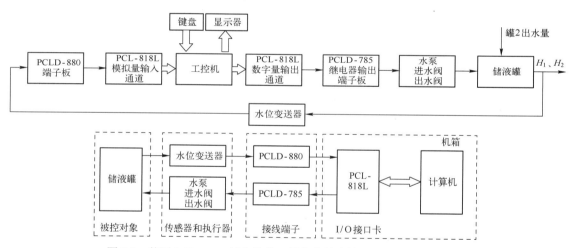

图 3.9　使用 PCL-818L 板卡作接口设备的储液罐闭环控制系统方框图

2．系统原理接线图

（1）研祥 PCL-818L 多功能板卡引脚定义。该卡为 16AI/1AO/16DI/16DO 卡。即 16 路模拟量输入（AI）、1 路模拟量输出（AO）、16 路数字量输入（DI）和 16 路数字量输出（DO）。

PCL-818L 外观如图 3.10 所示，该板卡插在计算机的 ISA 插槽上，与外设通过 3 个连接器（Connecter）CN1\CN2\CN3 分别进行 DO、DI、AI/AO 信号连接。

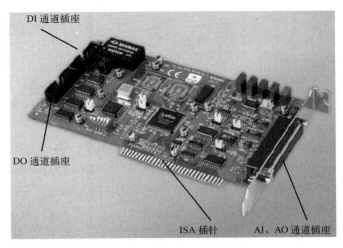

DI 通道插座

DO 通道插座

ISA 插针　　AI、AO 通道插座

图 3.10　PCL-818L 板卡外观

插座引脚号与通道对应关系如图 3.11 所示，其中 CN1 为 DO 连接器，对应 DO0～DO15 通道。CN2 为 DI 端子，对应 DI0～DI15 通道。DI/DO 通道要求 TTL 电平。

CN1

DO0	1	2	DO1
DO2	3	4	DO3
DO4	5	6	DO5
DO6	7	8	DO7
DO8	9	10	DO9
DO10	11	12	DO11
DO12	13	14	DO13
DO14	15	16	DO15
DGND	17	18	DGND
+5V	19	20	+12V

CN2

DI0	1	2	DI1
DI2	3	4	DI3
DI4	5	6	DI5
DI6	7	8	DI7
DI8	9	10	DI9
DI10	11	12	DI11
DI12	13	14	DI13
DI14	15	16	DI15
DGND	17	18	DGND
+5V	19	20	+12V

CN3（单端输入）

ADS0	1	20	ADS8
ADS1	2	21	ADS9
ADS2	3	22	ADS10
ADS3	4	23	ADS11
ADS4	5	24	ADS12
ADS5	6	25	ADS13
ADS6	7	26	ADS14
ADS7	8	27	ADS15
AGND	9	28	AGND
AGND	10	29	AGND
VREF	11	30	DA0 OUT
S0	12	31	DA0 VREF
+12V	13	32	S1
S2	14	33	S3
DGND	15	34	DGND
NC	16	35	EXT TRIG
Counter 0 CLK	17	36	Counter 0 GATE
Counter 0 OUT	18	37	PACER
+5V	19		

CN3（差动输入）

ADH0	1	20	ADL0
ADH1	2	21	ADL1
ADH2	3	22	ADL2
ADH3	4	23	ADL3
ADH4	5	24	ADL4
ADH5	6	25	ADL5
ADH6	7	26	ADL6
ADH7	8	27	ADL7
AGND	9	28	AGND
AGND	10	29	AGND
VREF	11	30	DA0 OUT
S0	12	31	DA0 VREF
+12V	13	32	S1
S2	14	33	S3
DGND	15	34	DGND
NC	16	35	EXT TRIG
Counter 0 CLK	17	36	Counter 0 GATE
Counter 0 OUT	18	37	PACER
+5V	19		

图 3.11　PCL-818L 引脚定义

CN3 为 AI/AO 端子，有单端输入（Single ended）和差动输入（Differential）两种接

法，图 3.11 左侧为单端输入的端子定义、右侧为差动输入。

单端输入时，共 16 个通道，输入信号的正极送 ADS0～ADS15 中的一个，输入信号的负极送 AGND。电压范围 0～±10V、0～±5V、0～±2.5V、0～±1.25V、0～±0.625V 可选。

差动输入时，共 8 个 AI 通道，输入信号的正极送 ADH0～ADH7 中的一个，输入信号的负极送 ADL0～ADL7 中对应的一个，输入电压范围 0～10V、0～5V、0～2.5V、0～1.25V 可选。

PCL-818L 的 AO 为电压输出，对应端子为 DA0 OUT，输出电压 0～5V 或 0～10V 可选。

（2）PCL-818L 与压力变送器的连接。为方便连接，PCL-818L 需要通过接线端子板与外设进行连接，可选择 PCLD-880 接线端子板。连接方法如图 3.12 所示，模拟输入输出信号接到 PCLD-880 的接线端子排 A、B 上，再通过 37 芯电缆送给 PCL-818L。

PCLD-880 的每个 AI 通道预留有 2 个电阻和 1 个电容，起滤波和信号变换作用，如图 3.13 所示，可根据需要配置，配置方法如表 3.3 所列。

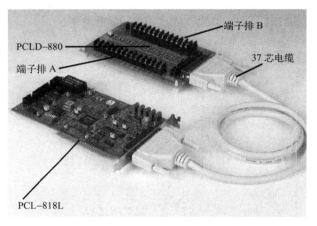

图 3.12　PCL-818L 与 PCLD-880 的连接

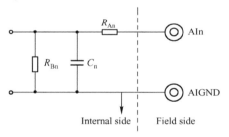

图 3.13　PCLD-880　AI 通道电路

表 3.3　PCLD-880 预留电阻、电容配置表

序号	输　　入	R_{An}	R_{Bn}	C_n	备　　注
1	电压输入，直接连接	0	无	无	
2	电压输入，带 1.6kHz（3db）低通滤波器	10kΩ	无	0.01μF	$f = \dfrac{1}{2\pi R_{An} C_n}$
3	电压输入，10:1 电压衰减	9kΩ	1kΩ	无	$n = \dfrac{R_{Bn}}{R_{An}+R_{Bn}}$，假定源阻抗 $\ll$ 10kΩ
4	4～20mA 电流到 1～5V 转换	0	250Ω	无	

本系统输入信号为 4～20mA，应采用表 3.3 中的第 4 种接法。

PCLD-880 上也安排了 3 个连接器 CN1、CN2、CN5，如图 3.14 所示，本系统使用 CN5 与 PCL-818L 连接比较方便。

端子排 A、B 上的端子号与连接器引脚对应关系如表 3.4 所列。

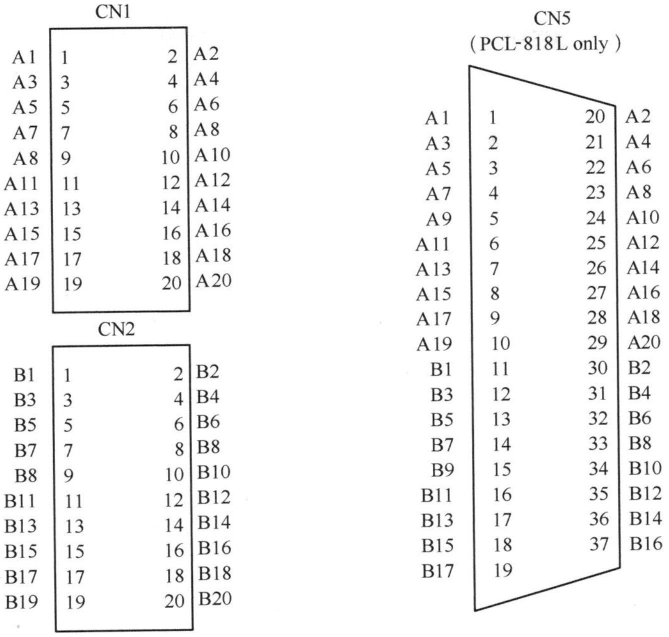

图 3.14　PCLD-880 管脚定义

表 3.4　PCLD-880 端子号与 PCL-818L 模拟量输入输出通道对应关系表

PCLD-880 端子排号	PCLD-880 CN5 连接器引脚号	PCL-818L 引脚定义（单端输入）	PCL-818L 引脚定义（差动输入）	PCLD-880 端子排号	PCLD-880 CN5 连接器引脚号	PCL-818L 引脚定义
A1	1	ADS0	ADH0	B1	11	V_{REF}
A3	2	ADS1	ADH1	B3	12	S0
A5	3	ADS2	ADH2	B5	13	+12V
A7	4	ADS3	ADH3	B7	14	S2
A9	5	ADS4	ADH4	B9	15	DGND
A11	6	ADS5	ADH5	B11	16	NC
A13	7	ADS6	ADH6	B13	17	Counter0 CLK
A15	8	ADS7	ADH7	B15	18	Counter0 OUT
A2	20	ADS8	ADL0	B2	30	DA0OUT
A4	21	ADS9	ADL1	B4	31	DA0VREF
A6	22	ADS10	ADL2	B6	32	S1
A8	23	ADS11	ADL3	B8	33	S3
A10	24	ADS12	ADL4	B10	34	DGND
A12	25	ADS13	ADL5	B12	35	EXT TRIG
A14	26	ADS14	ADL6	B14	36	Counter0 GATE
A16	27	ADS15	ADL7	B16	37	PACER
A17	9	AGND	AGND	B17	19	+5V
A18	28	AGND	AGND			
A19	10	AGND	AGND			
A20	29	AGND	AGND			

PCL-818L、PCLD-880、扩散硅压力变送器之间的连接如图 3.15 所示。

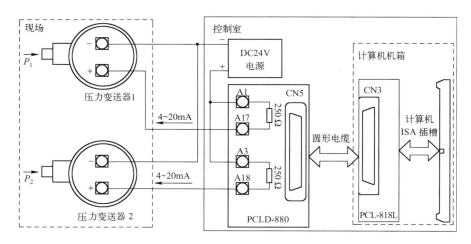

图 3.15　PCL-818L、PCLD-880、扩散硅压力变送器之间的连接电路

采用单端输入，变送器 1 的通道号设为 ADS0，应该连到 ADS0 和 AGND 上，对照表 3.4，两根信号线（4～20mA）分别连接到 PCLD-880 的 A1、A17 端。同理，变送器 2 对应通道号为 ADS1，两根信号线应分别连接到 PCLD-880 的 A3、A18 端，A17、A18 内部已连到一起。此外由于是 4～20mA 电流输入，PCLD-880 阻容配置电路需配置 $R_{Bn}=250\Omega$。

PCLD-880 与 PCL-818L 之间通过各自的 D 型连接器 CN5、CN3 用圆形电缆连接。PCL-818L 直接插在计算机的 ISA 扩展槽上。

（3）PCL-818L 与水泵、进水阀、出水阀之间的连接。PCL-818L 的 DO 输出通道与水泵、进水阀、出水阀之间也需要通过接线端子板相连。由于 PCL-818L 的 DO 输出为 TTL 电平，不能直接驱动 AC380V 的水泵和 DC24V 的电磁阀。我们希望接线端子板应具有一定的电平转换和驱动能力。

可以考虑输出功率较大的继电器输出端子板 PCLD-785。该端子板外观和接线端子定义如图 3.16 所示。

NO 0		NO 1			NO 8		NO 9
C 0	CH0	C 1	CH1	CH8	C 8	CH9	C 9
NC 0		NC 1			NC 8		NC 9
NO 2		NO 3			NO 10		NO 11
C 2	CH2	C 3	CH3	CH10	C 10	CH11	C 11
NC 2		NC 3			NC 10		NC 11
NO 4		NO 5			NO 12		NO 13
C 4	CH4	C 5	CH5	CH12	C 12	CH13	C 13
NC 4		NC 5			NC 12		NC 13
NO 6		NO 7			NO 14		NO 15
C 6	CH6	C 7	CH7	CH14	C 14	CH15	C 15
NC 6		NC 7			NC 14		NC 15

NO 16		NO 17			NO 20		NO 21
C 16	CH16	C 17	CH17	CH20	C 20	CH21	C 21
NC 16		NC 17			NC 20		NC 21
NO 18		NO 19			NO 22		NO 23
C 18	CH18	C 19	CH19	CH22	C 22	CH23	C 23
NC 18		NC 19			NC 22		NC 23

（a）PCLD -785 外观　　　　　　　　　　　　（b）PCLD -785 接线端子定义

图 3.16　PCLD-785 继电器输出接线端子板

PCLD-785 上有 24 个继电器，对应 24 个通道输出，CH0～CH23。每个通道对应三个触点：NOx（Normal Opened——常开）、NCx（Normal Closed——常闭）、Cx（Common——公共端），x=0～23。继电器不得电时，NOx 与 Cx 断开、NCx 与 Cx 闭合；继电器得电时，NOx 与 Cx 闭合、NCx 与 Cx 断开。这种继电器输出型式也称为单刀双掷输出。

PCL-818L 与水泵、进水阀、出水阀之间的连接电路如图 3.17 所示。

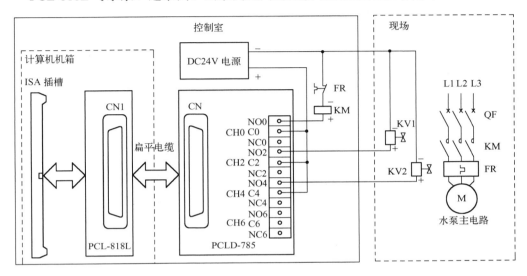

图 3.17　PCL-818L 与水泵、进水阀、出水阀之间的连接电路

PCL-818L 的 CN1 与 PCLD-785 的 CN 之间用扁平电缆连接。

PCLD-785 的 CH0、CH2、CH4 分别连接 KM、KV1、KV2。三个通道全部使用常开触点（NO0、NO2、NO4）。PCL-818L 的 DO0 通道有输出时，KM2 线圈得电，水泵工作，罐 1 上水；DO2/DO4 有输出时，KV1/KV2 得电，罐 2 上水/出水。即 PCLD-785 直接驱动 KV1、KV2（罐 2 进水阀和出水阀），通过 KM 间接控制水泵。

这么处理的原因如下：

PCLD-785 的每个继电器触点可带 DC30V 负载，提供 1A 电流，即功率为：

$$P=UI=30V \times 1A=30W$$

查阅图 3.7，知本系统使用的电磁阀线圈功率小于 15W，供电电压为 DC24V 可选，因此无论从电压和电流（功率）角度，PCLD-785 都完全可以直接驱动电磁阀。

但是水泵则不同，查阅图 3.6 旁的水泵参数，知供电电压 AC380V，功率 0.75kW，显然电压和功率都不合适，可见 PCLD-785 无法直接驱动水泵，利用接触器是很好的解决方案。选择接触器时应注意：

线圈电压应选 DC 24V，线圈吸合功率应小于 30W，以便可以和 PCLD-785 匹配。

主触点电压应选 AC 380V，主触点电流应选 $I>2 \times P$（kW）=2×0.75=1.5A，确保接触器能够驱动水泵。

3．系统 I/O 分配表

储液罐监控系统 I/O 分配表见表 3.5。

表 3.5　储液罐控制系统 I/O 分配表——利用 PCL-818L 作接口设备

序 号	名 称	功 能	PCL-818L	特 征
1	H_1	罐 1 水位检测	ADS0	水位变送器 H_1=0m 时，输入 4mA（1V），H_1=12m 时，输入 20mA（5V）
2	H_2	罐 2 水位检测	ADS1	水位变送器 H_2=0m 时，输入 4mA（1V），H_1=8m 时，输入 20mA（5V）
3	水泵	水泵通断控制	DO0	=0，断开；=1，接通
4	罐 2 进水阀	进水阀通断控制	DO2	=0，断开；=1，接通
5	罐 2 出水阀	出水阀通断控制	DO4	=0，断开；=1，接通

3.3.2　利用 S7-200 PLC 做接口设备

1．系统方框图（见图 3.18 所示）

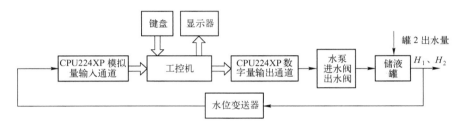

图 3.18　使用 CPU 224 XP PLC 作接口设备的储液罐闭环控制系统方框图

2．系统原理接线图

西门子 S7-200 PLC 选型。西门子 S7-200 PLC 系列中，CPU 224 XP 是唯一带模拟量输入输出通道的 CPU，该 PLC 具有 14 个 DI、10 个 DO、2 个 AI、1 个 AO。本系统有 2 个 AI，3 个 DO，该 CPU 完全满足需求。

CPU 224 XP DC/DC/DC 型端子定义如图 3.19 所示。其模拟量输入端子分别为 A+、B+、M，对应通道地址分别为 AIW0、AIW2。输入电压范围–10V～+10V，输入电压–10V 时，对应数字量为–32000；输入电压+10V 时，对应数字量为+32000。

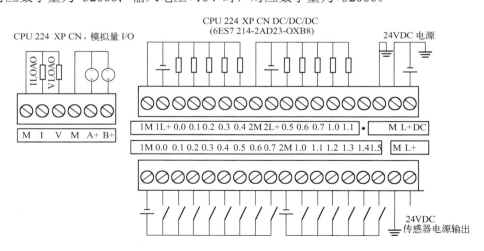

图 3.19　西门子 S7-200 PLC　CPU 224 XP DC/DC/DC 型

电路接线图如图 3.20 所示。接触器与水泵连接主电路不变，请参见图 3.17 所示。PLC 与计算机之间通过 PC/PPI 电缆连接。

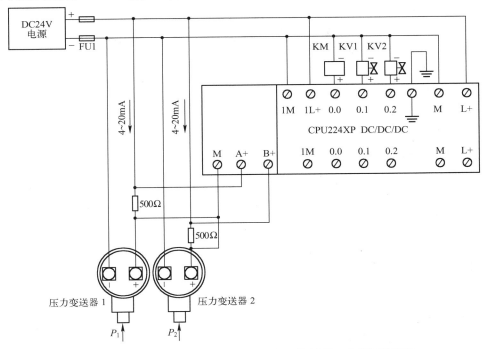

图 3.20　CPU 224 XP 与压力变送器、水泵接触器、电磁阀的连接

3．系统 I/O 分配表

储液罐监控系统 I/O 分配表见表 3.6。

表 3.6　储液罐控制系统 I/O 分配表——利用 S7-200 PLC　CPU 224 XP 作接口设备

序　号	名　称	功　能	CPU224XP	特　征
1	H_1	罐 1 水位检测	AIW0	水位变送器 H_1=0m 时，输入 4mA（1V），H_1=12m 时，输入 20mA（5V）
2	H_2	罐 2 水位检测	AIW2	水位变送器 H_2=0m 时，输入 4mA（1V），H_1=8m 时，输入 20mA（5V）
3	水泵	水泵通断控制	Q0.0	=0，断开；=1，接通
4	罐 2 进水阀	进水阀通断控制	Q0.1	=0，断开；=1，接通
5	罐 2 出水阀	出水阀通断控制	Q0.2	=0，断开；=1，接通

3.4　程序设计与调试

想一想：监控软件应包括什么功能？

做一做：按照指导步骤，逐步完成画面制作与程序调试。

3.4.1　建立工程

（1）进入 MCGS 组态环境，单击"文件"→"新建工程"。

画面制作与
动画连接

（2）单击"文件"→"另存为"。

（3）在弹出的对话框内填入"水位监控系统"。

详细过程参见项目 1 和项目 2。

注意 MCGS 不允许工程名或保存路径中有空格，因此不能将工程保存在桌面，否则运行时会报错。

3.4.2 定义变量

1．变量分配

根据表 3.5 和表 3.6，本系统至少有 5 个变量，见表 3.7。

表 3.7 储液罐控制系统变量分配表

变量名	类型	初值	注释
H_1	数值型	0	输入信号，0～12m，1～5V/2～10V，ADS0 /AIW0
H_2	数值型	0	输入信号，0～8m，1～5V/2～10V，ADS1 / AIW2
水泵	开关型	0	输出信号，=1，接通，DO0 / Q0.0
罐 2 进水阀	开关型	0	输出信号，=1，接通，DO2 / Q0.1
罐 2 出水阀	开关型	0	输出信号，=1，接通，DO4 / Q0.2

2．在 MCGS 中添加变量

与项目 1 和 2 方法相同，注意变量的类型。

3.4.3 设计与编辑画面

参考的监控画面如图 3.21 所示。

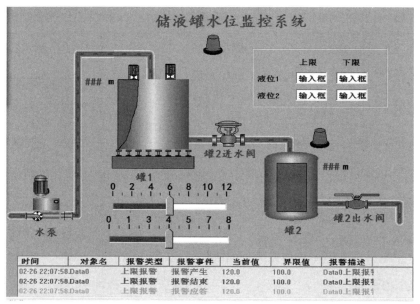

图 3.21 监控画面

1．新建画面

在"用户窗口"页，建立"水位监控"画面，设置为最大化显示、启动窗口。具体方法详见项目 1。

2．编辑画面

（1）利用"标签"（文字）工具 <u>A</u>，写入文字"储液罐水位监控系统"，调整大小及位置。

（2）利用"插入元件"工具 <u>🖼</u>，从"储藏罐"中选择罐 17，画罐 1，调整大小及位置。注意 MCGS 版本不同时，图库中图符的标号可能会有不同。

（3）利用"插入元件"工具，从"储藏罐"中选择罐 53，画罐 2，调整大小及位置。

（4）利用"插入元件"工具，从"泵"中选择泵 13，画水泵，调整大小和位置。

（5）利用"插入元件"工具，从"阀"中选择阀 56 和阀 44，画罐 2 进水阀和出水阀，调整大小和位置。

（6）利用"流动块"工具 <u>📭</u>，在泵与罐 1、罐 1 与罐 2、罐 2 与出水阀之间画流动块。流动块的画法如下：

① 单击"流动块"图标，鼠标光标呈"十"字形。

② 移动光标至合适位置，单击鼠标左键后拖动鼠标拉出一条虚线，拉出一定距离后，单击鼠标左键，生成一段流动块。

③ 继续移动鼠标（沿原方向或垂直方向），又生成一段流动块。

④ 双击鼠标左键或按 Esc 键，结束流动块绘制。

⑤ 选中流动块，鼠标指针指向小方块，按住左键拖动鼠标，即可调整流动块的形状。

（7）利用"文字"工具，写入"罐 1"、"罐 2"、"泵"、"罐 2 进水阀"、"罐 2 出水阀"，对画面进行注释。

（8）保存。

3.4.4 进行动画连接与调试

1．液位的模拟输入

MCGS 提供的"滑动输入器"工具，可以帮助我们在不连接电路的情况下，进行液位信号的模拟输入，以便进行功能测试（离线模拟调试）。模拟调试成功后，再进行硬件连接和软、硬件联合的在线调试，这可以大大提高调试过程的安全性。滑动输入器的制作方法如下：

（1）进入水位监控窗口。

（2）选中"工具箱"中的"滑动输入器"图标 <u>🔧</u>，鼠标呈"十"字形，在罐 1 的下边按住左键拖动出一个滑动块。

（3）参考图 3.21 所示调整位置及大小。

（4）双击滑动块，弹出属性设置窗口，按照如下参数进行设置：

● 在"基本属性"页中，滑块指向：指向左（上）。

● 在"操作属性"页中，对应数据对象名称：H1；滑块最右（下）边时对应值：12。

● 其他不变。

- 在制作好的滑动块右边写文字注释"H1 输入"。
- 用同样方法制作液位 2 的滑动块和注释。注意"操作属性"页中，对应数据对象名称：H2；滑块最右（下）边时对应值：8。

2．液位实时显示动画效果的制作

（1）利用"标签"工具，在罐 1 旁写入文字"####"，调整大小及位置。

（2）双击文字"####"，弹出"属性设置"对话框。

（3）在"基本属性"页选择"显示输出"。

（4）在"显示输出"页设置——表达式：H1；输出值类型：数值量输出；整数位数：2；小数位数：1，其余不变。系统运行时，文字"####"将显示液位 1 的实际值。

（5）利用"标签"工具，在文字"####"后面写文字"m"，代表水位单位，调整大小及位置。

（6）用同样方法，在罐 2 旁写文字"####"，与 H2 进行显示输出动画连接。

（7）在罐 2 旁文字"####"后面写文字"m"，代表水位单位，调整大小及位置。

（8）存盘，进入运行环境。发现两个文字"####"都显示 0.0。

（9）将光标移至液位 1 滑动输入块的指针处，光标变成"手"形，按住鼠标向右拖动指针，液位指示随之发生变化。用这种方法可以人为模拟液位变化。

3．液位升降动画效果的制作

（1）在水位监控画面中双击罐 1，弹出属性设置窗口，进入"动画连接"页，如图 3.22（a）所示。

（2）选中"折线"，右端出现 。

（3）单击 进入属性设置窗口。在"大小变化"页按图 3.22（b）所示进行属性设置。

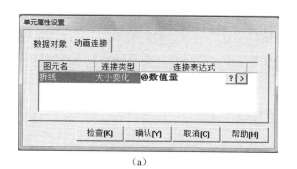

（a）　　　　　　　　　　　　　　　　　　（b）

图 3.22　对水罐 1 进行大小变化动画连接

（4）单击"确认"按钮，完成罐 1 设置。

（5）用同样方法建立罐 1 与变量 H2 之间的动画连接。注意设置参数，表达式：H2；最大变化百分比为 100 时，对应表达式的值：8。

（6）单击"保存"按钮。

（7）进入运行环境，拖动液位滑动器指针，可观察到水罐水位升降变化的动画效果。

4．水泵、阀门的通断效果

（1）双击（水）泵，弹出"单元属性设置"窗口。

（2）在"数据对象"页，将"按钮输入"和"填充颜色"对应的数据对象都设为：水泵。如图3.23（a）所示。

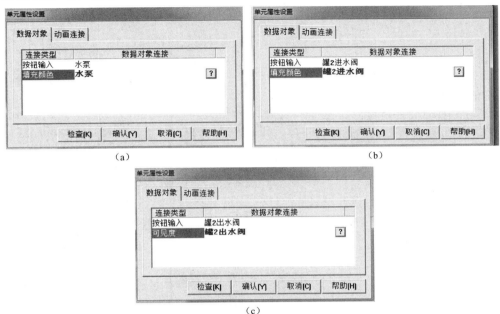

图3.23　对水泵进行动画连接

（3）单击"确认"按钮。

（4）存盘并进入运行环境，水泵中间的矩形为红色，表明水泵没开（初值为0）。

（5）将光标移至矩形处，光标变成 ，单击鼠标，变为绿色，表明水泵工作。

（6）罐2进水阀和出水阀通断效果的设置，与水泵类似，如图3.23（b）、（c）所示。

（7）确认并存盘，进入运行环境调试。红色代表阀门关断，绿色代表阀门打开。

5．流动块的流动效果

（1）双击水泵前面的流动块，弹出属性设置窗口，按图3.24（a）所示进行设置。

（2）双击水泵和罐1之间的流动块，按图3.24（a）所示进行设置。

（3）双击罐1和罐2之间的流动块，按图3.24（b）所示设置。

（4）双击罐2和出水阀之间的流动块，按图3.24（c）所示设置。

（5）注意不要做可见度连接。

（6）存盘进入运行环境，操作水泵、罐2进水阀和出水阀，观察流动块的流动效果。如果流动方向有问题，需要回到组态环境，在基本属性页中修改流动方向设置。基本属性页还可设置流动块颜色，如图3.24（d）所示。

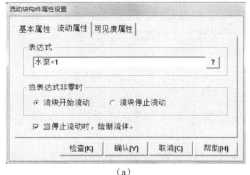

（a）

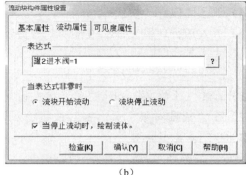

（b）

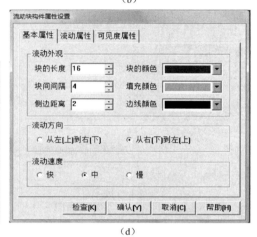

（c）

（d）

图 3.24　流动块流动效果设置

3.4.5　进行水位对象的模拟

前面的调试中，我们发现当画面中的水泵、罐 2 进水阀和罐 2 出水阀动作时，液位没有变化，这是由于没有将计算机和实际水罐对象连接的缘故。为了更好地对液位对象进行模拟，可在脚本程序中加入几条模拟语句。设水罐对象特性如下：

水泵打开时，H_1 每 200ms 上升 0.1m；

罐 2 进水阀打开时，H_1 每 200ms 下降 0.05m、H_2 每 200ms 上升 0.07m；

罐 2 出水阀打开时 H_2 每 200ms 下降 0.03m。

水位特性模拟程序的添加步骤如下：

（1）进入运行策略窗口。

（2）选中循环策略，单击鼠标右键，进行属性设置，设置循环策略执行时间是 200ms。

（3）双击循环策略，进行循环策略组态。

（4）单击新增策略行按钮，增加一条策略。

（5）在策略工具箱选择脚本程序，添加到策略行。

（6）双击脚本程序，写入如下液位模拟程序：

```
IF   水泵 = 1 THEN
    H1=H1+ 0.1
ENDIF
```

水位特性
模拟程序

```
IF      罐 2 进水阀 ＝1    THEN
          H1=H1－0.05
          H2=H2＋0.07
ENDIF
IF      罐 2 出水阀 ＝1    THEN
          H2=H2－0.03
ENDIF
```

（7）单击"检查"，无语法错误情况下，单击"确认"。

（8）存盘并进入运行环境，在画面中操作水泵、罐 2 进水阀和罐 2 出水阀，观察水位随操作变化的效果。

报警功能

3.4.6 制作与调试实时和历史报警窗口

实际运行时，可能会发生参数越限情况。报警显示是最基本的安全手段。

1．报警灯或电铃报警

为了直观地进行报警显示，可在画面中加入报警指示灯。具体为：

（1）进入水位监控画面。利用工具箱中的插入元件→指示灯→指示灯 1，在水罐 1 旁画一个小报警灯（参考图 3.21 所示监控画面），调整其位置和大小。注意 MCGS 版本不同时，图库中图符的标号可能会有不同。

（2）双击报警灯，弹出"属性设置"窗口。

（3）在"数据对象"页，设置"填充颜色"的数据对象连接为：H1<1 OR H1>9，如图 3.25（a）所示。

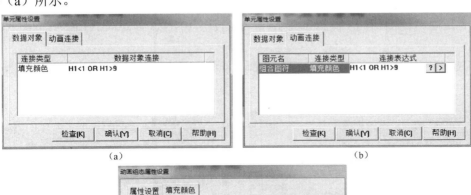

图 3.25 H1 报警灯设置

（4）在"动画连接"页，单击▷，如图 3.25（b）所示。

（5）进入"填充颜色"设置页，设置 0 为绿色，1 为红色，如图 3.25（c）所示。

（6）复制该报警灯到水罐 2 旁。双击该灯进行属性设置，将填充颜色表达式改为：H2<1　OR　H2>6。

（7）存盘后进入运行环境观察效果。

2．实时报警

以上报警方式比较简单。也可以实时报警或历史报警窗口形式进行报警。运行过程中实时报警窗口的显示效果如图 3.26，由图 3.26 可以看出，其报警内容比较丰富。

时间	对象名	报警类型	报警事件	当前值	界限值	报警描述
04-20 02:34:10	H1	下限报警	报警结束	1	1	罐1水位低于下限
04-20 02:34:14	H2	下限报警	报警产生	0.07	1	罐2水位低于下限Ⅱ
04-20 02:34:17	H2	下限报警	报警结束	1.02	1	罐2水位低于下限Ⅱ
04-20 02:34:17	H2	下限报警	报警产生	0.99	1	罐2水位低于下限Ⅱ
04-20 02:34:17	H2	下限报警	报警结束	1.06	1	罐2水位低于下限Ⅱ

图 3.26　实时报警窗口的运行效果

实时报警窗口制作方法如下：

（1）对变量 H1、H2 进行报警属性的设置。

① 进入实时数据库，双击数据对象"H1"。

② 选中"报警属性"标签。

③ 选中"允许进行报警处理"，报警设置域被激活。

④ 钩选中"下限报警"，报警值设为：1；报警注释："罐 1 水位低于下限"。如图 3.27（a）所示。

⑤ 钩选中"上限报警"，报警值设为：9；报警注释："罐 1 水位高于上限"。如图 3.27（b）所示。

（a）　　　　　　　　　　　　　　　　　（b）

图 3.27　变量 H1 报警属性设置

⑥ 单击"确认"按钮，"H1"报警属性设置完毕。

⑦ 同理设置"H2"的报警属性。需要改动的设置为：

下限报警——报警值设为：1，报警注释："罐 2 水位低于下限"。

上限报警——报警值设为：6，报警注释："罐 2 水位高于上限"。

（2）将 H1、H2 放在一个组里。

① 进入实时数据库，单击"新增对象"按钮，增加一个数据对象。

② 双击该对象，弹出属性设置窗口。

③ 在对象"基本属性"设置页，设置对象名：液位组，类型：组对象，如图 3.28（a）所示。

④ 单击"组对象成员"选项卡，进入"组对象成员"页。

⑤ 在左边数据对象列表中选择"H1"，单击"增加"按钮，数据对象"H1"被添加到右边的"组对象成员列表"中。按照同样的方法将"H2"添加到组对象成员中，如图 3.28（b）所示。

⑥ 单击"确认"按钮，组对象设置完毕。

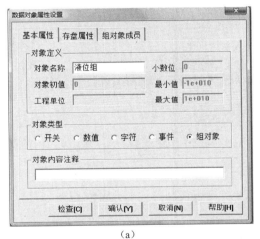
（a）

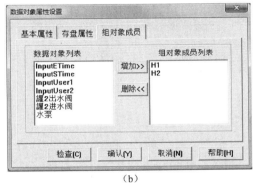
（b）

图 3.28   "液位组"对象的建立

（3）制作和设置实时报警窗口。

① 双击"用户窗口"中的"水位监控"窗口，进入该画面。选取"工具箱"中的"报警显示"构件。鼠标指针呈"十"字形后，在画面下方，拖动鼠标至适当大小画出报警窗口，如图 3.29 所示。

时间	对象名	报警类型	报警事件	当前值	界限值	报警描述	
04-19 22:48:44.Data0		上限报警	报警产生	120.0	100.0	Data0上限报警	
04-19 22:48:44.Data0		上限报警	报警结束	120.0	100.0	Data0上限报警	
04-19 22:48:44.Data0		上限报警	报警应答	120.0	100.0	Data0上限报警	

图 3.29   组态环境下的实时报警窗口

② 双击报警窗口，弹出属性设置窗口。

③ 在"基本属性"页中，将对应的数据对象的名称设为：液位组；最大记录次数设为：6。如图 3.30 所示。

④ 单击"确认"按钮。

⑤ 进入运行环境，操纵 H1 和 H2 滑动块或水泵、罐 2 进水阀和罐 2 出水阀，改变液位，观察报警窗口内容是否正确。

3．历史报警

实时报警能显示的报警条数是有限的（之前我们设置实时报警窗口最大记录次数为6）。历史报警则可以显示指定时间段内的所有报警信息。进行历史报警需要的操作如下：

（1）在实时数据库窗口将变量 H1、H2 的"存盘属性"设置为"自动保存产生的报警信息"，如图 3.31 所示。

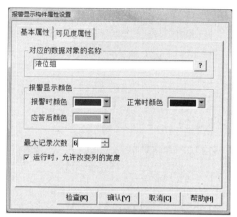

图 3.30　报警窗口属性设置

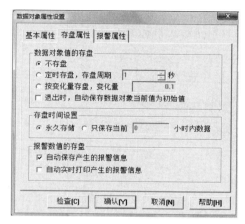

图 3.31　将 H1、H2 设置为自动保存产生的报警信息

（2）新增一用户策略，名为历史报警。

① 在"运行策略"窗口中，单击"新建策略"按钮，弹出"选择策略的类型"对话框。如图 3.32（a）所示。

② 选中"用户策略"，单击"确定"按钮，策略窗口增加了一条策略名为"策略 1"，如图 3.32（b）所示。

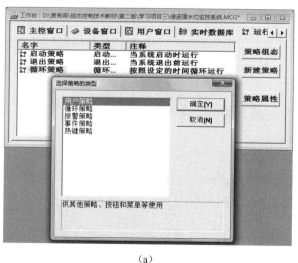

（a）

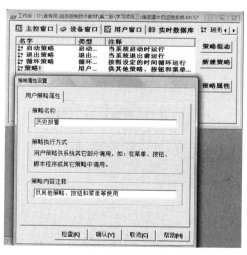

（b）

图 3.32　"历史报警"策略的建立

③ 选中"策略 1",单击"策略属性"按钮,弹出"策略属性设置"窗口,在策略名称输入框中输入:历史报警,单击"确认"按钮。"策略 1"更名为"历史报警",如图 3.32(b)所示。

④ 双击"历史报警"策略,进入策略组态窗口。

⑤ 单击工具条中的"新增策略行"图标,新增一个策略行。

⑥ 从"策略工具箱"中选取"报警信息浏览",加到策略行上,如图 3.33 所示。

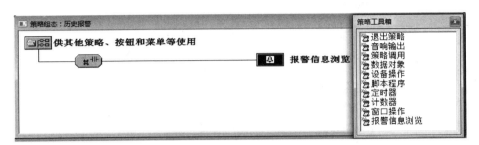

图 3.33　"报警信息浏览"策略的建立

⑦ 如果"策略工具箱"中没有"报警信息浏览":

● 请在菜单栏→工具→策略构件管理→可选策略构件→通用策略构件中找到"报警信息浏览",

● 单击"增加"按钮,将它添加到"选定策略构件"中即可,如图 3.34 所示。

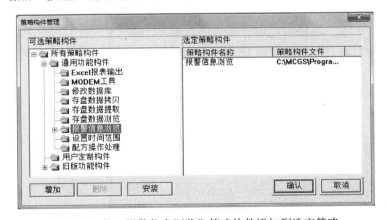

图 3.34　将"报警信息浏览"策略构件添加到选定策略

⑧ 双击"报警信息浏览"图标,弹出"报警信息浏览构件属性设置"窗口。进入基本属性页,将"报警信息来源"中的"对应数据对象"改为:液位组,如图 3.35 所示,单击"确认"按钮。

(3)新增一菜单项,名为历史报警,建立"历史报警"菜单和策略之间的关系。

① 在 MCGS 工作台上,单击"主控窗口"。

② 选中"主控窗口",单击"菜单组态"进入"菜单组态"窗口。

③ 单击工具条中的"新增菜单项"图标，会产生"操作 0"菜单,如图 3.36 所示。

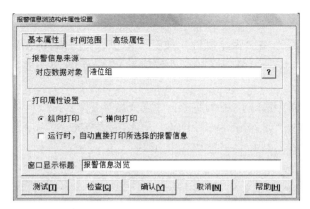

图 3.35　将"报警信息浏览"策略构件添加到选定策略

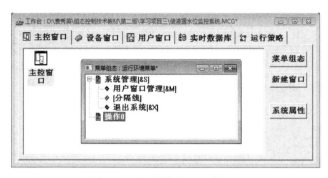

图 3.36　新增菜单"操作 0"

④ 双击"操作 0"菜单,弹出"菜单属性设置"窗口,如图 3.37 所示,进行如下设置:在"菜单属性"页中,将菜单名改为:历史报警;在"菜单操作"页中,选中"执行运行策略块",并从下拉式菜单中选取"历史报警"。

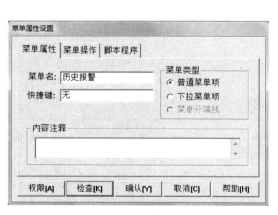

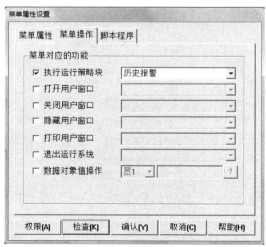

图 3.37　新增菜单基本属性和操作属性设置

⑤ 单击"确认"按钮,设置完毕,主控窗口菜单组态页出现"历史报警"菜单,如

图 3.38 所示。

⑥ 存盘并进入运行环境，看到菜单项增加了一个"历史报警"项，如图 3.39 所示。

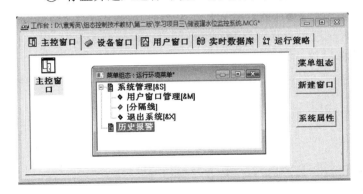

<table>
<tr><td>图 3.38　新增"历史报警"菜单</td><td>图 3.39　运行环境下菜单栏新增
"历史报警"项</td></tr>
</table>

⑦ 操作 H1 和 H2 滑动块或操作水泵、罐 2 进水阀和罐 2 出水阀，观察水位改变时实时报警窗口内容有否变化。

⑧ 单击菜单"历史报警"，弹出历史报警数据窗口，如图 3.40 所示。

⑨ 单击"退出"按钮，回到水位监控画面。

报警信息浏览

序号	报警对象	报警开始	报警结束	报警类型	报警值	报警限值	报警应答	内容注释
1	H1	02-26 21:53:24	02-26 21:53:24	下限报警	0.1	1		罐1水位低于下限
2	H1	02-26 21:53:25	02-26 21:53:25	上限报警	9.1	9		罐1水位高于上限
3	H1	02-26 21:53:26	02-26 21:53:27	下限报警	1.0	1		罐1水位低于下限
4	H1	02-26 21:53:27	02-26 21:53:27	上限报警	9.1	9		罐1水位高于上限
5	H2	02-26 21:53:30	02-26 21:53:30	下限报警	0.1	1		罐2水位低于下限
6	H2	02-26 21:53:30	02-26 21:53:31	上限报警	6.0	6		罐2水位低于下限
7	H2	02-26 21:53:32	02-26 21:53:33	下限报警	1.0	1		罐2水位高于上限
8	H2	02-26 21:53:34	02-26 21:53:34	上限报警	6.1	6		罐2水位高于上限
9	H2	02-26 21:53:35	02-26 21:53:40	上限报警	6.1	6		罐2水位高于上限
10	H1	02-26 21:53:37	02-26 21:53:38	上限报警	9.2	9		罐1水位高于上下限
11	H2	02-26 21:53:41		上限报警	6.0	6		罐2水位高于上限

图 3.40　运行环境下的"历史报警"窗口

4．报警极限值的修改

以上三种报警形式，H1、H2 的上、下限报警值固定不变。如果用户想在运行环境下根据实际需要随时改变报警上、下限值，可采用如下方法：

（1）新建数据对象。

① 在"实时数据库"中增加 4 个变量，分别为：H1 上限、H1 下限、H2 上限、H2 下限，都为数值型。

② 在"存盘属性"页中，选中"退出时，自动保存数据对象当前值为初始值"。

（2）制作报警值输入框。我们已经知道，数值的输入可以使用滑动输入器或按钮输入动画连接。这里学习一种新的工具——"输入框"。组态环境下的制作效果如图 3.41 所示。具体制作步骤如下：

① 在"水位监控"窗口中，利用标签构件，按照图 3.41 所示制作 4 个文字：液位 1、液位 2、上限值、下限值。

② 选中"工具箱"中的"输入框"构件 ，拖动鼠标，绘制 4 个输入框。

③ 双击图标 输入框 ，进行属性设置。这里只需设置操作属性即可。4 个输入框对应数据对象的名称分别为：H1 上限、H1 下限、H2 上限、H2 下限；最小值、最大值见表 3.8。

④ 将 4 个标签和输入框绘制在一个平面区域。

图 3.41　制作 4 输入框

图 3.42　对输入框进行操作属性设置

表 3.8　最大值和最小值

对　　象	最小值	最大值
H1 上限	5	10
H1 下限	0	5
H2 上限	4	6
H2 下限	0	2

● 单击工具箱的"常用符号"构件，弹出常用图符窗口。

● 单击"凹槽平面"图标 ，移动鼠标，光标呈"十"字形，画矩形将 4 个标签和输入框框在里面。

● 如果平面遮住了标签和输入框，选中该平面，单击工具条中的"置于最后面"图标 即可。

（3）将输入的报警值与 H1、H2 建立联系。

① 进入"运行策略"窗口，双击"循环策略"，双击"脚本程序"，进入编辑环境，在脚本程序中增加以下语句：

```
!SetAlmValue(H1, H1 上限, 3 )
!SetAlmValue(H1, H1 下限, 2 )
!SetAlmValue(H2, H2 上限, 3 )
!SetAlmValue(H2, H2 下限, 2 )
```

函数!SetAlmValue（A，B，C）的功能是设置数据对象的报警极限值，它有 3 个参数 A、B、C，其含义见表 3.9。

表 3.9　函数!SetAlmValue（A，B，C）的功能

A	B	C						
		让 A 的什么极限=B						
设置变量 A 的极限	让 A 的极限=B	1	2	3	4	5	6	7
		下下限	下限	上限	上上限	下偏差	上偏差	偏差报警基准值

② 单击"检查"按钮，排查语法错误。

③ 存盘并进入运行环境，在 4 个输入框输入极限值后，按回车键。

④ 利用滑动块或水泵及阀门改变液位大小，观察实时报警和历史报警窗口的变化。

想一想：如果希望报警灯的报警值也随输入框输入改变，应如何做？

3.4.7 制作与调试实时和历史报表

所谓报表就是将数据以表格形式显示和打印出来，常用报表有实时报表和历史报表，历史报表又有班报表、日报表、月报表等。数据报表在工控系统中是必不可少的一部分，是对生产过程中系统监控对象状态的综合记录。

1．最终效果图

组态环境下报表输出效果如图 3.43 所示，包括：

1 个标题——水位监控系统报表显示。

2 个文字——实时报表、历史报表。

2 个报表——实时报表、历史报表。

报表功能

水位监控系统报表显示

实时报表		历史报表		
H1	1|0	采集时间	H1	H2
H2	1|0		1|0	1|0
水泵	0|0		1|0	1|0
罐2进水阀	0|0		1|0	1|0
罐2出水阀	0|0		1|0	1|0
			1|0	1|0
			1|0	1|0
			1|0	1|0

图 3.43　报表画面

2．实时报表

实时报表可以通过自由表格构件来创建。具体制作步骤如下：

（1）在"用户窗口"中，新建一个窗口，窗口名称、窗口标题均设置为"数据报表"。

（2）双击"数据报表"窗口，进入动画组态。

（3）按照效果图，使用"标签"构件制作 1 个标题：水位监控系统报表显示；2 个注释：实时报表、历史报表。

（4）选取"工具箱"中的"自由表格"图标▦，在桌面适当位置绘制一个表格，如图 3.44（a）所示。

（5）双击表格进入编辑状态，如图 3.44（b）所示。改变单元格大小的方法同微软的 Excel 表格的编辑方法，即：把鼠标指针移到 A 与 B 或 1 与 2 之间，当鼠标指针呈十字分隔线形状时，拖动鼠标至所需大小即可。

（6）保持编辑状态。单击鼠标右键，从弹出的下拉菜单中选取"删除一列"选项，连续操作两次，删除两列。再选取"增加一行"，在表格中增加一行，形成 5 行 2 列表格。

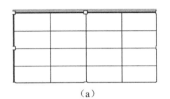
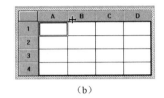

（a） （b）

图 3.44 制作实时报表的表格

（7）双击 A 列的第 1 个单元格，光标变成"|"字形，输入文字 H1，同样方法在 A 列其他单元格中分别输入：H2、水泵、罐 2 进水阀、罐 2 出水阀。

（8）B 列的五个单元格中分别输入：1|0 或 0|0。如图 3.45（a）所示。

1|0 表示：显示 1 位小数，无空格；0|0 表示：显示 0 位小数，无空格。注意数字中间是"竖线"而非"左斜线"或"右斜线"，

（9）在 B 列中，选中 H1 对应的单元格，单击右键。从弹出的下拉菜单中选取"连接"项，实时报表变成如图 3.45（b）所示。

（10）再次单击右键，弹出数据对象列表，双击数据对象"H1"，则将 B 列 1 行单元格显示内容与数据对象"H1"进行连接。

（11）按照上述操作，将 B 列的 2、3、4、5 行分别与数据对象 H2、水泵、罐 2 进水阀、罐 2 出水阀建立连接，如图 3.45（c）所示。

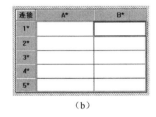
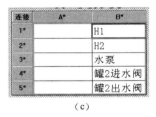

（a） （b） （c）

图 3.45 制作并连接实时报表

（12）按 F5 键进入运行环境后，打开水泵、进水阀、出水阀，画面中的水位开始变化，但是看不到报表。因为报表在另一个窗口中。如何看到该窗口呢？

方法一 进入运行环境，利用"系统管理"菜单的"用户窗口管理"。

（1）进入运行环境。

（2）单击"系统管理"菜单的"用户窗口管理"，弹出"用户窗口管理"对话框，如图 3.46（a）和（b）所示。

（3）选择"数据报表"并使其前面打勾，单击确定，即可进入该窗口，如图 3.46（c）所示，可以看到实时报表中的数据有显示且随水位变化。

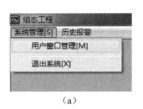
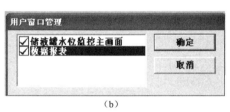

（a） （b） （c）

图 3.46 实时报表的调用方法一和显示效果

方法二　利用主控窗口，增加一个菜单。具体方法与历史报警菜单相同，如图 3.47 所示。

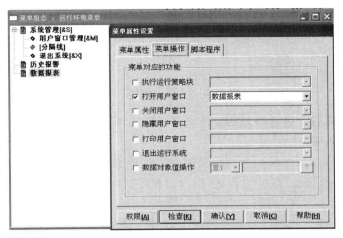

图 3.47　菜单栏增加一个"数据报表"

（1）在组态环境下，进入"主控窗口"中，单击"菜单组态"，增加一个名为"数据报表"的菜单，菜单操作应设置为：打开用户窗口→数据报表。

（2）确定后按 F5 键进入运行环境，打开水泵、进水阀、出水阀，单击菜单项中的"报表显示"，打开"报表显示"窗口，即可看到实时报表。

3．历史报表

历史报表通常用于从历史数据库中提取数据记录，并以一定的格式显示。实现历史报表有三种方式：利用策略构件中的"存盘数据浏览"构件；利用设备构件中的"历史表格"构件；利用动画构件中的"存盘数据浏览"构件。这里仅介绍第 2 种，利用历史表格动画构件实现历史报表。

就像制作报警窗口前必须设置变量的报警属性一样，历史表格制作前必须设置变量的存盘属性，具体方法如下：

（1）分别设置变量 H1、H2、液位组的存盘属性为定时存盘，存盘时间 1 秒，如图 3.48 所示。

（2）在"数据显示"组态窗口中，选取"工具箱"中的"历史表格"构件▦，在适当位置绘制历史表格，如图 3.49（a）所示。

（3）双击历史表格图标进入编辑状态，如图 3.49（b）所示。使用右键菜单中的"增加一行"、"删除一行"按钮，或者单击按钮▣，使用编辑条中的编辑表格图标▦、▦、▦、▦，制作一个 8 行 3 列的表格。

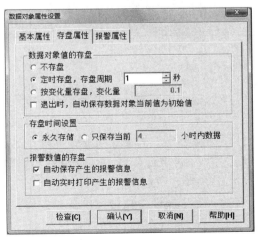

图 3.48　设置存盘属性

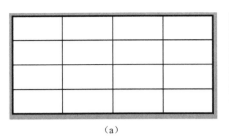

（a）

（b）

图 3.49　历史报表的编辑

（4）在 R1 行的各个单元格分别输入文字：采集时间、H1、H2；R2C2～R8C3 各单元格输入：1|0，如图 3.50（a）所示。

（5）光标移动到 R2C1，单击鼠标左键选中该单元格，然后按下鼠标左键向右下方拖动，将 R2～R8 各行所有单元格都选中（除 R2C1 格外，行内所有其他格都变黑，如图 3.50（b）所示）。

（6）单击鼠标右键，选择"连接"选项，历史报表变成如图 3.50（c）所示。

（7）单击菜单栏中的"表格"菜单，选择"合并表元"项，所选区域会出现反斜杠，如图 3.50（d）所示。

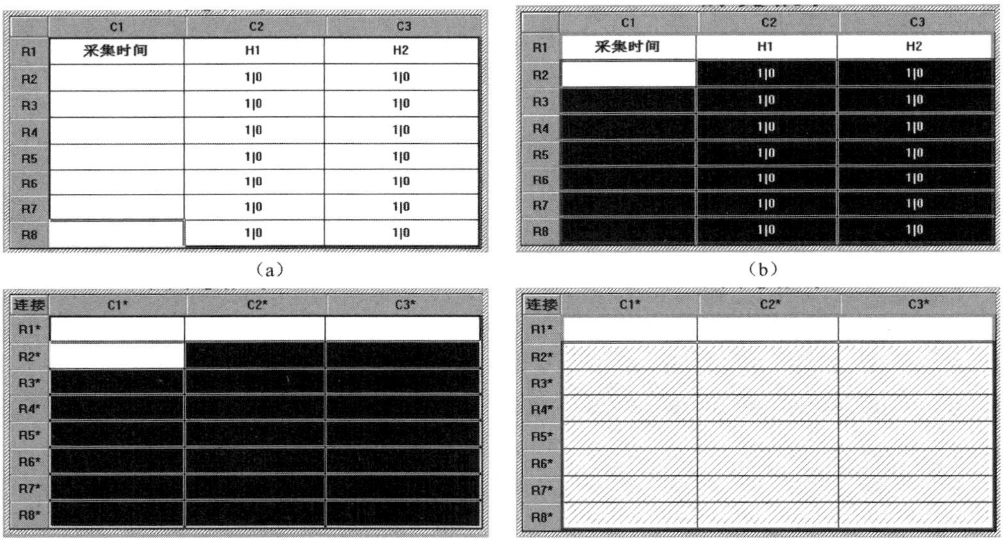

（a）

（b）

（c）

（d）

图 3.50　历史表格的制作

（8）双击该区域，弹出数据库连接设置对话框，具体设置如图 3.51 所示。

①"基本属性"页中，连接方式选取：在指定的表格单元内，显示满足条件的数据记录；按照从上到下的方式填充数据行；显示多页记录，如图 3.51（a）所示。

②"数据来源"页中，选取"组对象对应的存盘数据"；组对象名为：液位组，如图 3.51（b）所示。

③"显示属性"页中，单击"复位"按钮，如图 3.51（c）所示。

④"时间条件"页中，排序列名：MCGS_Time；降序；时间列名：MCGS_Time；所有存盘数据如图 3.51（d）所示。

图 3.51　历史报表连接设置

（9）存盘进入运行环境，打开水泵、进水阀、出水阀后，单击菜单项"数据报表"，进入数据显示窗口，观察历史报表显示情况，如图 3.52 所示。

水位监控系统报表显示

实时报表

H1	6.9
H2	4.1
水泵	1.0
罐2进水阀	1.0
罐2出水阀	1.0

历史报表

采集时间	H1	H2
2016-02-26 23:05:20	4.6	2.3
2016-02-26 23:05:19	4.3	2.1
2016-02-26 23:05:18	4.1	1.8
2016-02-26 23:05:17	3.8	1.5
2016-02-26 23:05:16	3.6	1.1
2016-02-26 23:05:15	3.3	0.8
2016-02-26 23:05:14	3.1	0.4

图 3.52　历史报表显示

3.4.8 制作与调试实时和历史曲线

对生产过程的重要参数进行曲线显示有两个好处：一是评价过去的生产情况，二是预测以后的生产趋势。包括实时曲线显示和历史曲线显示两种形式。

1．实时曲线

实时曲线制作步骤如下：

（1）进入工作台，新建一个窗口，名为"曲线显示"。

（2）进入"曲线显示"窗口，使用标签构件输入文字：实时曲线。

（3）单击"工具箱"中的"实时曲线"图标，在标签下方绘制一个实时曲线框，并调整大小，如图 3.53（a）所示。

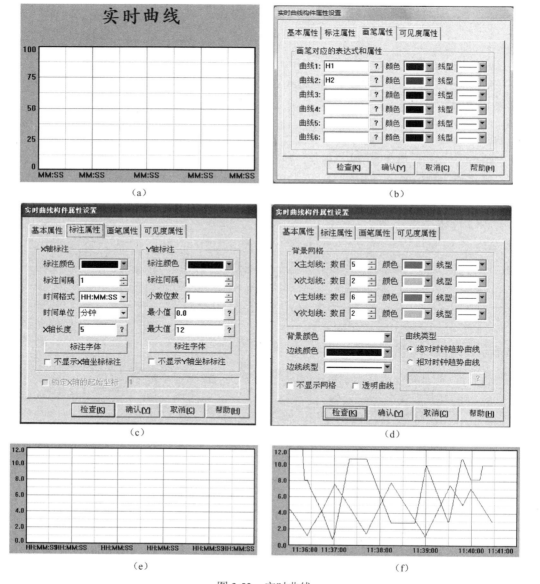

图 3.53　实时曲线

（4）双击曲线框，弹出"实时曲线构件属性设置"窗口，按图3.53（b）～（d）所示设置：

① 在"画笔属性"页中，将曲线1对应的表达式设为：H1；颜色为：蓝色；曲线2对应的表达式设为：H2；颜色为：红色。

② 在"标注属性"页中，X轴标注栏标注间隔：1；时间格式：HH：MM：SS；时间单位：分钟；X轴长度：5；Y轴标注栏标注间隔：1；小数位数设为：1；最大值设为：12。

③ 在"基本属性"页中，X轴主划线设为：5；Y轴主划线设为：6。

（5）单击"确认"按钮，形成的实时曲线如图3.53（e）所示。

（6）存盘后进入运行环境，操作水泵、进水阀、出水阀后，选择"系统管理→用户窗口管理→曲线显示"菜单，单击"确定"后，就可调出曲线显示窗口，看到实时曲线应如图3.53（f）。

（7）双击该曲线，可放大观察效果。

我们已经知道可以在运行环境下利用"系统管理→用户窗口管理"菜单进入一个窗口，也可以在组态环境下利用主控窗口直接增加一个菜单。现在学习一个更简单的利用按钮打开和关闭窗口的方法。

（1）在曲线显示窗口画面右下角制作一个按钮，按钮名为"返回主画面"，对按钮作"操作属性→打开用户窗口→储液罐水位监控主画面；关闭用户窗口→曲线显示"连接，如图3.54所示。

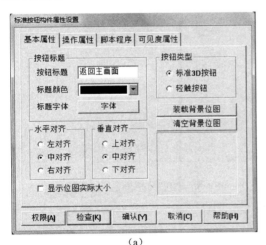
（a）

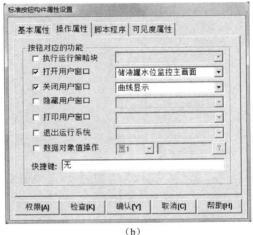
（b）

图3.54 实时曲线

（2）回到工作台，打开"储液罐水位监控主画面"，在画面右下角制作一个按钮，按钮名为"曲线显示"，对按钮作"操作属性连接"："打开用户窗口→曲线显示；关闭用户窗口→储液罐水位监控主画面"。

（3）存盘进入运行环境，在主画面单击"曲线显示"按钮，进入曲线显示窗口，在该窗口单击"返回主画面"按钮，回到主画面。

2．历史曲线

历史曲线主要用于事后查看数据和状态、分析变化趋势和总结规律。与历史报表一样，历史曲线要求设置变量的存盘属性，由于前面已进行设置，这里不再重复，可直接进行历史曲线制作，步骤如下：

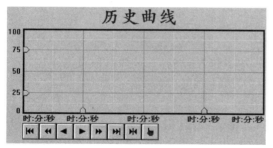

图 3.55　历史曲线

（1）在"曲线显示"窗口中，使用标签构件写文字：历史曲线。

（2）在文字下方，使用"工具箱"中的"历史曲线"构件，绘制一个一定大小的历史曲线框，如图 3.55 所示。

（3）双击该曲线，弹出"历史曲线构件属性设置"窗口，进行如下设置：

① 在"基本属性"页中，将曲线名称设为：液位历史曲线；Y 轴主划线设为：6；背景颜色设为：白色。

② 在"存盘数据"页，组对象对应的存盘数据：液位组，如图 3.56（a）所示。

③ 在"标注设置"页，将曲线起始点设为：当前时刻的存盘数据。如图 3.56（b）所示。

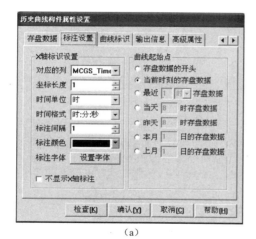

（a）

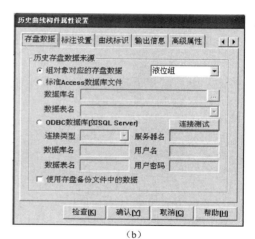

（b）

图 3.56　历史曲线设置

● 在"曲线标识"页，按图 3.56（c）所示设置。方法为：

● 选中曲线 1，曲线内容设为：H1；曲线颜色设为：蓝色；工程单位设为：m；小数位数设为：1；最小坐标设为：0；最大坐标设为：12；实时刷新设为：H1；其他不变。

● 选中曲线 2，曲线内容设为：H2；曲线颜色设为：红色；工程单位设为：m；小数位数设为：1；最小坐标设为：0；最大坐标设为：12；实时刷新设为：H2。

● 在"高级属性"页中，按图 3.56（d）所示设置。选择：运行时显示曲线翻页操作按钮、运行时显示曲线放大操作按钮、运行时显示曲线信息显示窗口、运行时自动刷新；将刷新周期设为 1s；并选择在 60s 后自动恢复刷新状态。

（4）生成的历史曲线如图 3.57 所示。

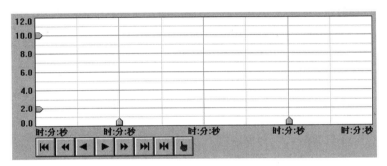

图 3.57　设置后的历史曲线

（5）进入运行环境，单击"切到曲线显示画面"按钮，就可以打开"曲线显示"窗口，看到历史曲线，如图 3.58 所示。

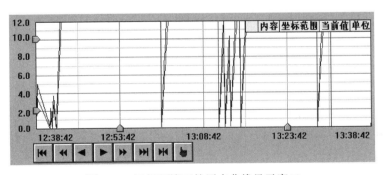

图 3.58　运行环境下的历史曲线显示窗口

历史曲线包含了 8 个操作按钮，运行环境下，可以用来进行前进▶、后退◀、快速前进▶▶、快速后退◀◀、前进到当前时刻▶▌、后退到开始时刻▐◀操作，以方便查看。

按钮▐◀用来设置显示曲线的起始时间。运行过程中单击该按钮后弹出图 3.59（a）所示对话框，运行人员可根据需要设定。

按钮☝用来重新进行曲线标识设置，如图 3.59（b）所示。

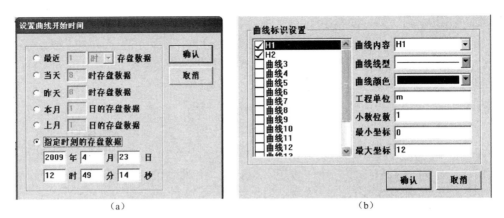

（a）　　　　　　　　　　　　　　　　（b）

图 3.59　运行环境下的历史曲线显示窗口

3.4.9　编写与调试控制程序

1．使用 PCL-818L 做 I/O 接口的水位控制程序

使用 PCL-818L 作接口设备时，控制程序在 MCGS 中编写。程序如下：

```
IF 启动按钮=1 THEN
    IF H1 <= H1 下限  THEN  水泵 = 1
    IF H1 >= H1 上限  THEN  水泵 = 0

    IF H2 <=H2 下限  THEN  罐 2 进水阀 = 1
    IF H2 >= H2 上限  THEN  罐 2 进水阀 = 0

    IF H2 <= 0.5 THEN  罐 2 出水阀 = 0
ELSE
    水泵=0
    罐 2 进水阀=0
ENDIF
```

其中"启动按钮"是系统启动信号，=1 时，进行水位控制；=0 时，关闭水泵和罐 2 进水阀。

2．使用 PCL-818L 做 I/O 接口的程序编辑与模拟仿真调试

（1）在实时数据库中添加一个变量：启动按钮，开关型，初始值为 0。

（2）在储液罐水位监控主画面中添加一个按钮，按钮标题：启动按钮，做操作属性→取反动画连接，连接对象为变量"启动按钮"。

（3）打开"运行策略→循环策略→脚本程序"，前面进行的操作中该脚本已含有水位模拟程序和水位上下限设定程序，将以上水位控制程序添加进来。

（4）存盘后进入运行环境，按表 3.10 进行调试，观察水位控制的效果是否如表 3.10 预计。

表 3.10　使用 PCL-818L 作接口设备的 MCGS 控制程序仿真调试顺序单

步　骤	操　作	结　果				
		水泵	H_1	罐 2 进水阀	H_2	罐 2 出水阀
0	初始状态	停止	0	关断	0	关断
1	输入 H1 上限和下限为 9m 和 1m					
2	输入 H2 上限和下限 6m 和 1m					
3	单击启动按钮	打开	上升	打开	上升	关断
4	H2 到上限			关断	停止上升	
5	H1 到上限	关断	停止上升			
5	打开罐 2 出水阀				下降	打开
6	H2 到下限			打开	上升	
7	H2 到上限			关闭	下降	
8	H2 到下限			打开	上升	
9	H2 到上限			关闭	下降	
10	H2 到下限			打开	上升	
11	H2 到上限			关闭	下降	
12	H1 到下限	打开	上升			
13	H1 到上限	关闭	下降			
14	H1 到下限	打开	上升			
15	H1 到上限	关闭	下降			
16	H1 到下限	打开	上升			
17	H1 到上限	关闭	下降			
18	观察主画面	数据显示、动画效果正确、实时报警窗口显示正确				
18	切换到曲线显示窗口	H1、H2 实时曲线、历史曲线显示正确				
19	切换到历史报警窗口	H1、H2 历史报警显示数据正确				
20	切换到数据报表窗口	实时报表和历史报表数据显示正确				
21	切换到曲线显示窗口	观察 1 小时之内的水位变化曲线，检查是否将水位控制在规定范围，如果超范围，该如何调整？				

3. 使用 S7-200 PLC 作 I/O 接口的控制程序

使用 S7-200 PLC 时，通常既将其作为接口设备也将其作为现场控制设备。因此控制程序在 PLC 中编写，MCGS 只负责运行监控和修改设定值等工作。PLC 控制程序设计如下：

（1）符号表及 I/O 分配。如图 3.60 所示。水位信号 H1 和 H2 分别经 AIW0 和 AIW2 进入 PLC，PLC 得到的是 6400～32000 的数字量，程序中命名为 H1_D 和 H2_D。经程序处理，数据被还原为水位 H1 和 H2。H1 和 H2 将被送到 MCGS 中供显示、报警、报表输出和曲线显示。水位上、下限在 MCGS 中赋值并送入 PLC。

（2）PLC 程序。如图 3.61 所示。

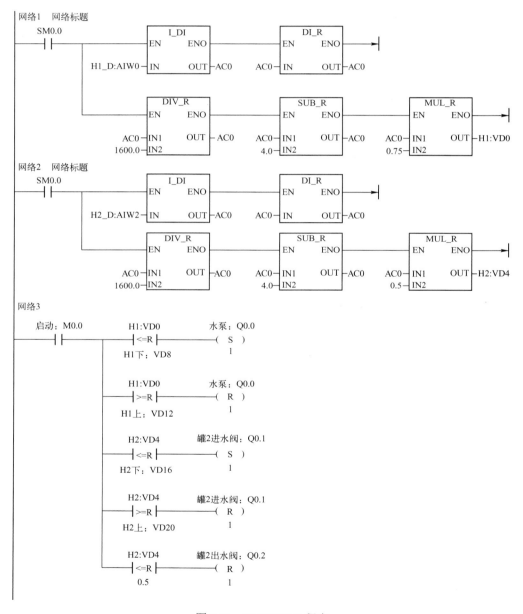

图 3.60　S7-200PLC 符号表及 I/O 分配

图 3.61　S7-200 PLC 程序

网络 1 功能：

将 AIW0 输入的数字量 H1_D 还原为以 m 为单位的水位 H1。计算依据如下：

CPU224XP 输入电压为-10V～+10V，转换数字量范围-32000～+32000。因此数字量=3200×电压。

水位、变送器输出电流、PLC 接收电压对应关系如下：

H_1=0m→变送器输出电流 4mA→CPU224 输入电压=500Ω×4mA=2V。转换后的数字量=3200×2=6400。

H_1=12m→变送器输出电流 20mA→CPU224 输入电压=500Ω×20mA=10V。转换后的数字量=3200×10=32000。

水位 H1 与数字量 H1_D 转换公式为：

$$H1 = \left(\frac{12m - 0m}{20mA - 4mA}\right)\left(\frac{H1\_D}{1600} - 4\right) = 0.75\left(\frac{H1\_D}{1600} - 4\right)$$

网络 2 功能：

将 AIW2 输入的数字量 H2_D 还原为以 m 为单位的水位 H2。转换公式为：

$$H2 = \left(\frac{8m - 0m}{20mA - 4mA}\right)\left(\frac{H2\_D}{1600} - 4\right) = 0.5\left(\frac{H2\_D}{1600} - 4\right)$$

网络 3 功能：

水泵、罐 2 进水阀和出水阀控制。

4．S7-200 PLC 控制程序的调试

在进行硬件连接前，可利用仿真软件或按钮指示灯等简单硬件设备进行 PLC 程序调试。启动按钮、H1 上限等变量可在 STEP7-MicroWIN 调试环境下通过强制、写入等方法直接赋值给 PLC，请同学们自行制订调试计划，并填入表 3.11。

表 3.11　使用 S7-200PLC 作接口设备的 PLC 控制程序调试顺序单

步骤	操作	结果				
		水泵	H_1	罐 2 进水阀	H_2	罐 2 出水阀
0	初始状态					
1						
2						
3						
……						

3.5　使用 PCL-818L 做接口设备的系统软、硬件联调

3.5.1　安装与连接 PCL-818L 板卡

（1）断开所有电源，以防发生危险。

（2）打开机箱，将 PCL-818L 安装在计算机扩展插槽上，合上机箱。

（3）按照图 3.62 所示连接电源、水位变送器、PCLD-880、PCL-818L。

软硬件联调

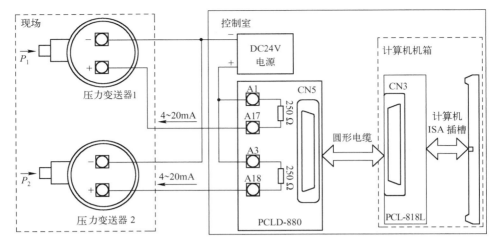

图 3.62　PCL-818L、PCLD-880、扩散硅压力变送器之间的连接电路

（4）按照图 3.63 所示，连接电源、水泵接触器、进水电磁阀、出水电磁阀、PCLD-785、PCL-818L。

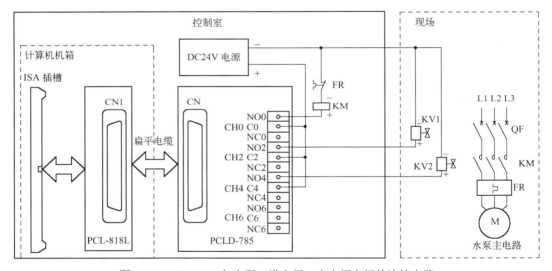

图 3.63　PCL-818L 与水泵、进水阀、出水阀之间的连接电路

（5）检查无误后上电。

（6）在计算机中安装厂家提供的驱动程序。

3.5.2　在 MCGS 中进行 PCL-818L 设备的连接与配置

在 MCGS 中对 PCL-818L 进行连接的目的如下：

（1）告诉 MCGS"储液罐监控系统"使用 PCL-818L 与外设进行信息交换。

（2）告诉 MCGS 输入信号从 PCL-818L 的哪个通道来。

（3）告诉 MCGS 输出信号送到 PCL-818L 的哪个通道。

连接过程包括添加设备、设置设备属性、调试设备、进行数据处理四部分。

1. 添加设备

添加设备的目的是告诉 MCGS 本系统通过 PCL-818L 和压力变送器、水泵等输入输出外设进行沟通。对应地，需要在 MCGS 设备窗口中添加一个 PCL-818L 设备。

（1）单击工作台中的"设备窗口"选项卡，进入"设备窗口"页，如图 3.64 所示。

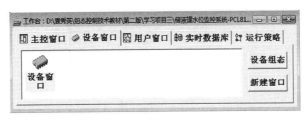

图 3.64　设备窗口

（2）单击"设备组态"图标，弹出设备组态窗口，窗口内为空白，没有任何设备。

（3）单击工具条上的"工具箱"图标 ，弹出"设备工具箱"窗口。

（4）单击"设备管理"图标，弹出设备管理窗口，如图 3.65 所示。

（5）打开采集板卡→研华板卡→PCL-818L，选中研华-818L，点"增加"按钮，该设备被添加到"选定设备"中。如图 3.65 所示。

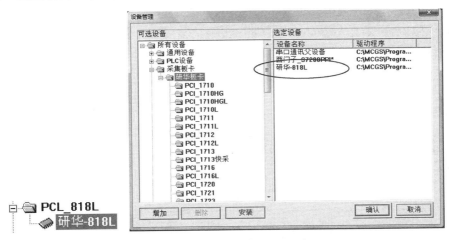

图 3.65　设备工具箱和设备管理窗口

（6）双击设备工具箱中的"研华-818L"，设备窗口出现该设备，如图 3.66 所示。

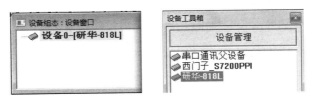

图 3.66　添加 PCL-818L 设备

（7）单击"保存"按钮。

2．设置 PCL-818L 的基本属性

（1）双击"设备窗口"的"设备 0-[研华-818L]"，进入"PCL-818L 设备属性设置"窗口。在"基本属性"页做如图 3.67 所示设置：

初始工作状态：1-启动。

最小采集周期（ms）：200。

IO 基地址：300（注意此地址不能与计算机上其他硬件中断地址冲突，具体地址可通过板卡上的跳线进行设置，详细情况参见 PCL-818L 参考手册）。

AD 输入电压范围：0-0～5V。

AD 输入模式：0-单端输入。

AD 前处理方式：0-平均值处理。

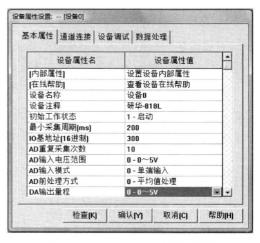

图 3.67　PCL-818L 基本属性设置

3．将 MCGS 变量与 PCL-818L 进行通道连接

通道连接的目的是告诉 MCGS：H1、H2 是通过 PCL-818L 的哪个通道送进来的，水泵等信号又是通过哪个通道送出去的。

单击"通道连接"选项卡，进入"通道连接设置"页，按表 3.12 所示的 I/O 分配表进行设置，如图 3.68 所示。

表 3.12　储液罐控制系统 I/O 分配表——利用 PCL-818L 作接口设备

序　号	名　称	功　能	PCL-818L 通道	特　征
1	H_1	罐 1 水位检测	ADS0	水位变送器 H_1=0m 时，输入 4mA（1V），H_1=12m 时，输入 20mA（5V）
2	H_2	罐 2 水位检测	ADS1	水位变送器 H_2=0m 时，输入 4mA（1V），H_1=8m 时，输入 20mA（5V）
3	水泵	水泵通断控制	DO0	=0，断开；=1，接通
4	罐 2 进水阀	进水阀通断控制	DO2	=0，断开；=1，接通
5	罐 2 出水阀	出水阀通断控制	DO4	=0，断开；=1，接通

图 3.68　通道连接

4. 在 MCGS 中进行 PCL-818L 设备调试

运行 MCGS 程序前，可以进行设备调试，确定是否所有输入信号都能经 PCL-818L 正确送入 MCGS；所有输出信号都能经 PCL-818L 的正确输出。

（1）电路连接并检查无误后，接通电源。

（2）单击"设备调试"选项卡，进入"设备调试"页，如图 3.69 所示。

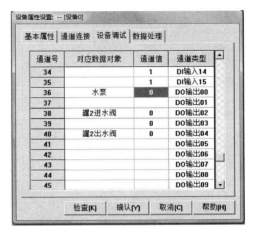

图 3.69　设备调试页

（3）改变水位 H1，应能看到窗口中 H1 通道值随之改变。如果改变水位不方便，可以用电流源代替压力变送器，也可使用电压源代替压力变送器，但要注意此时 PCLD-880 输入阻抗的配置应为：$R_{An}=0$，$R_{Bn}=0$。

（4）同样方法测试 H2 通道。

（5）将水泵对应值修改为"1"，观察水泵接触器的反应，如果动作，说明信号送出去了。同样方法测试罐 2 进水阀和出水阀。

（6）单击"确认"按钮，关闭"设备调试"窗口。

5. 在 MCGS 中进行 PCL-818L 数据处理配置

PCL-818L 允许对输入模拟量进行前处理，设计者只需要在此处声明；不需要额外编程。本系统可在此进行工程量转换处理，方法如下：

（1）单击"数据处理"选项卡，进入该页，如图 3.70 所示。

（2）单击"设置"按钮，进入设置页，如图 3.71 所示。

（3）开始通道设置为：0，结束通道：0，单击"⑤工程转换："弹出设置窗口，如图 3.72 所示。

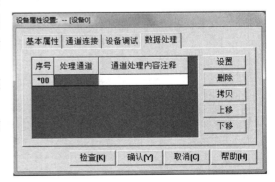

图 3.70　数据处理页

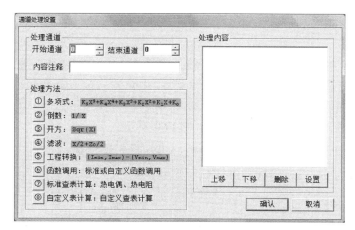

图 3.71 对 H1 对应通道进行数据处理　　　　图 3.72 对 H1 进行工程量转换设置

由于输入电压为 1~5V，对应水位为 0~12m，应按图 3.72 设置，"确认"后，窗口变成图 3.73。

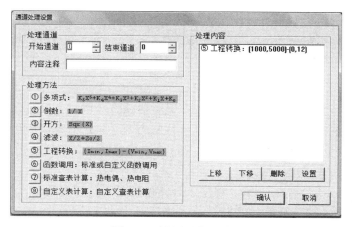

图 3.73 设置后的通道 0

（4）单击"确认"，返回到数据处理页。选择*01 通道，单击"设置"按钮，如图 3.74 所示。

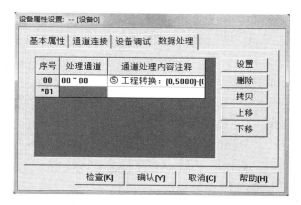

图 3.74 设置后的数据处理页

（5）弹出图 3.75 所示窗口，设置开始通道：1，结束通道设为：1。

（6）单击"⑤工程转换："弹出设置窗口，如图 3.76 所示，对 H2 进行工程量转换设置。

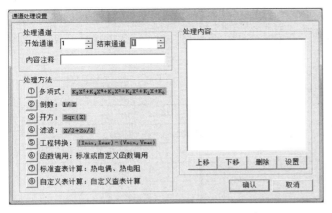
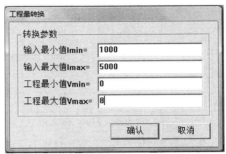

图 3.75　对 H2 对应通道进行设置　　　　　图 3.76　对 H2 进行工程量转换设置

（7）单击"确认"，返回通道处理设置窗口，如图 3.77 所示。

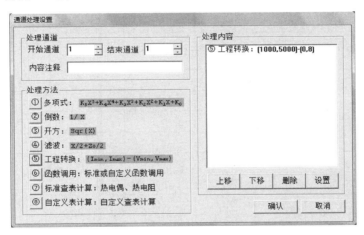

图 3.77　H2 进行工程量转换设置后

（8）单击"确认"，返回通道属性设置窗口，如图 3.78 所示。

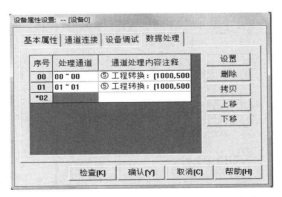

图 3.78　对 H1、H2 进行工程量转换设置后

3.5.3 软、硬件联调

现在所有硬件都安装调试完毕，与硬件相关的设置也已完成。软、硬件联调之前必须删除循环策略中的水位模拟程序和滑动输入块，之后就可以进行系统在线调试了。调试过程见表 3.13。

表 3.13 调试顺序单

步　骤	操　　　作	结　　　果				
		水泵	H_1	罐 2 进水阀	H_2	罐 2 出水阀
0	初始状态	停止	0	关断	0	关断
1	输入 H1 上限和下限为 9m 和 1m					
2	输入 H2 上限和下限 6m 和 1m					
3	单击启动按钮	打开	上升	打开	上升	关断
4	H2 到上限			关断	停止上升	
5	H1 到上限	关断	停止上升			
6	打开罐 2 出水阀				下降	打开
7	H2 到下限			打开	上升	
8	H2 到上限			关闭	下降	
9	H2 到下限			打开	上升	
10	H2 到上限			关闭	下降	
11	H2 到下限			打开	上升	
12	H2 到上限			关闭	下降	
13	H1 到下限	打开	上升			
14	H1 到上限	关闭	下降			
15	H1 到下限	打开	上升			
16	H1 到上限	关闭	下降			
17	H1 到下限	打开	上升			
18	H1 到上限	关闭	下降			
19	观察主画面	数据显示、动画效果正确、实时报警窗口显示正确				
20	切换到曲线显示窗口	H1、H2 实时曲线、历史曲线显示正确				
21	切换到历史报警窗口	H1、H2 历史报警显示数据正确				
22	切换到数据报表窗口	实时报表和历史报表数据显示正确				
23	切换到曲线显示窗口	打印 8 小时之内的水位曲线，观察是否将水位控制在规定范围，阀门水泵的动作频率是否在允许范围。如果效果不理想，该如何调整？				

3.6 使用 S7-200 PLC 作接口设备的系统软、硬件联调

3.6.1 安装与连接 S7-200 PLC

（1）断开所有电源，以防发生危险。

（2）将 S7-200 PLC 安装在控制柜内。

（3）按照图 3.79 所示连接电源、水位变送器、CPU 224 XP、接触器 KM 线圈、电磁阀 KV1 和 KV2。

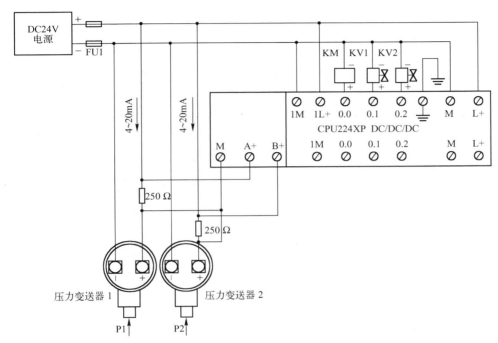

图 3.79　CPU224XP 与扩散硅压力变送器和水泵接触器、电磁阀之间的连接电路

（4）按照图 3.80 所示连接水泵主电路。

（5）用 PC/PPI 电缆线连接 CPU 224 XP 和计算机。

（6）检查无误后上电。

3.6.2　在 MCGS 中进行 S7-200 PLC 设备的连接与配置

在 MCGS 中对 S7-200 PLC 进行连接的目的是告诉 MCGS：

（1）系统使用 S7-200 PLC 与外设进行信息交换。

（2）输入信号通过 S7-200 PLC 的哪个通道送入。

（3）输出信号经 S7-200 PLC 的哪个通道送出。

连接过程包括添加设备、设置设备属性、设备调试三部分。

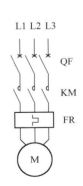

图 3.80　水泵主电路

1．添加 S7-200PLC 设备

添加设备的目的是告诉 MCGS 本系统通过什么接口设备与压力变送器、水泵等输入输出外设进行沟通。对应地，需要在 MCGS 设备窗口中添加一个 S7-200 PLC 设备。

（1）单击工作台中的"设备窗口"选项卡，进入"设备窗口"页，如图 3.81 所示。

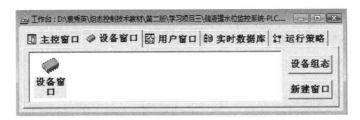

图 3.81　设备窗口

（2）单击"设备组态"图标，弹出设备组态窗口，窗口内为空白，没有任何设备。

（3）单击工具条上的"工具箱"图标，弹出"设备工具箱"窗口。

（4）单击"设备管理"图标，弹出设备管理窗口，如图 3.82 所示。

（5）打开 PLC 设备→西门子→S7-200PPI，选中"西门子_S7200PPI"，点"增加"按钮，该设备被添加到"选定设备"中，如图 3.82 所示。

图 3.82　设备工具箱和设备管理窗口

（6）同样方法将"通用串口父设备"添加到"选定设备"栏，单击"确认"按钮。

（7）双击设备工具箱中的"通用串口父设备"和"西门子_S7200PPI"，设备窗口出现这两种设备，如图 3.83 所示。

图 3.83　添加 S7-200PPI 设备

（8）单击"保存"按钮。

2．设置 S7-200 PLC 的基本属性

通用串口父设备的属性设置方法与项目 2 相同，不再重复，这里只介绍 S7-200 PLC 属性设置方法。双击"设备窗口"的"设备 0-[西门子_S7200PPI]",进入"设备属性设置"窗口,在"基本属性"页,做如图 3.84 所示设置。

3.增加 S7-200 PLC 与 MCGS 的连接通道

(1)在图 3.84 所示的基本属性页,选中"[内部属性]",其后出现"…"按钮。

(2)单击"…"按钮,弹出图 3.85 所示窗口,该窗口只列出了可以与 MCGS 进行信号沟通的数字量输入通道 I000.0 到 I000.7,可以根据需要添加或删除。

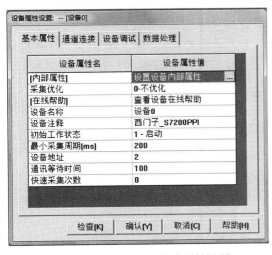

图 3.84　S7-200PLC 基本属性设置

图 3.85　S7-200PLC 通道属性设置

注意 S7-200 PLC 只能通过 I、Q、M、V 通道和 MCGS 进行信号传递。

本系统 S7-200 PLC 与 MCGS 有以下信号要进行传递,见表 3.14。

表 3.14　S7-200PLC 与 MCGS 沟通信号表

序　号	S7-200PLC 名称	S7-200PLC 地址	MCGS 名称	MCGS 地址	传递方向	数据类型
1	水泵	Q0.0	水泵	Q000.0	PLC→MCGS(只读)	BOOL
2	罐 2 进水阀	Q0.1	罐 2 进水阀	Q000.1	PLC→MCGS(只读)	BOOL
3	罐 2 出水阀	Q0.2	罐 2 出水阀	Q000.2	PLC→MCGS(只读)	BOOL
4	H1	VD0	H1	VDF000	PLC→MCGS(只读)	浮点数
5	H2	VD4	H2	VDF004	PLC→MCGS(只读)	浮点数
6	H1 下限	VD8	H1 下限	VDF008	MCGS→PLC(只写)	浮点数
7	H1 上限	VD12	H1 上限	VDF012	MCGS→PLC(只写)	浮点数
8	H2 下限	VD16	H2 下限	VDF016	MCGS→PLC(只写)	浮点数
9	H2 上限	VD20	H2 上限	VDF020	MCGS→PLC(只写)	浮点数
10	启动信号	M0.0	启动按钮	M000.0	MCGS→PLC(只写)	BOOL

根据表 3.14,需要删除所有 I 通道,增加 3 个 Q、6 个 V、1 个 M 通道。方法如下:

(3)单击"全部删除"按钮。

(4)确认后单击"增加通道按钮",弹出增加通道窗口,按图 3.86 所示,进行设置。

（5）确认后通道属性设置窗口如图 3.87 所示。

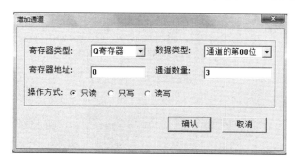

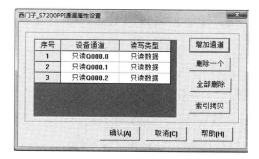

图 3.86　增加 3 个 Q 通道，Q0.0～Q0.2　　　图 3.87　增加 3 个 Q 通道后的通道属性设置窗口

（6）单击"增加通道"按钮，按照图 3.88 所示，进行设置。

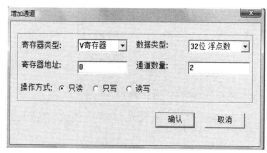

（a）VD0、VD4，只读　　　　　　　　　（b）VD8～VD20，只写

图 3.88　增加 6 个 V 通道，

（7）单击"增加通道"按钮，按照图 3.89 所示进行设置。

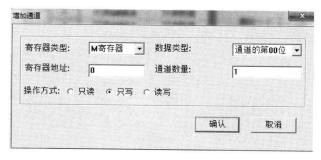

图 3.89　增加 1 个 M 通道

（8）确认后的通道属性设置页如图 3.90 所示。

4．将 MCGS 变量与 PCL-818L 进行通道连接

通道连接的目的是指出 MCGS 的 I/O 变量与 S7-200 PLC 变量之间的关系。

单击"通道连接"选项卡，进入"通道连接设置"页，按表 3.14 所示的 I/O 分配表进行设置，如图 3.91 所示。

图 3.90　设置完成后的通道属性设置页

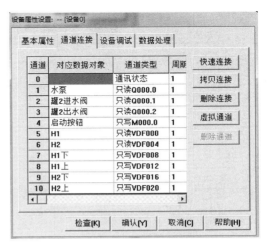

图 3.91　通道连接

5．在 MCGS 中进行 S7-200 PLC 设备调试

设备调试可以检查 MCGS 与 S7-200PLC 的硬件连接与通道设置是否正确。

（1）电路连接并检查无误后，接通电源。

（2）单击"设备调试"选项卡，进入"设备调试"页，如图 3.92 所示。通信正常时，"通讯状态"处显示应为"0"，在没有进行连接的情况下，显示为"2"，如图 3.92。

（3）"通讯状态"=0 情况下，改变水位 H1，应能看到窗口中 H1 通道值随之改变。如果改变水位不方便，可以用电流源代替压力变送器，也可使用电压源代替压力变送器，但要注意此时 500Ω 输入阻抗应去掉。

（4）用同样方法测试 H2 通道。

（5）PLC 监控状态下强制 Q0.0（水泵）输出 1 和 0，观察通道值是否相应改变。如果一致，说明 PLC 能将信号正确送入 MCGS。用同样方法测试罐 2 进水阀和出水阀。

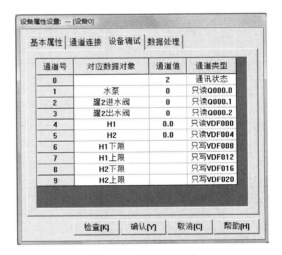

图 3.92　设备调试页

（6）在窗口中修改 H1 下限值，观察 S7-200 PLC 打开水泵的动作是否与之相关，如果相关说明信号能够送到 S7-200 PLC 中。

（7）用同样方法判断 H1 上限、H2 下限、H2 上限、启动按钮信号能否正确送入 PLC。

（8）单击"确认"按钮，关闭"设备调试"窗口。

3.6.3　软、硬件联调

现在所有硬件都安装调试完毕，与硬件相关的设置也已完成。软、硬件联调之前必须删除循环策略中的水位模拟程序和滑动输入器，之后就可以进行系统在线调试了。调试过程见表 3.15。

表 3.15 调试顺序单

步骤	操作	结果				
		水泵	H_1	罐2进水阀	H_2	罐2出水阀
1	S7-200 PLC 上电运行					
2	打开 WCGS 监控画面，进入运行环境					
3	输入 H1 上限和下限为 9m 和 1m					
4	输入 H2 上限和下限 6m 和 1m					
5	单击启动按钮	打开	上升	打开	上升	关断
6	H2 到上限			关断	停止上升	
7	H1 到上限	关断	停止上升			
8	打开罐2出水阀				下降	打开
9	H2 到下限			打开	上升	
10	H2 到上限			关闭	下降	
11	H2 到下限			打开	上升	
12	H2 到上限			关闭	下降	
13	H2 到下限			打开	上升	
14	H2 到上限			关闭	下降	
15	H1 到下限	打开	上升			
16	H1 到上限	关闭	下降			
17	H1 到下限	打开	上升			
18	H1 到上限	关闭	下降			
19	H1 到下限	打开	上升			
20	H1 到上限	关闭	下降			
21	观察主画面	数据显示、动画效果正确、实时报警窗口显示正确				
22	切换到曲线显示窗口	H1、H2 实时曲线、历史曲线显示正确				
23	切换到历史报警窗口	H1、H2 历史报警显示数据正确				
24	切换到数据报表窗口	实时报表和历史报表数据显示正确				
25	切换到曲线显示窗口	打印 8 小时之内的水位曲线，观察是否将水位控制在规定范围，阀门水泵的动作频率是否在允许范围。如果效果不理想，该如何调整？				

3.7 思路拓展

1. 关于 MCGS 的数据预处理

输入模拟量时，无论使用 PCL-818L 还是 S7-200 PLC 作接口设备，本质上都是将输入的模拟电压或电流转换成数字量。数字量的大小与接口设备中使用的 A/D 转换器的位数和采用的数据格式有关。

为了确切地得知实际参数的大小，通常需要将数字量还原成带单位的工程量，这个过程叫工程量转换或标度变换。

MCGS 提供了工程量转换功能，使用 PCL-818L 作接口设备时，可以填表的形式告诉 MCGS 工程量和数字量之间的对应关系，不需要编程，因此很方便。

对于 S7-200 PLC，虽然它的控制功能很强，数据转换却必须编程进行。请同学们指出 S7-200 PLC 程序中哪部分是数据转换程序。并思考：

如果输入水位 H1 的量程为 0～20m，用 PCL-818L 作接口设备时 MCGS 该作何设置，以适应该变化？用 S7-200 PLC 作接口设备时，该作何变化？

2．关于控制系统的控制品质

控制系统的控制品质一般用阶跃扰动下被控参数随时间变化的曲线来表达，该曲线也称为过渡过程曲线。

系统受到扰动后，被控参数必然偏离给定值，经过一定时间的调节，逐渐稳定下来，这个过程称为过渡过程。系统受到阶跃扰动后的过渡过程通常有以下几种形式，如图 3.93 所示。

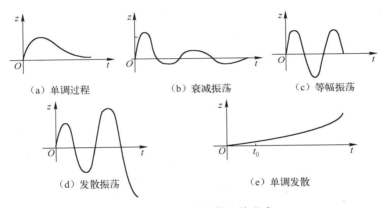

图 3.93 过渡过程的几种形式

其中发散振荡和单调发散是失败的控制，因为被控参数非但不能回到给定值，反而越离越远。衰减振荡是最常见的过渡过程，当然单调过程也是允许的。

控制系统的品质可以用稳定性、准确性、快速性三个指标进行定性衡量。

稳定性表示系统受到扰动后能否稳定下来，是控制系统必须保障的最基本指标。发散振荡和单调发散不能稳定下来，极有可能酿成生产事故。单调过程是最稳定的，参数波动较小。衰减振荡也是稳定的，等幅振荡称为临界稳定。

准确性是指控制系统能否将被控参数准确地控制在给定值附近。

快速性是指控制系统能否快速地将被控参数控制在给定值的规定范围内。

一般说这三个指标都高是不容易的。通常对不同的系统有不同的侧重要求。比如本项目中的水位控制系统，水位控制范围较宽，准确性要求不高。其过渡过程为等幅振荡。

定量描述控制系统品质的指标有以下几个，它们都可以从系统受到阶跃扰动后的过渡过程曲线上获得，如图 3.94 所示。

（1）稳态误差 C。余差是过渡过程结束后新稳态值与给定值之差。是反映系统准确性的重要指标，也叫余差。

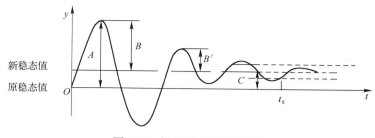

图 3.94　控制系统的性能指标

（2）最大偏差 A。最大偏差 A 是指在整个过渡过程中，被控变量偏离给定值的最大量，是第一个波峰与给定值之差。

（3）最大超调量 B。最大超调量等于第一个波峰值减去新稳态值。

（4）衰减比 n。$n=B/B'$，是反映稳定性的指标。$n>1$，为衰减振荡；$n=1$，为等幅振荡；$n<1$，为发散振荡。

（5）过渡时间 t_s。过渡时间定义为当过渡过程曲线进入稳态值附近的±5％或±3％范围后，不再超出这个范围所用的时间。过渡时间 t_s 是衡量过渡过程快速性的重要指标。

利用 MCGS 的实时和历史曲线，可以方便地获得过渡过程曲线。

本项目小结

项目 3	用 IPC 和 MCGS 实现储液罐水位监控系统
任务描述：利用 IPC 将储液罐水位控制在允许范围内，并在计算机上动态显示其工况。	

实现步骤：

1．教师提出任务，学生在教师指导下按以下步骤逐步完成工作：

（1）讨论并确定方案，画系统方框图

（2）进行硬件选型，选择 PCL-818L 和 S7-200CPU224XP 分别作 I/O 接口设备

（3）根据选择硬件情况修改完善系统方框图，画出电路原理图

（4）在 MCGS 组态软件开发环境下进行软件设计

（5）在 MCGS 组态软件运行环境下进行调试直至成功

（6）根据电路原理图连接电路，进行软、硬件联调直至成功

2．教师给出作业，学生在课余时间利用计算机独立完成以下工作：

（1）讨论并确定方案，画系统方框图

（2）进行软、硬件选型

（3）根据选择硬件选型情况修改完善系统框图，画出电路原理图

（4）在 MCGS 组态软件开发环境下进行软件设计

（5）在 MCGS 组态软件运行环境下进行调试直至成功

3．作业展示与点评。

学习目标	
知识目标	技能目标
1．计算机控制和自动控制的相关知识	1．能读懂水位监控系统方框图
● 水位控制的知识	2．能利用 IPC 和 I/O 板卡进行简单模拟量监控系统的方案设计
● 泵与电磁阀的知识	
● 水位检测的知识，水位开关、水位检测变送器	3．能读懂使用 PCL-818L 板卡的水位监控系统电路图
● CYG 型扩散硅压力变送器接线端子定义	4．能设计使用 PCL-818L 板卡作为 I/O 接口设备的电路
● 开环控制与闭环控制的知识	5．能使用 MCGS 进行监控程序设计、制作与调试

● 开关量系统和模拟量系统的知识 ● 带有中间区的位式控制算法的含义 ● 压力检测的知识，压力开关，压力变送器 ● 加热反应炉控制的知识 2. I/O 接口设备的知识 ● 研祥 PCL-818L 多功能卡的功能 ● 研祥 PCL-818L 多功能卡的接线端子定义 ● 研祥 PCLD-880 接线端子板的功能 ● S7-200 PLC CPU 224 XP 的功能与接线端定义 3. 组态软件的知识 ● 流动块的功能 ● 组变量的含义 ● 按钮动作、按钮输入动画连接的含义 ● 变量的报警属性和存盘属性的含义 ● 实时报警和历史报警构件的功能 ● 实时报表和历史报表构件的功能 ● 实时曲线和历史曲线的功能 ● 用户策略与循环策略的不同之处 ● "主控窗口"的功能 ● 设备属性设置窗口中基本属性页的功能 ● 设备属性设置窗口中通道连接页的功能 ● 设备属性设置窗口中设备调试页的功能 ● 设备属性设置窗口中数据处理页的功能	● 会绘制储液罐、水泵、阀门、流动块，并进行动画连接 ● 会使用按钮输入和按钮动作动画连接，并调试成功 ● 会在 MCGS 中建立组变量 ● 会设置变量的报警属性、存盘属性 ● 会创建实时报警窗口，进行正确设置并调试成功 ● 会通过用户策略创建历史报警窗口，进行正确设置并调试成功 ● 会利用主控窗口创建系统菜单，并调试成功 ● 会制作实时报表和历史报表，并调试成功 ● 会创建实时和历史曲线，并调试成功 ● 会利用菜单或普通按钮实现不同用户窗口的切换 ● 能读懂水位监控系统程序 ● 会使用分段试用方法进行程序编辑与调试 6. 能进行系统软、硬件联调 ● 能根据电路图进行电路连接 ● 能进行 PCL-818L 板卡的安装 ● 会在 MCGS 中添加 PCL-818L 板卡设备 ● 会对 PCL-818L 板卡进行基本属性、通道连接设置，进行设备调试操作和工程量转换设置 ● 会在 MCGS 中添加 S7-200 PLC 设备并正确进行属性设置 ● 能够进行系统软、硬件联调
作业	储液罐液位监控系统设计
任务描述：见练习项目 8	

学习项目 4 用 IPC 和组态王实现机械手监控系统

主要任务

1. 读懂控制要求，设计机械手监控系统的控制方案。
2. 进行器件选型，要求使用三菱 FX2N-48MR PLC 作 I/O 接口设备。
3. 进行电路设计，画出系统原理接线图。
4. 用 kingview 组态软件进行监控画面制作和程序编写。
5. 完成系统软、硬件安装调试。

4.1 方案设计

想一想：项目 1 中机械手监控系统采用什么控制方案？

查一查：三菱 FX2N-48MR PLC 的接线端子定义和主要特性，课上讲一讲，和 S7-200 PLC 的异同。

画一画：系统方框图和接线图。

1. 控制要求

机械手的结构参见项目 1。具体控制要求如下：

按下启动按钮 SB1，机械手向下移动 5s，夹紧 2s，随后上升 5s，右移 10s，下移 5s，放松 2s，上移 5s，左移 10s，完成一个工作周期，回到开始位置，随后继续进行下一周期的运行……

如果按下停止按钮 SB2，则当本工作周期完成，机械手返回到开始位置后停止运行。

已知启动按钮和停止按钮都不带自锁。

对照项目 1，分析控制要求有什么变化？

2. 对象分析（参见 1.1.2 节）

3. 初方案制订（参见 1.1.3 节）

4.2 设备选型

1. 命令输入设备选型（参见 1.2.1 节）

2. 传感器和变送器选型（参见 1.2.2 节）

3. 执行器选型（参见 1.2.3 节）

4. 计算机选型（参见 1.2.4 节）

5. I/O 接口设备选型

（1）I/O 接口设备的种类。参见 1.2.5 节。

（2）I/O 接口设备选型。选择三菱 FX2N-48MR PLC 作 I/O 接口设备。共有 2 个 DI，6 个 DO，如表 4.1 所示。

表 4.1　机械手控制系统 I/O 情况表

序　号	名　　称	功　能	性　质	特　　征
1	SB1	启动按钮	DI	常开，不带自锁
2	SB2	停止按钮	DI	常开，不带自锁
3	YV1-1	放松信号	DO	工作电压 DC24V，1.5W，高电平动作
4	YV1-2	夹紧信号	DO	工作电压 DC24V，1.5W，高电平动作
5	YV2-1	下降信号	DO	工作电压 DC24V，1.5W，高电平动作
6	YV2-2	上升信号	DO	工作电压 DC24V，1.5W，高电平动作
7	YV3-1	左移信号	DO	工作电压 DC24V，1.5W，高电平动作
8	YV3-2	右移信号	DO	工作电压 DC24V，1.5W，高电平动作

6. 组态软件选型

选用国产通用组态软件组态王（Kingview）。组态王是北京亚控科技发展有限公司开发的一种组态软件，目前最新版本是 6.55。

4.3　电路设计

电路设计

画一画：系统方框图和接线图。

说一说：对照系统方案图和原理图，说说其工作原理。

4.3.1　确定方案

机械手监控系统方框图如图 4.1 所示。

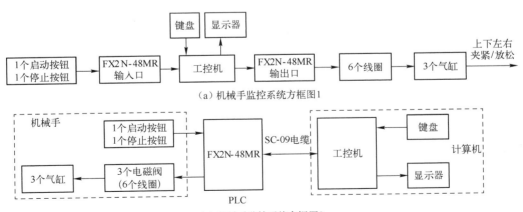

（a）机械手监控系统方框图1

（b）机械手监控系统方框图2

图 4.1　机械手监控系统方框图

4.3.2 设计电路

1. 认识三菱 FX2N-48MR PLC 及其接线端子

三菱 FX2N-48MR PLC 外观和接线端子定义如图 4.2 所示，属于 AC 供电、DC 输入、继电器输出型 PLC。

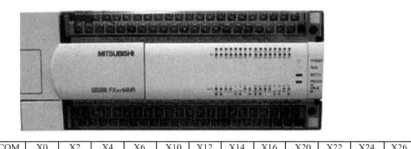

⏚	•	COM	X0	X2	X4	X6	X10	X12	X14	X16	X20	X22	X24	X26	•
L	N	•	24V+	X1	X3	X5	X7	X11	X13	X15	X17	X21	X23	X25	X27

Y0	Y2		Y4	Y6		Y10	Y12	•	Y14	Y16	Y20	Y22	Y24	Y26	COM5
COM1	Y1	Y3	COM2	Y5	Y7	COM3	Y11	Y13	COM4	Y15	Y17	Y21	Y23	Y25	Y27

图 4.2 三菱 FX2N-48MRPLC 外观及接线端子定义

接线端子排分上、下两部分。上部为供电电源和 DI 输入，下部为 DO 输出。为减少空间，上、下又各分为两排，交错布置。

上部端子排：

L、N 是 AC220V 电源输入，为 PLC 提供工作电源。

24V+和 COM 是 DC24V 电源输出，为 NPN 型传感器提供电源。

X0～X27 是开关量输入端子，共 24 个，共用 1 个 COM 端。按钮等开关量输入设备直接接在 X 和 COM 之间。

下部端子排：

Y0～Y27 是开关量输出端子，共 24 个，分 5 组：

第一组：Y0～Y3，公共端为 COM1。

第二组：Y4～Y7，公共端为 COM2。

第三组：Y10～Y13，公共端为 COM3。

第四组：Y14～Y17，公共端为 COM4。

第五组：Y20～Y27，公共端为 COM5。

由于采用继电器输出，既可以驱动交流负载也可以驱动直流负载。每点电流容量为 2A，每个公共端最大电流为 8A，电压在 AC250V、DC30V 以下。

FX2N-48MR PLC 通过专用电缆 SC-09 与 IPC 的 RS232C 串行通信口连接，达到数据交换的目的，可以用于程序的写入和调试以及上位机监视。SC-09 外观如图 4.3 所示。

图 4.3 SC-09 编程电缆

FX2N-48MR 型 PLC 使用的编程软件为 GX Developer。有关该 PLC 的详细资料可在三菱电机网站上获得，网址：http://www.mitsubishielectric.com.cn。

2. 确定机械手监控系统 I/O 分配表

机械手监控系统 I/O 分配表如表 4.2 所示。

表 4.2 机械手监控系统 I/O 分配表

输 入 信 号		输 出 信 号	
对 象	FX2N-48MR 接线端子	对 象	FX2N-48MR 接线端子
SB1（启动按钮）	X1	YV1-1（放松）	Y1
SB2（停止按钮）	X2	YV1-2（夹紧）	Y2
		YV2-1（下移）	Y3
		YV2-2（上移）	Y4
		YV3-1（左移）	Y5
		YV3-2（右移）	Y6

3. 绘制机械手监控系统电路原理图

机械手与 FX2N-48MR 及 IPC 接线图如图 4.4 所示。

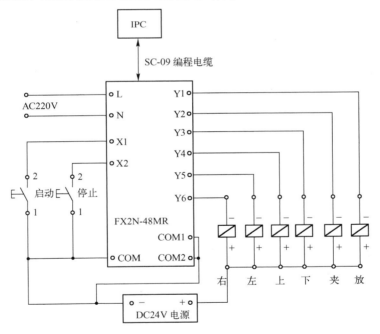

图 4.4　机械手与 FX2N-48MR 及 IPC 接线图

4.4　程序设计与调试

想一想：如何快速获知组态王程序设计的主要步骤？

　　　　　本系统变量至少应该有哪些？画面应该设计成什么样？程序应具有哪些功能？

做一做：按照本节指出的方法，逐步完成程序设计与调试任务。

4.4.1 安装组态王软件

安装组态王软件

1. 安装组态王程序

（1）双击 install.exe 图标，弹出安装窗口，如图 4.5 所示。

（2）单击"安装组态王程序"按钮，弹出安装窗口，如图 4.6 所示。

图 4.5　组态王安装窗口 1

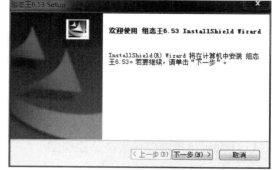

图 4.6　组态王安装窗口 2

（3）单击"下一步"，弹出安装窗口，如图 4.7 所示。

（4）单击"是（Y）"，弹出安装窗口，如图 4.8 所示。

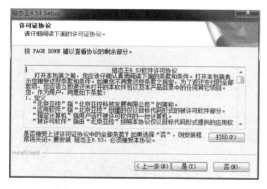

图 4.7　组态王安装窗口 3

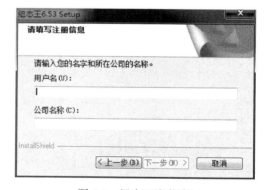

图 4.8　组态王安装窗口 4

（5）根据实际情况填写姓名与公司，单击"下一步"，弹出确认窗口，如图 4.9 所示。

（6）确认无误后，单击"是（Y）"，弹出安装路径窗口，如图 4.10 所示。

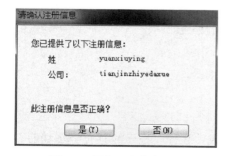

图 4.9　组态王安装窗口 5

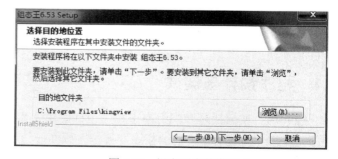

图 4.10　组态王安装窗口 6

（7）根据需要选择安装路径后，单击"下一步"，弹出安装窗口，如图 4.11 所示。

（8）选择"典型安装"后，单击"下一步"，如图 4.12 所示。

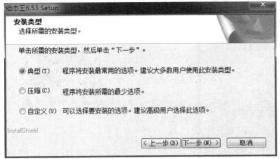

图 4.11　组态王安装窗口 7

图 4.12　组态王安装窗口 8

（9）开始安装，如图 4.13 所示。

（10）安装完成，弹出窗口如图 4.14 所示。

图 4.13　组态王安装窗口 9

图 4.14　组态王安装窗口 10

（11）单击"完成"按钮，弹出组态王驱动程序安装窗口，如图 4.15 所示。

2．安装组态王驱动程序

单击图 4.15 所示中"下一步"，开始组态王驱动程序安装。选择全部驱动程序后，单击"下一个"直到结束，弹出加密狗安装窗口，如图 4.16 所示。

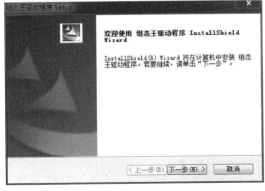

图 4.15　组态王安装窗口 11

图 4.16　组态王驱动程序安装窗口

3．安装加密狗驱动程序

（1）单击图 4.16 中所示的"Next"，进行加密狗驱动程序安装，
直至完成。

（2）重启后，桌面上出现"组态王 6.53"新图标。

工程建立与变量定义

4.4.2　建立工程

现在开始建立自己的组态王机械手监控系统工程。

（1）双击桌面"组态王"图标，或"开始"→"程序"→"组态王 6.53"→"组态
王 6.53"，出现"组态王工程管理器"窗口，如图 4.17 所示。组态王工程管理器窗口中显示
了计算机中所有已建立的工程项目的名称和存储路径。

图 4.17　组态王工程管理器

（2）在"组态王工程管理器"窗口中单击"新建"，出现图 4.18 所示窗口。

（3）单击"下一步"，出现窗口如图 4.19 所示，直接输入或用"浏览"方式确定工程路
径，例如，D：\。

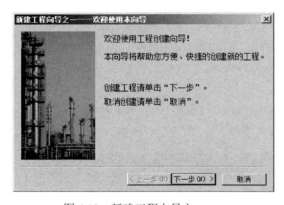

图 4.18　新建工程向导之一

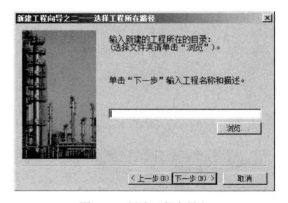

图 4.19　新建工程向导之二

（4）单击"下一步"，在出现的图 4.20 所示窗口中，输入"工程名称"为"机械手监控
系统"。

（5）单击"完成"按钮，并且在出现的如图 4.21 所示的"是否将新建的工程设置为组
态王当前工程"对话框中单击"是"按钮，完成工程的建立。

（6）此时，组态王在指定路径下出现了一个"机械手监控系统"项目名，如图 4.22 所
示，以后所进行的组态工作的所有数据都将存储在这个目录中。

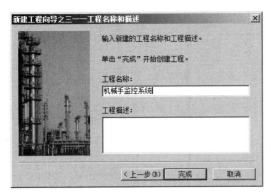

图 4.20　新建工程向导之三

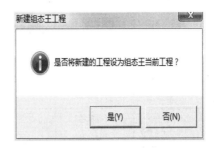

图 4.21　将新建工程设为当前工程

图 4.22　新建工程出现在组态王工程管理器中

4.4.3　定义变量

1．分配变量

机械手监控系统变量分配如表 4.3 所示。其中"启动按钮"为"I/O 离散"型变量，因为该变量的值来自机械手上的设备 SB1，且只有"0"和"1"两种状态。"放松信号"也是"I/O 离散"型变量，该变量用于控制 YV1-1 线圈的得电与失电。从表中可看出，系统共有8 个 I/O 离散型变量。

其余变量为组态王内存变量，用于实现机械手控制或动画效果，具体功能随设计深入大家会逐渐体会到。

表 4.3　机械手监控系统变量分配表

序号	变量名称	变量类型（最终设置）	变量类型（初始设置）	初始值	对应设备	PLC地址	特　征
1	启动按钮	I/O 离散	内存离散	0	SB1	X1	常开，不带自锁
2	停止按钮	I/O 离散	内存离散	0	SB2	X2	常开，不带自锁
3	放松信号	I/O 离散	内存离散	0	YV1-1	Y1	工作电压 DC24V，1.5W，高电平动作
4	夹紧信号	I/O 离散	内存离散	0	YV1-2	Y2	工作电压 DC24V，1.5W，高电平动作
5	下移信号	I/O 离散	内存离散	0	YV2-1	Y3	工作电压 DC24V，1.5W，高电平动作
6	上移信号	I/O 离散	内存离散	0	YV2-2	Y4	工作电压 DC24V，1.5W，高电平动作
7	左移信号	I/O 离散	内存离散	0	YV3-1	Y5	工作电压 DC24V，1.5W，高电平动作
8	右移信号	I/O 离散	内存离散	0	YV3-2	Y6	工作电压 DC24V，1.5W，高电平动作

序号	变量名称	变量类型（最终设置）	变量类型（初始设置）	初始值	对应设备	PLC地址	特　征
9	运行标志	内存离散	内存离散	0			
10	停止标志	内存离散	内存离散	0			
11	次数	内存整型	内存整型	0			
12	机械手 x	内存实型	内存实型	0			
13	机械手 y	内存实型	内存实型	0			
14	机械手 z	内存实型	内存实型	0			
15	工件 x	内存实型	内存实型	0			
16	工件 y	内存实型	内存实型	50			

2．定义变量

（1）双击"组态王工程管理器"中的"机械手监控系统"，进入"组态王工程浏览器"，如图 4.23 所示。

图 4.23　组态王工程浏览器

（2）单击左侧目录区"数据库"大纲项下面的"数据词典"，可在右侧目录内容显示区看到"\$年"等变量，凡有"\$"符号的，都是系统自建的内部变量，只能使用，不能删除或修改。

双击"新建"图标，出现"定义变量"窗口，如图 4.24 所示。

（3）在"基本属性"页中输入变量名"启动按钮"。

"变量类型"：按照表 4.3 第 3 列，应将该变量设置为"I/O 离散"型。但为使组态王可以脱离设备进行模拟调试，我们先将此变量设为"内存离散"型变量，待在线调试时再将其恢复为"I/O 离散"变量。

"初始值"：根据表 4.3 第 5 列，变量"启动按钮"的初始值=0，因此应设置为"关"。

单击"确定"按钮，则完成了第一个变量"启动按钮"的建立。

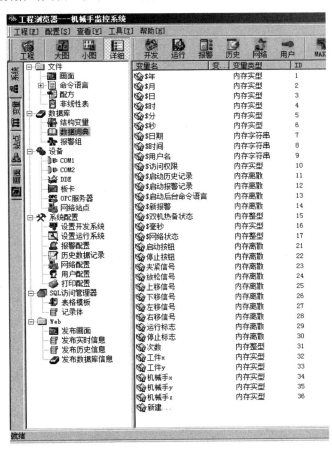

图 4.24　启动按钮变量基本属性的设置

类似地，根据表 4.3 的第 2、4、5 列，建立其他 15 个变量。注意变量名称、类型和初始值。

建立完成后的数据词典窗口如图 4.25 所示。

图 4.25　完成变量定义后的工程浏览器和数据词典窗口

4.4.4 设计与编辑画面

1. 新建画面

（1）在工程浏览器的目录显示区中，单击"文件"大纲项下面的"画面"，如图4.26所示。

画面制作

图4.26 工程浏览器的"画面"图标

（2）在目录内容显示区中双击"新建"图标，则工程浏览器会启动组态王的"画面开发系统"，并弹出"新画面"窗口，如图4.27所示。

（3）在"新画面"窗口中将画面名称设置为"机械手监控画面"，"大小可变"，单击"确定"，进入画面开发系统，如图4.28所示。画面开发系统提供了画面制作工具箱，可以方便地制作矩形、圆形等图形。

2. 制作机械手监控画面

本系统设计画面如图4.29所示。

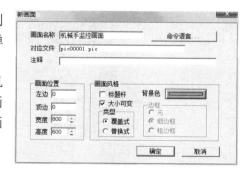

图4.27 "新画面"设置窗口

图4.28 画面开发系统和工具箱

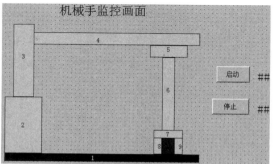

图4.29 机械手监控画面

（1）制作机械手各个部件。首先绘制机械手底座1。底座很简单，只是一个矩形。绘制方法是：在工具箱中单击"圆角矩形"按钮 ■，然后在画面上拉出合适大小的矩形即可。

为了精确控制矩形的位置和大小，可利用工具箱最下面一行的"位置形状控制"窗口，如图 4.30 所示。该窗口从左到右依次为：起始点 x 坐标、起始点 y 坐标、矩形宽度、矩形高度。以上数据以像素为单位，可以直接输入。

矩形画完后，可以观察到矩形周围存在 8 个小方框，如图 4.31 所示，表明此矩形处在编辑状态，可以进行修改。

图 4.30　位置形状控制窗口

图 4.31　处在编辑状态的矩形

单击工具箱中的"显示调色板"按钮 ▥，弹出调色板窗口，如图 4.32 所示，选择合适的填充颜色。

机械手其余部件也都是矩形构成，制作方法类似，各矩形参考数据如表 4.4 示。

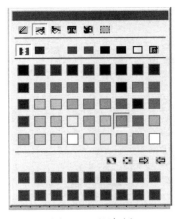

图 4.32　调色板

表 4.4　机械手各图素位置和尺寸

编号	x 坐标	y 坐标	宽	高
1	170	430	470	20
2	170	290	90	140
3	190	110	50	180
4	190	130	450	30
5	520	160	90	30
6	550	190	30	190
7	530	370	70	20
8	530	380	20	50
9	580	380	20	50
10	550	390	30	40

当然制作时也可以按照自己的想法进行布局和设计。

（2）编辑文字"机械手监控画面"。在"工具箱"中单击"文本"按钮 T，然后在画面上拉出一个矩形区域，再输入文字即可。

修改文字的方法是：选择文字，之后单击鼠标右键，在弹出的对话框中选择"字符串替换"，之后在"字符串替换"对话框输入需要的文字即可，如图 4.33 所示。

如果希望修改文字的字体和大小，可在选中文本之后，单击"工具箱"中的"字体"按钮 ，然后在弹出的"字体"对话框中设置相应的字体。

（3）制作按钮。利用工具箱中的"按钮"工具制作 1 个按钮。之后在按钮被选中情况下，单击鼠标右键，在弹出的对话框中选择"字符串替换"，将按钮标题修改为"启动"。

同样方法制作"停止"按钮。

最后在两个按钮旁边写文字"##"。

图 4.33　修改文字

4.4.5　进行动画连接与调试

要让绘制的图素在运行中能反映机械手的动作，须指出图形元素与变量之间的关系，并声明图形随变量作何种变化，此过程称为动画连接。

现在开始对画面中的图素进行动画连接。

1．配置运行时的启动画面

（1）在工程浏览器中双击"配置"→"运行系统"菜单，出现"运行系统设置"对话框。

（2）单击"主画面配置"页面，选中"机械手监控画面"，将此画面作为组态王运行系统的启动画面。如图 4.34（a）所示。

（3）单击"特殊"页面，将运行系统基准频率和事件变量更新频率均设置为 100ms，如图 4.34（b）所示。

（4）单击"确定"按钮，完成对运行系统的设置工作。

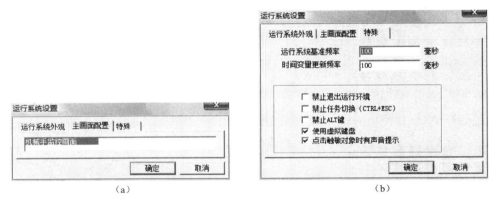

（a）　　　　　　　　　　　（b）

图 4.34　设置运行系统的主画面和基准频率、更新频率

2．对按钮进行动画连接与调试

（1）双击"启动"按钮，弹出如图 4.35（a）所示窗口。

（2）单击"按下时"，弹出图 4.35（b）所示窗口。输入：\\本站点\启动按钮=1;，单击"确认"后，回到图 4.35（a）所示。

（3）单击"弹起时"，弹出图 4.35（c）所示窗口。输入：\\本站点\启动按钮=0;，单击"确认"后，回到图 4.35（a）所示。

（4）单击"确定"，完成启动按钮动画连接设置。

通过这样的动画连接，启动按钮具有"按下为 1，松开为 0"的特性，相当于不带自锁功能的常开按钮。

（5）双击"启动"按钮旁文字"##"，弹出图 4.36（a）所示窗口，选择"模拟值输出"动画连接。

（6）在弹出的"模拟值输出连接"窗口，用"？"按钮将表达式内容选择为"\\本站点\启动按钮"，如图 4.36（b）所示。

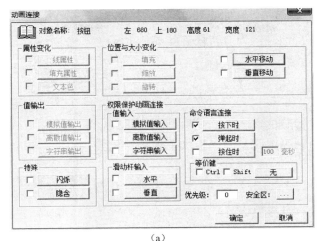

(a)

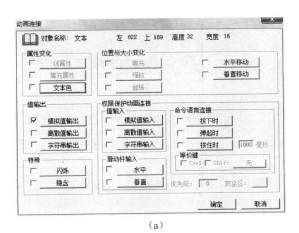

(b)

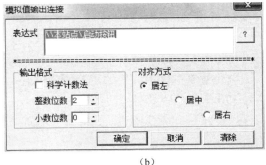

(c)

图 4.35　设置启动按钮动画连接

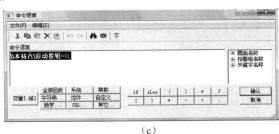

(a)

(b)

图 4.36　设置显示输出动画连接

（7）用同样方法对"停止"按钮旁边文字"##"进行动画连接。

（8）在画面开发系统中选择"文件→全部存"，存储所进行的操作。

（9）进入运行环境。有三种方法：

● 在画面开发系统中选择"文件→切换到 VIEW"。

● 在画面开发系统中单击鼠标右键，在弹出的对话框中选择"切换到 VIEW"。

● 单击工程浏览器中的"VIEW"按钮，进入组态王运行系统。

（10）进入运行环境后，按住机械手上的"启动"按钮，可以观察到旁边文字显示为 1，松开按钮则显示为 0。"停止"按钮的功能类似。

3．对 5 号矩形进行动画连接与调试

（1）制作机械手初始位置图形，提供动画连接的位置参考。利用复制粘贴等工具，制作机械手在初始位置的图形，如图 4.37 所示 。

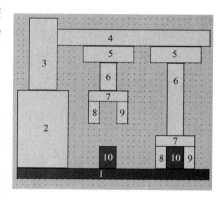

图 4.37　机械手初始位置的制作

（2）对 5 号图形进行"水平移动"动画连接。双击右边的 5 号矩形，出现图 4.38（a）所示，勾选"水平移动"，之后单击"水平移动"，出现图 4.38（b）所示。图 4.38（b）中所示设置的涵义如下：

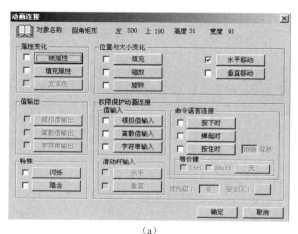

（a）

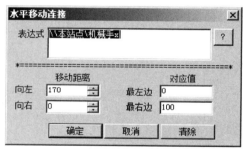

（b）

图 4.38　对 5 号矩形进行动画连接

当变量"机械手 x"的"对应值"=0 时，图形位于"最左边"，相对当前位置"向左"移动 170 个像素。

当变量的"对应值"=100 时，图形位于"最右边"，这是当前位置，所以移动 0 个像素。

对同学们来说，170 的移动距离未必适合。可按如下方法确定水平移动距离：

依次选中右边和左边的 5 号矩形，记住工具箱底部"位置形状控制"窗口的 x 坐标，求出二者的差值，即为移动像素值。

变量"机械手 x"的值在运行程序中修改，具体方法在下一节的程序设计中讲述。按照该设计方法，变化范围是 0～100。

仿照图 4.38（b）所示，根据实际移动距离进行参数设置。完成后删除左边的 5 号矩形。

（3）制作一个游标工具，模拟变量"机械手 x"。

① 在工具箱的"图库"→"游标"中选择第 2 个游标，如图 4.39（a）所示。

② 双击后选入，调整游标大小位置后，对游标进行图 4.39（b）所示动画连接。

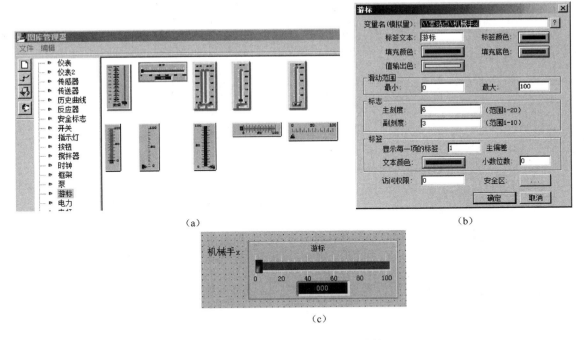

（a）

（b）

（c）

图 4.39　对 5 号矩形进行动画连接

（4）对 5 号矩形的动画连接进行调试。

① 存盘后进入运行环境，观察 5 号矩形的初始位置应该在左侧位。

② 拖动游标，5 号矩形应逐渐向右移动直到右侧位。

4．对 6 号矩形进行动画连接与调试

（1）对 6 号矩形进行"水平移动"和"垂直缩放"动画连接。

① 双击右侧的 6 号矩形，出现图 4.40（a）所示。

② 首先进行"水平移动"动画连接，设置方法如图 4.40（b）所示，与 5 号矩形相同。

③ 之后进行"缩放"连接设置，如图 4.40（c）所示。此图中参数设置的涵义如下：

变量"机械手 y"的"对应值"=0 时，图形最小，大小为当前尺寸的 50%；变量的"对应值"=50 时，图形最大，大小是当前画面尺寸，即 100%。

对同学们来说，50%的缩放比例未必适合。可根据实际需要调整。正确的缩放比例确定方法是：

依次选中左边和右边的 6 号矩形，记下工具箱底部"位置形状控制"窗口的"高度"值，求出二者比值，即为缩放比例。

变量"机械手 y"的值在运行程序中修改，具体方法在后面的程序设计中讲述。按照该设计方法，变化范围是 0～50。

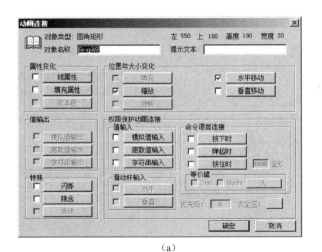

（a）

（b）

（c）

图 4.40　对 6 号矩形进动画连接

组态王提供五种缩放方向，如图 4.41 所示，需要根据实际需要进行正确选择。这里选择"垂直向下"。

水平和垂直缩放　　水平向右　　水平向左　　垂直向上　　垂直向下

图 4.41　组态王的 5 种缩放方向

设置完成后删除左侧的 6 号矩形。

（2）制作一个游标工具，模拟变量"机械手 y"。

在"工具箱"中选择"图库"→游标，再制作一个游标，参数设置如图 4.42（b）所示。

（3）对 6 号矩形的动画连接进行调试。

① 存盘后进入运行环境，观察 6 号矩形的初始位置应该在左侧位，长度只有 50%。

② 拖动机械手 x 游标，6 号矩形应逐渐向右移动直到右侧位。

③ 拖动机械手 y 游标，6 号矩形应逐渐变长直到 100%。

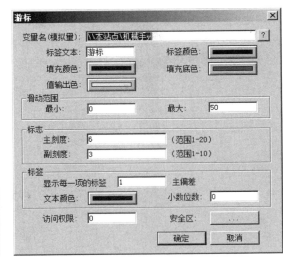

(a)

(b)

图 4.42　为变量"机械手 y"制作的游标

5．对 4 号矩形进行动画连接与调试

（1）对 4 号矩形进行"水平缩放"动画连接。双击 4 号矩形，出现如图 4.43（a）所示窗口，单击"缩放"，出现图 4.43（b）所示，仿照其进行水平向右的缩放连接。

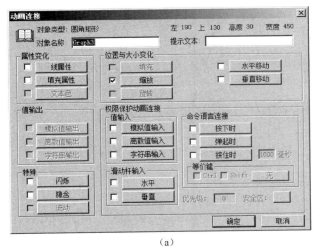

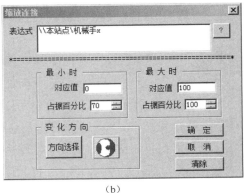

(a)

(b)

图 4.43　对 4 号矩形进行动画连接

对同学们来说，70% 的缩放比例未必适合，可根据实际需要调整。

（2）对 4 号矩形的动画连接进行调试。

① 存盘后进入运行环境，观察 4 号矩形的初始长度只有 70%。

② 拖动机械手 x 游标，4 号矩形应逐渐变长直到 100%。

6．对 7 号矩形进行动画连接与调试

（1）对 7 号矩形进行"水平移动"和"垂直移动"动画连接。双击右侧的 7 号矩形，仿照图 4.44（a）、（b）、（c）所示进行参数设置，注意应根据实际画面调整水平和垂直移动参数。其中垂直移动距离应为左右两个 7 号矩形的 y 坐标之差。完成后删除左侧 7 号矩形。

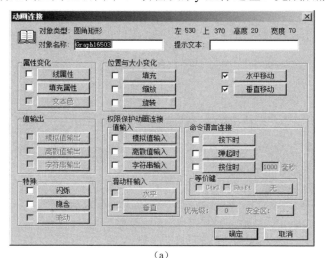

（a）

（b）　　　　　　　　　　　　　　　　　　　（c）

图 4.44　对 7 号矩形进行动画连接

（2）对 7 号矩形的动画连接进行调试。

① 存盘后进入运行环境，观察 7 号矩形的初始位置在左、上位。

② 拖动机械手 x 游标，7 号矩形应逐渐向右移动直到右侧位。

③ 拖动机械手 y 游标，7 号矩形应逐渐向下移动直到初始 y 坐标。

7. 对 8 号矩形进行动画连接与调试

（1）对 8 号矩形进行"水平移动"、"垂直移动"和 "旋转"动画连接。

双击右侧的 8 号矩形，仿照图 4.45（a）、（b）、（c）、（d）所示进行设置，注意应根据实际画面情况调整参数。完成后删除左侧 8 号矩形。其中图（d）进行的是"旋转"连接。具体意义是：

变量"机械手 z"的"对应数值"=0 时，围绕图形中心顺时针旋转 20 度。

变量"机械手 z"的"对应数值"=20 时，为当前角度即旋转 0 度。

变量"机械手 z"的值在运行程序中修改，具体方法在后面的程序设计中讲述。按照该设计方法，变化范围是 0～20。

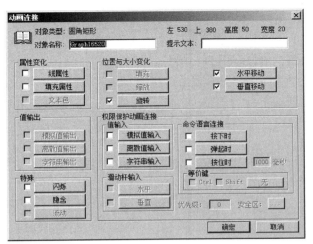

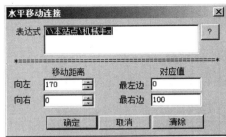

（a）

（b）

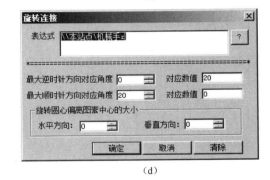

（c）

（d）

图 4.45　对 8 号矩形进行动画连接

（2）制作一个游标工具，模拟变量"机械手 z"。在"工具箱"中选择"图库"→游标，再制作一个游标，参数设置如图 4.46 所示。

（a）

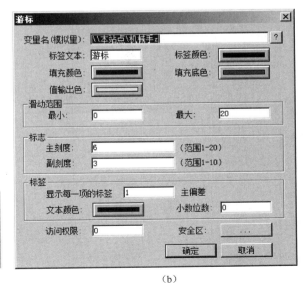

（b）

图 4.46　为变量"机械手 z"制作的游标

（3）对 8 号矩形的动画连接进行调试。

① 存盘后进入运行环境，观察 8 号矩形的初始位置在左上位，向左倾斜。

② 拖动机械手 x 游标，8 号矩形应逐渐向右移动直到右侧位。

③ 拖动机械手 y 游标，8 号矩形应逐渐向下移动直到初始 y 坐标。

④ 拖动机械手 z 游标，8 号矩形应逐渐旋转直到初始位置。

8. 对 9 号矩形进行动画连接与调试

（1）对 9 号矩形进行"水平移动"、"垂直移动"和 "旋转"动画连接。具体设置如图 4.47（a）、（b）、（c）、（d）所示。完成后应删除左侧 9 号矩形。

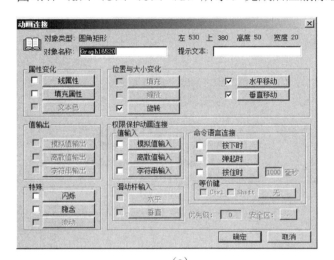

（a）

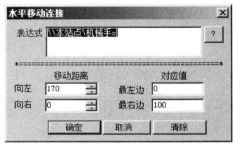

（b）

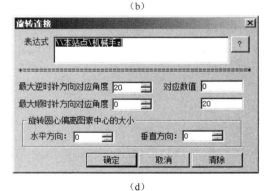

（c）　　　　　　　　　　　　　　　　（d）

图 4.47　对 9 号矩形进行动画连接

（2）对 9 号矩形的动画连接进行调试。方法同 8 号矩形。

9. 对 10 号矩形进行动画连接与调试

（1）对 10 号矩形进行"水平移动"和"垂直移动"动画连接。双击右侧 10 号矩形，仿照图 4.48（a）、（b）、（c）进行设置，注意参数应根据实际画面情况调整。完成后删除左侧 10 号矩形。

变量"工件 x"、"工件 y"的值在运行程序中修改，具体方法在后面的程序设计中讲述。按照该设计方法，变化范围分别是 0～100 和 0～50。

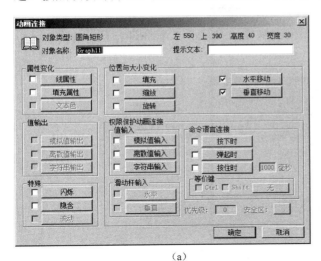

（a）

（b）

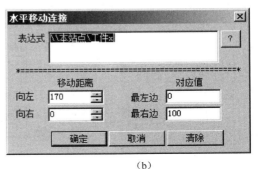

（c）

图 4.48　对 10 号矩形进行水平移动和垂直移动动画连接

（2）制作两个游标工具，模拟变量"工件 x"和"工件 y"。方法与
"机械手 x"和"机械手 y"类似。

（3）对 10 号矩形的动画连接进行调试。方法同 8 号矩形。

4.4.6　编写控制程序

本系统采用 PLC 作为接口设备，实际生产时现场控制任务一般由 PLC 完成，IPC 则主
要用于监视。具体方法见项目 1 和项目 3。为使大家掌握组态王程序编写方法，本系统将控
制任务全部交由 IPC 完成。

组态王的程序在"命令语言"中编写，其语法与 C 语言类
似。组态王的命令语言可以分为：应用程序命令语言、事件命
令语言等，如图 4.49 所示。

下面讲述编制机械手监控系统的命令语言。

图 4.49　组态王的命令语言

1. 编写事件命令语言程序

事件命令语言类似于中断程序，当指定的"事件"发生时，执行本程序。

（1）在"工程浏览器"中单击"命令语言——事件命令语言"。

（2）双击右侧窗口的"新建"图标，出现"事件命令语言"对话框，如图 4.50（a）所示。

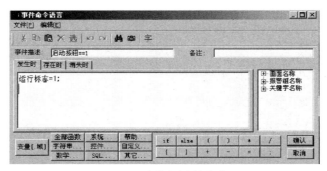

（a）事件命令语言程序 1

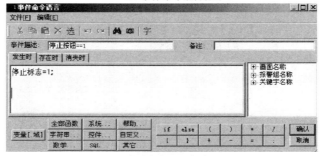

（b）事件命令语言程序 2

图 4.50　编辑事件命令语言

在"事件描述"中输入"启动按钮＝＝1"，在"发生时"页面中输入"运行标志=1；"，单击"确认"，则第一段事件命令语言编制成功。注意组态王命令语言程序编写时所有标点符号必须为英文符号。

此段程序的意义是：当"启动"按钮被按下时，变量"运行标志"被置 1。

（3）再一次双击右侧窗口的"新建"图标，再次出现"事件命令语言"对话框，如图 4.50（b）所示。

在"事件描述"中输入"停止按钮＝＝1"，"发生时"页面中输入"停止标志=1；"，单击"确认"，完成第二段事件命令语言程序的编制。

此段程序的意义是：当"停止"按钮被按下时，变量"停止标志"被置 1。

2．编写应用程序命令语言程序

本系统的控制程序在"应用程序命令语言"中编写。分"启动时"、"运行时"、"停止时"三种，可分别编写。"启动时"和"停止时"程序只执行一次；"运行时"程序循环执行，是系统主程序。

（1）在工程浏览器单击"文件→命令语言→应用程序命令语言"。如图 4.51 所示。

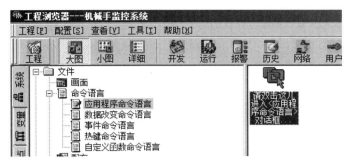

图 4.51　选择"应用程序命令语言"

（2）双击右侧窗口的"请双击……"图标，进入程序编辑窗口，如图 4.52 所示。

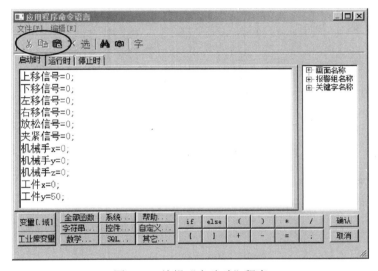

图 4.52　编辑"启动时"程序

（3）在"启动时"页面，输入如下程序：

    上移信号=0;
    下移信号=0;
    左移信号=0;
    右移信号=0;
    放松信号=0;
    夹紧信号=0;
    机械手 x=0;
    机械手 y=0;
    机械手 z=0;
    工件 x=0;
    工件 y=50;

（4）在"运行时"页面，设置应用程序命令语言的循环周期为 100ms，如图 4.53 所示。

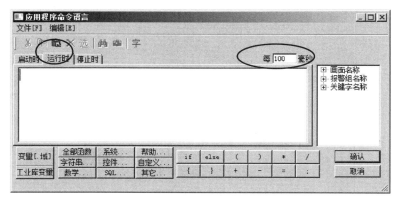

图 4.53　设置"应用程序命令语言"的循环时间为 100ms

（5）在"运行时"页面中输入以下程序：

```
if(运行标志==1)
{
    if(次数>=0 &&次数<50)     /*下降*/
      { 下移信号=1;
        机械手 y=机械手 y+1;
        次数=次数+1;
      }
    if(次数>=50 &&次数<70)     /*夹紧*/
      { 下移信号=0;
        夹紧信号=1;
        机械手 z=机械手 z+1;
        次数=次数+1;
      }
    if(次数>=70 &&次数<120)     /*开始上升*/
      { 夹紧信号=0;
        上移信号=1;
        机械手 y=机械手 y-1;
        工件 y=工件 y-1;
        次数=次数+1;
      }
    if(次数>=120 &&次数<220)     /*开始右移*/
      { 上移信号=0;
        右移信号=1;
        机械手 x=机械手 x+1;
        工件 x=工件 x+1;
        次数=次数+1;
      }
    if(次数>=220 &&次数<270)     /*开始下降*/
      { 右移信号=0;
```

```
        下移信号=1;
        机械手 y=机械手 y+1;
        工件 y=工件 y+1;
        次数=次数+1;
    }
    if(次数>=270 &&次数<290)    /*开始放松*/
    { 下移信号=0;
      放松信号=1;
      机械手 z=机械手 z-1;
      次数=次数+1;
    }
    if(次数>=290 &&次数<340)    /*开始上升*/
    { 放松信号=0;
      上移信号=1;
      机械手 y=机械手 y-1;
      次数=次数+1;
    }
    if(次数>=340 &&次数<440)    /*开始左移*/
    { 上移信号=0;
      左移信号=1;
      机械手 x=机械手 x-1;
      次数=次数+1;
    }
    if(次数==440)
    { 左移信号=0;
      次数=0;
      机械手 x=0;
      机械手 y=0;
      机械手 z=0;
      工件 x=0;
      工件 y=50;      /*在初始位置显示下一个工件*/
      if(停止标志==1)   /*如果以前曾经按下停止按钮，则不再运行*/
        { 停止标志=0;
          运行标志=0;
        }
    }
}
```

4.4.7 进行程序的模拟运行与调试

（1）在机械手监控画面中写文字：运行时间；在文字"运行时间"旁边写文字："##"；如图 4.54（a）所示。

对文字"##"进行"模拟值输出"动画连接，对应表达式为：\\本站点\次数/10。如图 4.54（b）所示。

之所以将变量"次数"除以 10，是由于前面将命令语言程序运行程序的循环时间设为 100ms，根据程序知，机械手运行时，变量"次数"每 100ms 加 1，1s 内将加到 10，除以 10 后恰好为 1s。

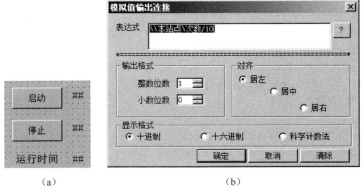

图 4.54　运行时间的显示设置

（2）存盘后进入运行环境。

① 按下机械手上的"启动"按钮，可以观察到画面上的运行时间每秒加 1。机械手按照设定的规律工作。时间等于 44 秒时，时间清零，机械手回到原点。之后重新开始新的循环。

② 按下机械手上的"停止"按钮，运行时间继续加 1，机械手照常工作。回到原点后，运行时间清 0，机械手停止。

如果机械手画面显示动作与控制要求不一致，则需要综合分析问题出现的原因，根据具体情况予以处理。

③ 删除之前制作的所有游标。

4.5　软、硬件联调

4.5.1　连接电路

（1）机械手控制系统硬件接线如图 4.4 所示。

（2）请按照以下步骤进行线路连接：

① 断开电源，以避免在接线过程中发生人身、设备事故。

② 按照图 4.4 所示的接线关系，完成机械手的启动按钮和停止按钮与 PLC 之间的接线。

③ 按照图 4.4 所示的接线关系，完成机械手的 6 个电磁线圈与 PLC 之间的接线。

④ 完成其他连接。

⑤ 用 SC-09 编程电缆将 IPC 的 COM1 串行口和 PLC 的编程口进行连接。注意要拧紧 4 个固定螺丝。

⑥ 检查接线是否有误以及线路的通断情况，有无短路现象。

⑦ 接通电源，启动 IPC，准备在组态环境中进行设备配置。

4.5.2　设置三菱 FX2N-48MR 型 PLC 通信参数

为了保证 FX2N-48MR 型 PLC 能够正常与 IPC 进行通信，需要在 PLC 中运行如图 4.55 所示的一段程序。其功能是将 PLC 的通信参数设置为：波特率 9600b/s，7 位数据位，1 位停止位，偶校验，站号为 0。

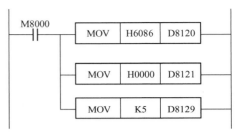

图 4.55　PLC 通信参数设置程序

4.5.3　在组态王中配置三菱 FX2N-48MR 型 PLC

1．在组态王中添加 FX2N-48MR 型 PLC 设备

（1）如图 4.56 所示，在工程浏览器目录中选择"设备→COM1"，注意 COM1 是 PLC 与 IPC 的连接接口，如果使用 COM2 连接，则应作相应改变。

（2）双击 COM1，弹出串行口通信参数设置窗口，如图 4.56 所示。

图 4.56　COM1 设置

（3）在窗口中输入 COM1 的通信参数，包括波特率 9600，偶校验，7 位数据位，1 位停止位，RS232 通信方式，然后单击"确定"，这样就完成了对 COM1 的通信参数配置，保证 COM1 同 PLC 的通信能够正常进行。

（4）添加 FX2N-48MR 设备。双击目录内容显示区中的"新建"图标，在出现的"设备配置向导"中单击"PLC"→"三菱"→"FX2N"→"编程口"，如图 4.57（a）所示。

（5）单击"下一步"，在弹出的窗口给设备取名为"FX2PLC"。

（6）单击"下一步"，在弹出的窗口为设备指定所连接的串口为"COM1"。

（7）单击"下一步"，在弹出的窗口中为设备指定一个地址"0"。注意，这个地址应该与 PLC 通信参数设置程序中设定的站号相同。

（8）单击"下一步"，出现"通信故障恢复策略"设定窗口，使用默认设置即可。

（9）单击"下一步"，出现"信息总结"窗口，如图 4.57（b）所示，检查无误后单击"完成"按钮，完成设备的配置。此时在工程浏览器的"目录内容显示区"中出现了"FX2PLC"图标，如图 4.57（c）所示。

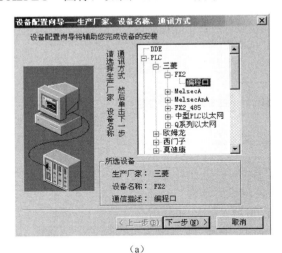

（a）   （b）

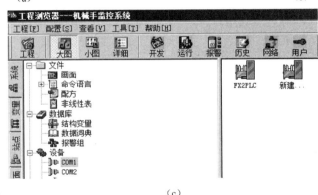

（c）

图 4.57　配置 FX2NPLC 设备

2．将 I/O 变量与 FX2N-48MR 进行连接

根据表 4.3，"启动按钮"等 8 个变量应该是 I/O 变量。前面为了能够进行模拟调试，将它们设置成内存变量。现在需要将它们修改为 I/O 变量，步骤如下：

（1）在工程浏览器目录区双击"数据库"→"数据词典"。

（2）在内容区中双击"启动按钮"图标，出现"定义变量"窗口，如图 4.58 所示。

（3）在"基本属性"页中将变量类型修改为"I/O 离散"，此时与设备有关的选项变得可用了。

（4）将连接设备设置为"FX2PLC"，寄存器设置为"X1"（注意寄存器设置必须与表 4.3 一致），数据类型设置为"Bit"，读写属性设置为"只读"，采集频率设置为 100ms（以加快系统响应速度）。再单击"确定"按钮，则完成了第一个变量——"启动按钮"的修改。

（5）修改"停止按钮"变量为"I/O 离散"型，寄存器应设置为"X2"，其他与"启动按钮"相同。

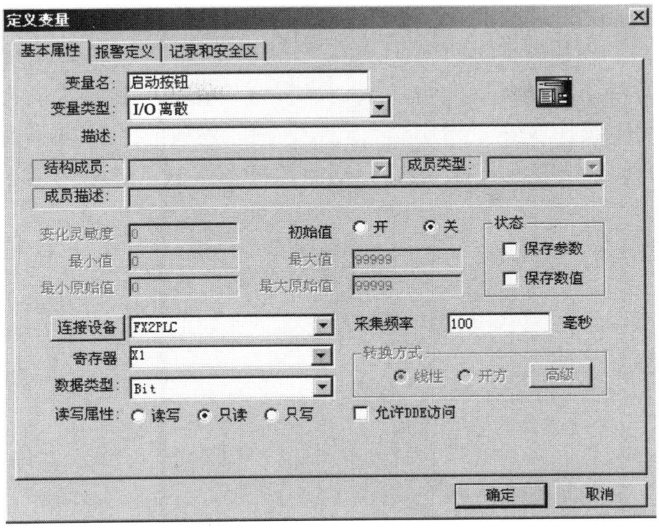

图 4.58　配置"启动按钮"变量

（6）修改"放松信号"、"夹紧信号"、"下移信号"、"上移信号"、"左移信号"、"右移信号" 6 个变量为"I/O 离散"型，寄存器分别为 Y1、Y2、Y3、Y4、Y5 和 Y6，读写属性设置为"读写"或"只写"。

4.5.4　进行机械手监控系统软、硬件联调

（1）删除画面上的"启动按钮"和"停止按钮"。

（2）进入运行环境。

（3）按下机械手上的启动按钮，观察机械手动作是否正常。

（4）观察监控画面中机械手动作是否正常。

（5）一个周期结束后，观察机械手能否重新开始循环。

（6）运行中按下停止按钮，观察机械手是否能在当前周期结束后停止。

（7）停止后重新按下启动按钮，观察机械手是否能够重新工作。

（8）如果情况与设计不符，请查找原因，并设法解决。

4.6　思路拓展

1. 组态王与 MCGS 对比

（1）组态王将新建工程、打开工程等工作放在"工程管理器"，MCGS 则没有单独的工程管理器。

（2）组态王的"工程浏览器"左侧的树形结构与 MCGS 的"工作台"功能类似，形式不同。

（3）组态王的变量区分较多，有内存变量、I/O 变量之分，也有离散变量、整型变量、

实型变量之分。MCGS 的开关型变量相当于组态王的离散型变量，数值型相当于组态王的整数型和实数型。

（4）组态王在设备窗口添加设备，在变量属性设置窗口建立 I/O 变量与设备之间的联系。MCGS 在设备窗口添加设备，在设备属性设置窗口建立变量与设备之间的联系。

（5）组态王将程序设计放在"命令语言"中，MCGS 则放在"脚本程序"中。

（6）组态王的编程语言类似于 C 语言；MCGS 更像 VB。

……

总之，两者具有类似的功能，但软件的结构有所不同。

2．FX2N 系列 PLC 与 S7-200 PLC 对比

FX 系列 PLC 型号的含义如下：

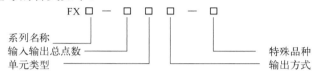

系列名称：有 0、2、0S、1S、0N、1N、2N、2NC、3U、3UC 等。

单元类型：M——基本单元。

　　　　　E——输入输出混合扩展单元。

　　　　　EX——扩展输入模块。

　　　　　EY——扩展输出模块。

输出方式：R——继电器输出。

　　　　　S——双向晶闸管输出。

　　　　　T——晶体管输出。

特殊品种：D——DC 电源，DC 输出。

　　　　　A1210——AC 电源，AC（AC100～120V）输入或 AC 输出模块。

　　　　　H210——大电流输出扩展模块。

　　　　　V210——立式端子排的扩展模块。

　　　　　C210——接插口输入输出方式。

　　　　　F210——输入滤波时间常数为 1ms 的扩展模块。

如果特殊品种一项无符号，代表 AC 电源、DC 输入、横式端子排、标准输出。例如，FX2N-32MT-D 表示 FX2N 系列，32 个 I/O 点，基本单元，晶体管输出，使用直流电源，24V 直流输出型。

FX2N 系列 PLC 主要型号和参数见表 4.5。

表 4.5　FX2N PLC 的 CPU 单元系列产品基本情况表

序　号	型　号	供电电源	本机输入	本机输出
1	FX2N-16MR	AC	8DI	8DO，继电器输出
2	FX2N-16MS	AC	8 DI	8DO，双向晶闸管输出
3	FX2N-16MT	AC	8 DI	8 DO，晶体管输出
4	FX2N-32MR	AC	16 DI	16 DO，继电器输出
5	FX2N-32MS	AC	16 DI	16 DO，双向晶闸管输出

序 号	型 号	供电电源	本机输入	本机输出
6	FX2N-32MT	AC	16 DI	16 DO，晶体管输出
7	FX2N-32MR-D	DC	16 DI	16 DO，继电器输出
8	FX2N-32MT-D	DC	16 DI	16 DO，继电器输出
9	FX2N-48MR	AC	24 DI	24 DO，继电器输出
10	FX2N-48MS	AC	24 DI	24 DO，双向晶闸管输出
11	FX2N-48MT	AC	24 DI	24 DO，晶体管输出
12	FX2N-48MR-D	DC	24 DI	24 DO，继电器输出
13	FX2N-48MT-D	DC	24 DI	24 DO，晶体管输出
14	FX2N-64MR	AC	32 DI	32 DO，继电器输出
15	FX2N-64MS	AC	32 DI	32 DO，双向晶闸管输出
16	FX2N-64MT	AC	32 DI	32 DO，晶体管输出
17	FX2N-64MR-D	DC	32 DI	32 DO，继电器输出
18	FX2N-64MT-D	DC	32 DI	32 DO，晶体管输出
19	FX2N-80MR	AC	40 DI	40 DO，继电器输出
20	FX2N-80MS	AC	40 DI	40 DO，双向晶闸管输出
21	FX2N-80MT	AC	40 DI	40 DO，晶体管输出
22	FX2N-80MR-D	DC	40 DI	40 DO，继电器输出
23	FX2N-80MT-D	DC	40 DI	40 DO，晶体管输出
24	FX2N-128MR	AC	64 DI	64 DO，继电器输出
25	FX2N-128MT	AC	64 DI	64 DO，晶体管输出
26	FX2N-16MR-UA1/UL	AC	8AC	8DO，继电器输出
27	FX2N-32MR-UA1/UL	AC	16AC	16DO，继电器输出
28	FX2N-48MR-UA1/UL	AC	24AC	24DO，继电器输出
29	FX2N-64MR-UA1/UL	AC	32AC	32DO，继电器输出

S7-200 PLC 型号意义如下：

S7-200 PLC 的 CPU 单元系列产品见表 4.6 所示。

表 4.6　S7-200 PLC 的 CPU 单元系列产品基本情况表

序 号	型 号	供电电源	本机输入	本机输出
1	CPU221 AC/DC/RELAY	AC	6 DI	4 DO，继电器输出
2	CPU221 DC/DC/DC	DC	6 DI	4 DO，晶体管输出
3	CPU222 AC/DC/RELAY	AC	8 DI	6 DO，继电器输出
4	CPU222 DC/DC/DC	DC	8 DI	6DO，晶体管输出
5	CPU224 AC/DC/RELAY	AC	14 DI	10DO，继电器输出
6	CPU224DC/DC/DC	AC	14 DI	10 DO，晶体管输出
7	CPU224XP AC/DC/RELAY	DC	14 DI+2AI	10DO，继电器输出+1AO
8	CPU224XPDC/DC/DC	DC	14 D+2AII	10 DO，晶体管输出+1AO
9	CPU226 AC/DC/RELAY	AC	24 DI	16 DO，继电器输出
10	CPU226DC/DC/DC	AC	24 DI	16DO，晶体管输出

下面对二者做简单比较：

（1）二者都属于小型整体式 PLC，其 CPU 单元上都集成有若干 I/O 接口。

（2）二者的 CPU 都有 AC 供电和 DC 供电两种。

（3）二者都有多种型号的 CPU，配置有不同数量的 I/O 接口，供不同场合使用。

（4）多数产品都允许连接扩展单元。

（5）输出接口比较。FX2N 的 CPU 单元的 DO 输出有继电器输出型、晶闸管输出型、晶体管输出型三种，它们的输出驱动电流和响应速度有所不同，继电器输出型可以配接交流负载和直流负载，晶闸管输出型只能接交流负载，晶体管输出型只能接直流负载。

S7-200 的 CPU 有继电器输出型和晶体管输出型两种，继电器输出型可接交流负载或直流负载，晶体管输出型只能接直流负载。

二者在连接负载的方法上类似。

图 4.59 画出了 FX2N-48MR（继电器输出型）接线方法。

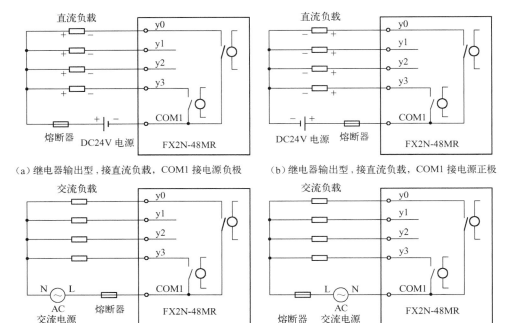

图 4.59　FX2N-48MR 继电器输出接线方法

图 4.60 画出了 S7-200 PLC CPU 221 AC/DC/RELAY（继电器输出型）的接线方法。

对比图 4.59 和图 4.60，接线方法几乎完全相同。由于是继电器触点输出，即使是直流负载，为负载供电的电源极性也可以互换。

图 4.61 画出了 FX2N-48MT（晶体管输出型）接线方法。

图 4.62 画出了 S7-200 PLC CPU 221 DC/DC/DC（晶体管输出型）的接线方法。

晶体管输出型由于输出端为晶体管，连接负载时正、负极必须严格按要求连接，不能互换。

对照图 4.61 和图 4.62，二者的接法有所不同。

图 4.63 画出了 FX2N-48MS（晶闸管输出型）的接线方法。晶闸管输出型只能接交流负载。

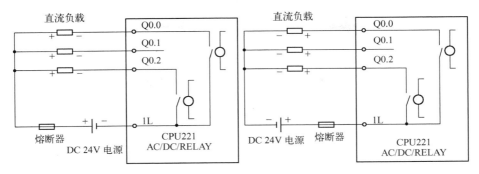

（a）继电器输出型，接直流负载，1L 接电源负极　（b）继电器输出型，接直流负载，1L 接电源正极

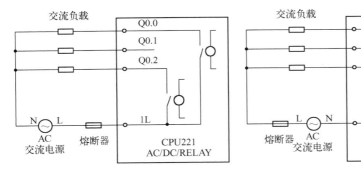

（c）继电器输出型，接交流负载，1L 接火线　　　　（d）继电器输出型，接交流负载，1L 接零线

图 4.60　S7-200 CPU221 AC/DC/RELAY 型（继电器输出型）的接线方法

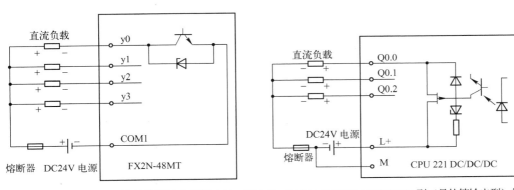

图 4.61　FX2N-48MT 的晶体管输出接线方法　图 4.62　S7-200 CPU221 DC/DC/DC 型（晶体管输出型）的接线方法

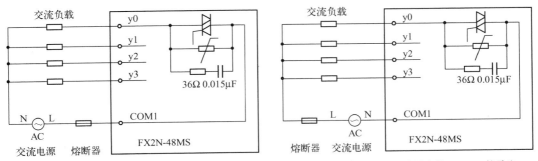

（a）晶闸管输出型，接交流负载，COM1 接火线　　　　（b）晶闸管输出型，接交流负载，COM1 接零线

图 4.63　FX2N-48MS 晶闸管输出接线方法

（6）输入接口比较。FX2N 的 CPU 单元的输入信号可以是 NPN 输入或接点输入。S7-200 PLC 的输入可以是接点输入、NPN 输入，也可以是 PNP 输入。FX2N 与接点输入的连接如图 4.64 所示。

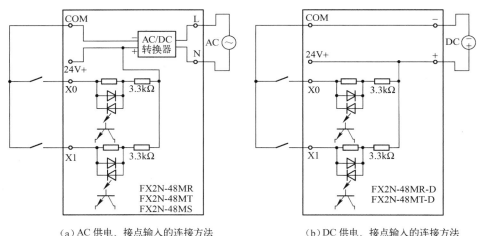

（a）AC 供电、接点输入的连接方法　　　　（b）DC 供电、接点输入的连接方法

图 4.64　FX2N-48M 接点输入的接线方法

由于 FX2N-48M 内部已将输入端（X）分别通过两个串联电阻连到 DC24V 电源的正极，将输入公共端 COM 连到 DC24V 电源负极，接点信号的连接很简单，只需两根线：一根连到 PLC 的输入端 X 上，一端连到公共端 COM 上。

S7-200 CPU 与接点输入的连接如图 4.65 所示。

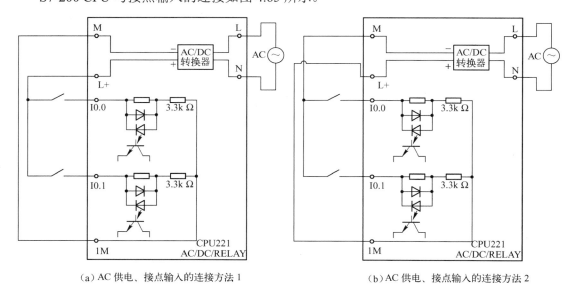

（a）AC 供电、接点输入的连接方法 1　　　　（b）AC 供电、接点输入的连接方法 2

图 4.65　S7-200 CPU221 接点输入接线方法

与 FX2N 不同，S7-200 PLC 的 CPU 输入电路内部未作电源连接，每个负载要连三根线。第一种接法如图 4.65（a）所示：负载的一端接 PLC 的 DI 输入端（I），负载的另一端接 PLC 提供的传感器电源正极（L+），1M 接 PLC 提供的传感器电源负极（M）。

第二种接法如图 4.65（b）所示：负载的一端接 PLC 的 DI 输入端（I），负载的另一端接 PLC 提供的传感器电源负极（M），1M 接 PLC 提供的传感器电源正极（L+）。

当然也可以使用外接 DC24V 电源作为传感器电源。DC 供电的 S7-200 PLC 的 CPU 外部接线与 AC 供电完全相同。

FX2N 与 NPN 型传感器的连接如图 4.66 所示。传感器通常有电源+、电源−、信号共三根线，将这三个信号分别连接到 PLC 的 24V+、COM 和 X 上即可。

S7-200 CPU 与 NPN 型传感器的连接如图 4.67 所示。连线时，除了要将电源+、电源−、信号共三根线分别接到 PLC 的 L+、M、I 上外，特别注意应将 1M 接到 L+上。

S7-200 CPU 与 PNP 输入传感器的连接如图 4.68 所示。连线时，除了要将电源+、电源−、信号共三根线分别接到 PLC 的 L+、M、I 上外，特别注意应将 1M 接到 M 上。

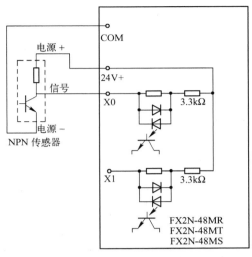

图 4.66　FX2N CPU 与 NPN 输出传感器的连接方法

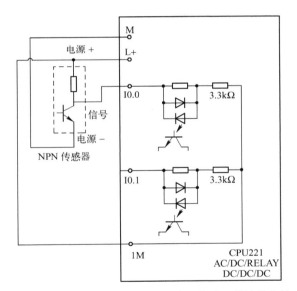

图 4.67　S7-200 PLC 与 NPN 输出传感器的连接方法

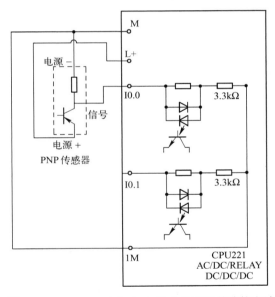

图 4.68　S7-200 PLC 与 PNP 输入传感器的连接方法

本项目小结

项目 4	用 IPC 和 kingview 实现机械手监控系统
任务描述： 利用 IPC 和组态王软件控制一个机械手的上升、下降、左移、右移、夹紧、放松动作，要求机械手能按照要求的顺序动作，并在计算机上动态显示其动作情况	

实现步骤：

1. 教师提出任务，学生在教师指导下在实训室按以下步骤逐步完成以下工作

（1）讨论并确定方案，画系统方框图

（2）进行硬件选型

（3）根据选择硬件情况修改完善系统方框图,画出电路原理图

（4）在 Kingview 组态软件开发环境下进行软件设计

（5）在 Kingview 组态软件运行环境下进行调试直至成功

（6）根据电路原理图连接电路,进行软、硬件联调直至成功

2. 教师给出作业，学生在课余时间利用计算机独立完成以下工作

（1）讨论并确定方案,画系统方框图

（2）进行软、硬件选型

（3）根据选件选型情况修改完善系统框图,画出电路原理图

（4）在 Kingview 组态软件开发环境下进行软件设计

（5）在 Kingview 组态软件运行环境下进行调试直至成功

3. 作业展示与点评

学习目标	
知识目标	技能目标
1. 计算机控制和自动控制的相关知识 ● 机械手的结构、气缸、气动电磁阀的知识 ● IPC 的知识 2. I/O 接口设备的知识 ● 计算机监控系统使用的 I/O 设备的作用与分类 ● 三菱 FX2N-FR48MR 型 PLC 的接线端子定义 ● 三菱 FX2N-FR48MR 型 PLC 的基本知识 3. 组态软件的知识 ● 组态王工程管理器和工程浏览器的功能 ● 组态王开发系统和运行系统的功能 ● 画面的功能 ● 命令语言的功能 ● 数据词典的功能 ● 设备的功能 ● 系统内建变量和用户变量的含义 ● 内存变量和 I/O 变量的含义 ● 离散变量、整型变量、实型变量的含义 ● 绘图工具箱的功能 ● 动画连接的功能 ● 命令语言动画连接的功能，按下时、按住时、弹起时的含义 ● 模拟值输出动画连接的含义 ● 缩放、水平移动、垂直移动动画连接的含义 ● 应用程序命令语言的含义 ● 应用程序命令语言的循环时间的含义 ● 事件命令语言的含义 ● 组态王命令语言语法规则 ● COM 设备与 PLC 设备的含义 ● 数据词典中连接设备、寄存器、数据类型、采集频率、初始值的含义	1. 能读懂机械手气路图 2. 能读懂机械手监控系统方框图 3. 能利用 IPC 和 FX2N-FR48MR 型 PLC 进行简单开关量监控系统的方案设计 4. 能读懂使用 FX2N-FR48MR 的机械手监控系统电路图 5. 能设计使用 FX2N-FR48MR 作为 I/O 接口设备的电路 6. 能使用 Kingview 进行监控程序设计、制作与调试 ● 会使用工程管理器新建和存储工程、会打开一个已经存在的工程 ● 会使用工程浏览器进行不同的组态工作的切换 ● 会使用数据词典在组态王中创建内存离散、I/O 离散、内存整形、内存实型、I/O 整形、I/O 实型变量 ● 会新建用户画面、定义画面名称、设置画面大小，并将其设置为主画面 ● 会利用绘图工具箱绘制文字、矩形、按钮，并能够修改内容、大小、颜色、位置、角度等 ● 能够对矩形进行缩放、水平移动、垂直移动动画连接并调试成功 ● 能对按钮进行命令语言——弹起时、按下时动画连接并调试成功 ● 能对文字对象进行模拟值输出动画连接，并进入运行环境进行调试，直至成功 ● 能读懂本系统命令语言程序 ● 能正确设置命令语言程序的循环时间 ● 能读懂机械手监控系统程序并调试成功 7. 能进行系统软、硬件联调 ● 能根据电路图进行电路连接 ● 会在组态王中正确配置 COM 口的通信参数 ● 会在组态王中添加 FX2N-48MR 型 PLC 设备，并进行正确的配置 ● 会在组态王的数据词典中正确设置连接设备、寄存器、数据类型、采集频率 ● 会进行系统软、硬件联调
作业	升降机自动监控系统设计

任务描述：参见练习项目 5

学习项目 5　用 IPC 和组态王实现水箱水位监控系统

> **主要任务**
>
> 1. 读懂控制要求，设计水位监控系统的控制方案。
> 2. 进行器件选型，要求使用 ND-6018 智能模块和三菱 FX2N-48MR PLC 作 I/O 接口设备。
> 3. 进行电路设计，画出系统原理接线图。
> 4. 用 kingview 组态软件进行监控画面制作和程序编写。
> 5. 完成系统软、硬件安装调试。

5.1　方案设计

想一想：学习项目 3 中的水位监控系统采用什么控制方案？

查一查：ND-6018 智能模块的功能和接线端子定义，课上讲一讲。

画一画：系统方框图和接线图。

5.1.1　控制要求

水位监控系统组成如图 5.1 所示。水箱通过一台水泵（Pump）和相应进水管道为水箱供水，水箱出水管道连接到多个用户，为用户提供水源。为了保持水压的相对稳定，要求水箱的水位（Liquid Level）在合适的范围内。水箱水位有两个报警限，分别是上限和下限。已知水箱高 30m，上限为 26m，下限为 1m。

监控要求如下：

（1）进行水位控制：如果水位低于下限，则水泵工作，为水箱进水；水位上升到上限，则关闭水泵。

（2）进行水位实时监测与显示。

（3）报表输出：生成水位参数的实时报表和历史报表，供显示和打印。

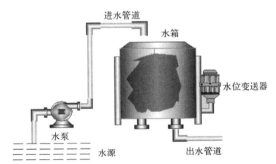

图 5.1　水位监控系统

（4）曲线显示：生成水位参数的实时趋势曲线和历史趋势曲线。

5.1.2　对象分析

想一想：为什么水位 H 会偏离给定范围？

　　　　偏离了以后该怎么做才可以使水位回到给定范围？

做一做：查找有关控制算法的资料，课上讨论一下。

水箱的用水量总是受到用户需求的影响，当用水量发生变化时，水箱水位随之改变。为确保水位变化不超过正常范围，水位控制系统应使用传感器进行水位监测，当发现水位变化时，控制系统及时调整供水量以适应用水量的变化。这样的控制方式，属于闭环控制。

此外，由于水位控制范围较宽（1～26m），控制品质要求不高，可采用水位过低时接通水泵；水位过高时断开水泵的"位式控制"算法。

用数学公式描述"位式控制"算法：

$$Y = \begin{cases} 1 & H < 1\text{m} \\ 0 & H > 26\text{m} \\ \text{保持} & 1\text{m} \leqslant H \leqslant 26\text{m} \end{cases}$$

式中，Y 是水泵控制信号。$Y=1$，接通水泵；$Y=0$，断开水泵。

用图形描述以上控制规律，如图 5.2 所示。

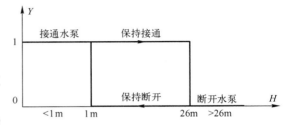

图 5.2 带中间区的位式控制算法

有关水位控制算法的相关知识请参考项目 3。

一般情况下，最大进水量应大于最大出水量。图 5.3 是水箱用水量从 0 突然变化为 100%时，按照以上控制算法进行控制得到的水位变化曲线。

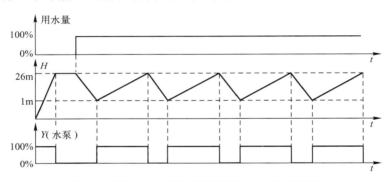

图 5.3 罐 2 出水量阶跃变化情况下 H_2 控制结果

图 5.3 所示系统阶跃扰动下的工作过程如下：

（1）系统刚开始工作时。水位 $H=0$，由于 $H<1$m，水泵接通，开始上水，H 逐渐增加，直到水位达到上限，$H>26$m 时，水泵关断。

（2）用水阀打开后。H 逐渐下降，$H<1$m 后，水泵再次接通，由于进水量大于出水量，H 重新上升，$H>26$m 后水泵关断。之后 H 下降，不断重复本过程。

总结：

被控对象——水箱。

被控参数——水箱水位 H。

控制目标——使 H 保持在 1～26m 范围。

控制变量——水泵的通断。

控制算法——带中间区的位式控制算法。

5.1.3 初方案制订

水位监控系统初方案方框图如图 5.4 所示。水位经检测后通过输入接口送计算机，计算机根据水位高低发出控制命令，控制命令通过输出接口作用到水泵上，实现水位的闭环控制。

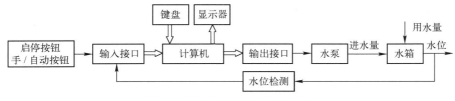

图 5.4 水箱水位监控系统初方案

5.2 软、硬件选型

想一想：按照方框图，应该进行哪些设备选型？

做一做：查找模拟量输入设备的相关资料，课上讨论一下。

读本节内容，说明 ND-6018 的功能。

1. 命令输入设备选型

本系统命令有：启动、停止、手动、自动。命令输入设备可使用外接按钮，也可直接利用键盘、鼠标，在计算机上输入。本系统采用第二种，直接在计算机上输入命令。

2. 传感器和变送器选型

仅就控制而言，本系统采用带中间区的位式控制算法，水位检测使用简单的水位开关即可。当水位达到限位值时，水位开关动作。但考虑到水位实时监测的要求，需要选择模拟量输出的水位传感器。在这里选用与项目 3 相同的 DBYG 型压力变送器，具体参数见学习项目 3 中的表 3.1 所示。本变送器量程选择方法如下：

水箱水位范围为 0~30m，转换为压力是：

$$P=\rho g h=10^3 kg/m^3 \times 9.8 m/s^2 \times 30m=294 \times 10^3 N/m^2=294 kPa=0.294 MPa$$

由表 3.1，可选择 DBYG-4000A/STXX2 型 1 个。使用前应进行零点和量程调整，确保：

H=0m 时，变送器输出 4mA。

H=30m 时，变送器输出 20mA。

3. 执行器选型

水泵通常由工艺设计人员根据系统需求选择，电气工程师需要了解水泵参数，以便设计控制电路，配备控制器件。本系统水泵参数如下：

型号：25SG-10-30

口径：25mm

流量：10m³/h

扬程：30m

效率：60%

功率：1.5kW

电压：～380V，50Hz

转数：2800r/min

4．计算机选型

可参考学习项目 1～4 进行选择。

5．I/O 接口设备选型

（1）I/O 点基本情况。水箱水位系统的 I/O 点见表 5.1，共有 1 个 AI，1 个 DO。

（2）I/O 设备选择。选择凌华公司牛顿系列

表 5.1　储液罐系统 I/O 情况表

序号	名　　称	功　　能	性质
1	水位变送器输出信号	检测水箱水位	AI
2	水泵控制信号	控制水泵通断	DO

（Nudam）的 ND-6018 智能模块作为输入接口设备，接收压力变送器输出的 4～20mA 电流信号。

选择三菱公司的 FX2N-48MR 型 PLC 作为输出接口设备，控制水泵的通断。

有关 I/O 模块的知识请参考学习项目 1 的 1.2.5 节。

关于 FX2N-48MR 型 PLC，项目 3 中已进行详细介绍，本节介绍 ND-6018 智能模块。

ND-6018 是凌华科技（中国）有限公司生产的 8 通道模拟量输入模块。该公司网址：http://www.adlinktech.com。ND-6018 模块的外观和接线端子定义如图 5.5 所示。

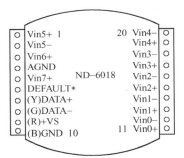

图 5.5　ND-6018 模拟量输入模块外观及接线端子定义

由于可以直接输入热电偶信号，ND-6018 模块被称为热电偶模块。实际上该模块可以接收热电偶、电压、电流三种信号，并将输入的模拟信号转换为 RS-485 标准的串行数字信号输出给计算机。该模块可以接收的信号类型具体如下：

热电偶输入：类型有 J、K、T、E、R、S、B、N、C。

电压输入：范围有 ±15mV，±50mV，±100mV，±500mV，±1V，±2.5V。

电流输入：范围为 ±20mA（配 125Ω 电阻）。

模块采样频率为 10 次/秒。供电电源为 10～30V 直流电源。

其中 Vin0+、Vin0–；Vin1+、Vin1–…；Vin5+、Vin5–这 6 对端子为差动输入端，Vin6 和 Vin7 为单端输入，二者公共端 AGND。

DATA+ 和 DATA– 是串行数字信号输出端子。+VS 和 GND 是电源输入端子。

牛顿系列的模拟量输入模块中，还有 ND-6017，该模块只能接收电压和电流信号。

6．其他器件的选型

（1）通信模块的选型。ND-6018 模块将输入的模拟量转换为串行数字信号，此信号为 RS-485 标准。为了能够与计算机的 RS-232 串行口沟通，在 ND-6018 和计算机之间需要一个 RS-485 到 RS-232 的转换模块。凌华牛顿系列中的 ND-6520 具有此功能。其外观及端子定义如图 5.6 所示。

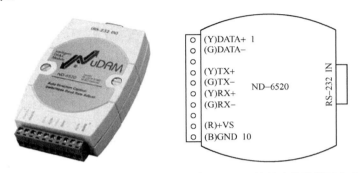

图 5.6 ND-6520 转换模块（RS-485 到 RS-232）外观及接线端子定义

该模块使用 DATA+、DATA-端子接收 ND-6018 模块输入的 RS-485 串行数字信号，将其转换为 RS-232 信号后，通过 RS-232 IN 端和串行口电缆连到计算机的 COM 口上。+VS 和 GND 是电源输入端子。

（2）配电器选型。配电器的作用有 3 个：

① 为两线制变送器提供 24V 电源（本系统为 DBYG-4000A/STXX2 型扩散硅压力变送器）。

② 接收变送器输出的 4～20mA 电流信号，转换为 1～5V 后送下一个接收装置（本系统为 ND-6018）。

③ 实现变送器与其负载（本系统为 ND-6018）的电气隔离。

可选择 DFP-2100 型配电器，其外观和接线端子定义如图 5.7 所示，A 部分为变送器信号输入端子组，其中①、②为第 Ⅰ 路变送器输入端子，③、④为第 Ⅱ 路变送器输入端子。B 部分为电源供应和输出端子组，其中⑪、⑫为 DC24V 供电输入端，①、②为第 Ⅰ 路变送器电压输出端子，③、④为第 Ⅰ 路变送器电流输出端子，⑤、⑥为第 Ⅱ 路变送器电压输出端子，⑦、⑧为第 Ⅱ 路变送器电流输出端子。

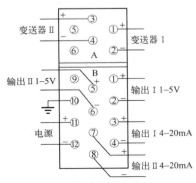

图 5.7 DFP-2100 配电器外观及接线端子定义

（3）稳压电源选型。稳压电源为配电器、水位变送器、智能模块等提供 DC24V 工作电源。稳压电源的型号为 DFY-3110，最大输出电流为 10A。

（4）接触器选型。由水泵参数知，其供电电压～380V，1.5kW。FX2N-48MR 型 PLC 的继电器输出可带交流负载或直流负载，电压 AC250V 或 DC30V 以下，电流 2A/每点，因此不能直接驱动水泵，需要通过接触器驱动。接触器选型参数如下：

线圈电压：DC24V。

触点电压：～380V。

触点电流：$I \approx 2 \times P$（kW）=2×1.5=3A。可选正泰 NC1 系列接触器。该接触器具体参数如表 5.2。

表 5.2　正泰 NC1 系列接触器参数

型号			NC1-09(Z)	NC1-12(Z)	NC1-18(Z)	NC1-25(Z)	NC1-32(Z)	NC1-40(Z)	NC1-50(Z)	NC1-65(Z)	NC1-80(Z)	NC1-95(Z)
额定工作电流(A)	380/400v	AC-3	9	12	18	25	32	40	50	65	80	95
		AC-4	3.5	5	7.7	8.5	12	18.5	24	28	37	44
	660/690v	AC-3	6.6	8.9	12	18	21	34	39	42	49	49
		AC-4	1.5	2	3.8	4.4	7.5	9	12	14	17.3	21.3
约定自由空气发热电流(A)			20	20	32	40	50	60	80	80	95	95
额定绝缘电压(V)			690	690	690	690	690	690	690	690	690	690
可控三相鼠笼电动机功率(AC-3)kW	220/230V		2.2	3	4	5.5	7.5	11	15	18.5	22	25
	380/400V		4	5.5	7.5	11	15	18.5	22	30	37	45
	660/690V		5.5	7.5	10	15	18.5	30	37	37	45	45
断续周期工作制下电动机功率(AC-4)kW	380/400V		1.5	2.2	3	4	5.5	7.5	11	15	18.5	22
	660/690V		1.1	1.5	3.7	4	5.5	7.5	11	11	15	18.5
电寿命(万次)	AC-3		100	100	100	100	80	80	60	60	60	60
	AC-4		20	20	20	20	20	15	15	15	10	10
机械寿命(万次)			1000	1000	1000	1000	800	800	800	800	600	600
配用熔断器型号			RT16-20	RT16-20	RT16-32	RT16-40	RT16-50	RT16-63	RT16-80	RT16-80	RT16-100	RT16-125
冷压端头	非预制端头软线	根 mm³	1　2	1　2	1　2	1　2	1　2	1　2	1　2	1　2	1　2	1　2
	有预制端头软线		1/2.5　1/2.5	1/2.5　1/2.5	1.5/4　1.5/4	1.5/4　1.5/4	2.5/6　2.5/6	6/25　4/10	6/25　4/10	6/25　4/10	10/35　6/16	10/35　6/16
	非预制端头硬线		1/4　1/2.5	1/4　1/2.5	1.5/6　1.5/4	1.5/6　1.5/4	25/10　2.5/6	6/25　4/10	6/25　4/10	6/25　4/10	10/35　6/16	10/35　6/16
			1/4　1/4	1/4　1/4	1.5/6　1.5/6	1.5/6　1.5/6	25/10　25/10	6/25　4/10	6/25　4/10	6/25　4/10	10/35　6/16	10/35　6/16
接线端子螺钉大小及拧紧力矩(N·m)			M3.5	M3.5	M3.5	M4　M4	M4　M4	M8	M8	M8	M10	M10
			0.8	0.8	0.8	1.2　1.2	1.2　1.2	4	4	4	6	6
交流线圈功率 50Hz	吸合(VA)		70	70	70	110	110	200	200	200	200	200
	保持(VA)		9.0	9.0	9.5	14.0	14.0	57.0	57.0	57.0	57.0	57.0
	功率(W)		1.8～2.7	1.8～2.7	3～4	3～4	3～4	6～10	6～10	6～10	6～10	6～10
直流线圈功率	功率(W)		9	9	11	11	11	20	20	20	20	20
动作范围			吸合电压：85%Us～110%Us　释放电压为：20%Us～75%Us（直流为 10%Us～75%Us）									
辅助触头基本参数			AC-15：0.95A　380V/400V　DC-13：0.15A 220V/250V　Ith：10A									

交流线圈控制电压及代号：

线圈电压 Us(V)	24	36	42	48	110	127	220	230	240	380	400	415	440	480	500	600	660
50Hz	B5	C5	D5	E5	F5	G5	M5	P5	U5	Q5	V5	N5	R5	T5	S5	X5	Y5
60Hz	B6	C6	D6	E6	F6	G6	M6	P6	U6	Q6	V6	N6	R6	T6	S6	X6	Y6
50/60Hz	B7	C7	D7	E7	F7	G7	M7	P7	U7	Q7	V7	N7	R7	T7	S7	X7	Y7

直流线圈的控制电压及代号：

线圈电压 Us(V)	24	36	48	60	72	110	125	220	250	440	600
代号	BD	CD	ED	ND	SD	FD	GD	MD	UD	RD	XD

查表 5.2 可知，本系统可选 NC1-09Z 型接触器。该接触器主触点可控制 AC380/400V、1.5kW 电动机断续工作（AC4 工作制），完全满足水泵需求。另一方面，该接触器可配直流线圈，功率为 9W，当选择线圈电压 DC24V 时，电流=9W/24V=0.375A<1A，可以直接与 FX2N-48MR 的 DO 输出连接。

有关正泰产品可参见网站 www.chint.net。

7．系统软件选型

选用国产通用组态软件组态王（Kingview）。

5.3 电路设计

电路设计

想一想：为什么 FX2N-48MR 不能代替 ND-6018？
　　　　ND-6520 和配电器的功能？

做一做：画系统方框图和电路，说说其工作原理。

1．绘制系统方框图

选定 I/O 设备后更详尽的水位监控系统方框图如图 5.8 所示。

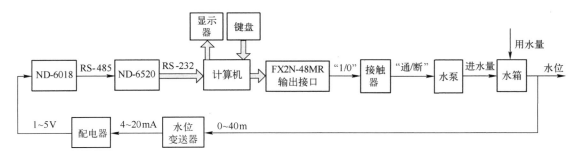

图 5.8　水箱水位监控系统方框图

2．绘制系统原理接线图

（1）I/O 分配。水箱水位监控系统 I/O 分配见表 5.3。

表 5.3　水位监控系统 I/O 分配表

序号	名　称	功　能	性质	通　道	地址
1	水位	检测水箱水位	AI	ND6018	AI5
2	水泵运行	控制水泵通断	DO	FX2N-48MR	Y0

（2）系统原理接线图绘制。水位系统接线图如图 5.9 所示。

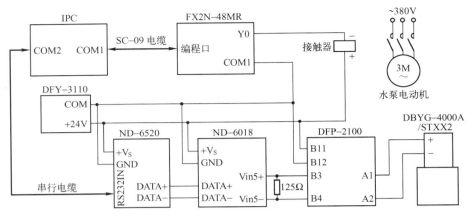

图 5.9　水位系统接线图

5.4　程序设计与调试

想一想：监控软件应包括什么功能？

做一做：按照指导步骤，逐步完成画面制作与程序调试。

工程建立与变量定义

5.4.1　建立工程

（1）双击桌面"组态王"图标，或"开始"→"程序"→"组态王 6.53"→"组态王 6.53"，出现"组态王工程管理器"窗口，如图 5.10（a）所示。

（2）在"组态王工程管理器"窗口中单击"新建"，出现图 5.10（b）所示窗口。

（3）单击"下一步"，出现窗口如图 5.10（c）所示，直接输入或用"浏览"方式确定工程路径，例如，D: \。

（4）单击"下一步"，在出现的图 5.10（d）所示窗口中，输入"工程名称"为"水位监控系统"。

（5）单击"完成"按钮，并且在出现的如图 5.10（e）所示的"是否将新建的工程设置为组态王当前工程"对话框中单击"是"按钮，完成工程的建立。

（6）此时，组态王在指定路径下出现了一个"水位监控系统"项目名，如图 5.10（f）所示，以后所进行的组态工作的所有数据都将存储在这个目录中。

（a）组态王工程管理器

图 5.10

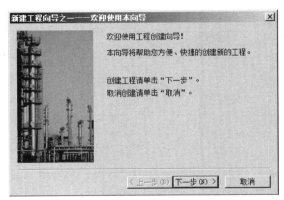
（b）新建工程向导之一

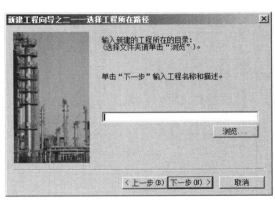
（c）新建工程向导之二

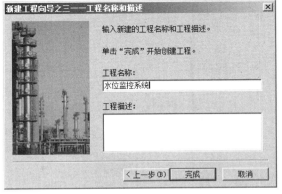
（d）新建工程向导之三

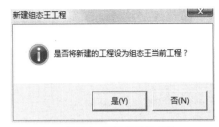
（e）将新建工程设为当前工程

（f）新建工程出现在组态王工程管理器中

图 5.10（续）

5.4.2 定义变量

1. 变量分配

系统所需变量如表 5.4 所示，其中"水位"为"I/O 实数"型变量，因为该变量的值来自水位变送器，变化范围 4～20mA。而变量"水泵运行"应为"I/O 离散"型，用于控制水泵启停。但为可以脱离设备进行模拟调试，先将它们设为"内存实数"型变量，待在线调试时再行更改。

其余变量为组态王内存变量，具体功能随设计深入逐渐体会。

表 5.4 水位监控系统变量分配表

序号	变量名称	变量类型 （最终设置）	变量类型 （初始设置）	初始值	最大值	对应设备	地址
1	水位	I/O 实数	内存实数	0	30	ND6018	AI5
2	水泵运行	I/O 离散	内存离散	0		FX2N-48MR	Y0
3	水位 0	内存实数	内存实数	0	30		
4	水位 1	内存实数	内存实数	0	30		
……	……	……	……	……	……		
26	水位 23	内存实数	内存实数	0	30		
27	已经打印	内存离散	内存离散	0			
28	系统启动	内存离散	内存离散	0			

2．变量定义

（1）建立"水位"变量。

① 单击"数据库"大纲项下面的"数据词典"，在目录内容显示区中双击"新建"图标，出现图 5.11（a）所示窗口，在"基本属性"页中输入变量名"水位"，变量类型设置为"内存实数"，初始值：0，最大值：30。

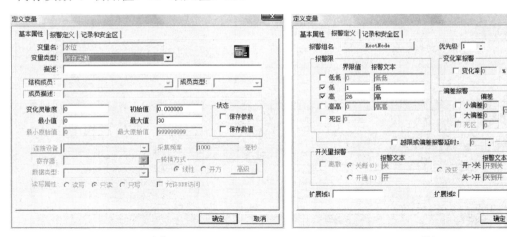

（a）　　　　　　　　　　　　　　　（b）

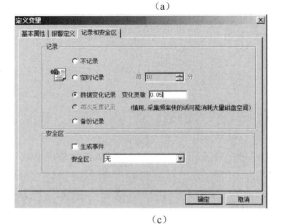

（c）　　　　　　　　　　　　　　　（d）

图 5.11　建立"水位"变量

② 单击"报警定义"选项卡，设置高报警限为 26m，低报警限为 1m，如图 5.11（b）所示。

③ 单击"记录和安全区"选项卡，单击选中"数据变化记录"单选按钮，并设置变化灵敏为 0.05，也就是说水位每变化 5cm 进行一次历史数据记录。最后单击"确定"，完成第一个变量"水位"的建立，如图 5.11（c）、（d）所示。

（2）建立"水泵运行"变量。

① 在目录内容显示区中双击"新建"图标，再次出现"定义变量"窗口，将变量名设置为"水泵运行"，变量类型设置为"内存离散"，初始值为"关"，如图 5.12（a）所示。

② 单击"记录和安全区"选项卡，单击选中"数据变化记录"单选按钮，如图 5.12（b）所示，单击"确定"，完成"水泵运行"变量的设置。

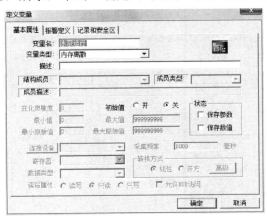 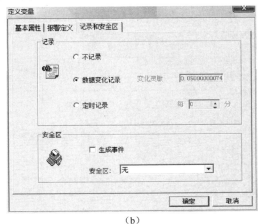

（a） （b）

图 5.12　建立"水泵运行"变量

（3）其他变量的定义。为了能够在程序中生成报表，对每小时的水位情况进行报表打印输出，需要建立 24 个内存实数变量（水位 0、水位 1、……、水位 23），存储 24 个小时整点时的水位数值。

为了确定报表是否已经被打印输出，需要增加一个内存离散变量"已经打印"。

为控制系统的启/停，还需要一个内存离散变量"系统启动"。

按照表 5.4 所示参数，在"数据词典"中建立这些变量，如图 5.13 所示。

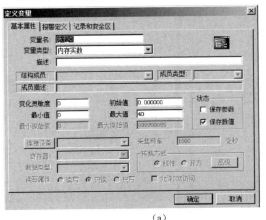 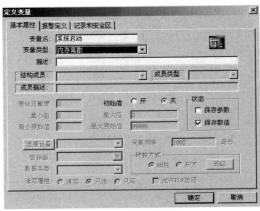

（a） （b）

图 5.13　建立其他内存变量

5.4.3 设计与编辑画面

1．新建画面

（1）在工程浏览器的工程目录显示区，单击"文件"——"画面"，然后在目录内容显示区中双击"新建"图标，出现"新画面"对话框。

（2）在"画面名称"项输入：水位监控系统主画面，选择"大小可变"，如图 5.14（a）所示，单击"确定"，返回工程浏览器，可看到在目录内容显示区中增加了"水位监控系统主画面"图标。

（3）双击此图标，进入开发系统的"水位监控系统主画面"。制作完毕的主画面如图 5.14（b）所示。

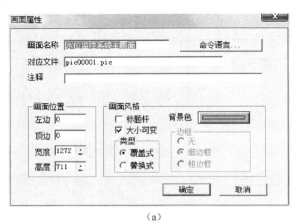

（a）

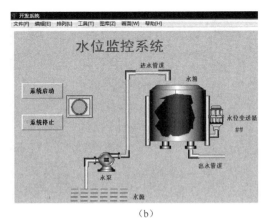

（b）

图 5.14　水位监控系统主画面

2．输入文本

图 5.14 所示画面上的大多数文字都是利用"文本"工具制作的。

文本输入的方法是：鼠标单击"工具箱"中的"文本"工具 T→鼠标移动到画面上适当位置并单击→光标在屏幕上闪动→输入文字→再次单击鼠标→结束文字输入。

修改文本内容的方法是：鼠标单击"工具箱"中的"选中图素"　→鼠标单击文字→选中文字后单击鼠标右键→在弹出的菜单中单击"字符串替换"→弹出"字符串替换"对话框→输入正确的文字→单击"确定"即可。

修改字体和字号的方法是：选中该文本→单击"工具箱"中的"字体"　→弹出"字体"对话框，如图 5.15 所示→选择文字的字体、字形和大小→单击"确定"，完成字体的修改。

图 5.15　修改文字的字体

修改文字颜色的方法是：选中该文本→单击"工具箱"中的"显示调色板"　，→在出现的"调色板"中单击"字符色"　→选择适当的文本颜色。

利用上述方法，将画面中的各段文字书写完毕，并用鼠标拖曳到合适的位置。

3. 制作按钮

水位监控系统中要发出系统启动和系统停止这两个命令，可以通过两个按钮来完成，如图 5.16 所示。

图 5.16　修改按钮文本

单击"工具箱"中的"按钮"工具 ◯ →鼠标移动到画面上合适位置→拉出一个合适大小的方框→右键单击这个按钮→在弹出的菜单中单击"字符串替换"→弹出"按钮属性"对话框，如图 5.16 所示，输入"系统启动"→单击"确定"。

用同样方法制作"系统停止"按钮。

4. 制作指示灯

单击"工具箱"中的"图库" 🖼 →出现"图库管理器"窗口，如图 5.17 所示，选中"指示灯"类别中的左起第六个指示灯→双击鼠标→将鼠标移动到画面适当位置并单击→指示灯出现在画面上→用鼠标将它的大小调整合适→完成"指示灯"的制作。

这里用"指示灯"进行系统运行/停止状态显示。

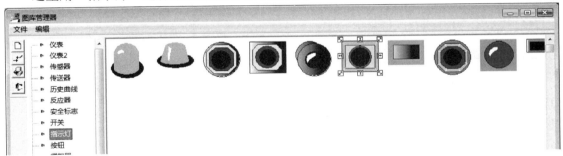

图 5.17　从图库中取出"指示灯"

5. 绘制水源

在"工具箱"中单击"显示线型" ≡| →在出现的"线型"窗口中单击第一排左起第三个按钮，即选中虚线→单击"工具箱"中的"直线"按钮→用鼠标在画面的适当位置拉出 4 根水平线，如图 5.18 所示，完成"水源"的绘制。

图 5.18　选择直线的线形

6. 绘制水泵

单击"工具箱"中的"图库"工具→选中"泵"→选择图 5.19 所示水泵→双击鼠标→将鼠标移动到画面适当位置→单击鼠标→水泵出现在画面上→用鼠标将其大小调整到合适，完成"水泵"的绘制。

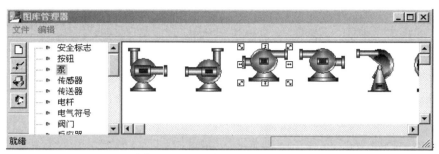

图 5.19　从图库中取出"水泵"

7. 绘制水箱

单击"工具箱"中的"图库"工具→选中"反应器"→选择图 5.20（a）所示水箱→双击鼠标→将鼠标移动到画面适当位置→单击鼠标→"水箱"出现在画面上→调整其大小到合适程度，"水箱"便绘制好了。

8. 绘制传感器

单击"工具箱"中的"图库"→选中"传感器"→选择图 5.20（b）所示传感器→双击鼠标→将鼠标移动到画面适当位置→单击鼠标→"水位传感器"出现在画面上→将其大小调整到适当程度，"水位传感器"便绘制完毕。

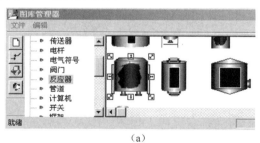

（a）

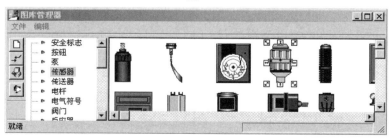

（b）

图 5.20　从图库中取出"水位传感器"和"水箱"

9．绘制管道

将图库打开→在"管道"类图库中选择适当的管道，如图 5.21 所示→放置在画面中。如果管道的长度不够，可以复制出多段管道进行组合，直到与图 5.14（b）中所示接近即可。

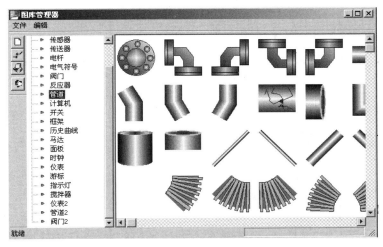

图 5.21　图库中的各种管道

10．绘制水位显示文本

在"水位传感器"右边，放置一文本，文字内容不限，如"##"。此字符串在运行时将用于显示水位的测量值。

至此，水位监控系统主画面的绘制全部结束。

5.4.4　进行动画连接与调试

以上绘制出的画面是静止不动的，要想使其能真实反映系统运行时的情况，让画面"动"起来，必须将各个图素与数据库中的相应变量建立联系。组态王中，建立画面图素与变量对应关系的过程称为"动画连接"。建立动画连接后，运行中当变量值改变时，图形对象可以按照动画连接的要求相应变化。

以下是水位监控系统主画面的动画连接与调试过程。

1．配置运行时的启动画面

（1）在工程浏览器中双击"配置"→"运行系统"菜单，出现"运行系统设置"对话框，如图 5.22（a）所示。

（2）单击"主画面配置"页面，选中"水位监控系统主画面"，将此画面作为组态王运行系统的启动画面。

（3）单击"特殊"页面，将运行"系统基准频率"和"时间变量更新频率"均设置为100ms，如图 5.22（b）所示。

（4）单击"确定"按钮，完成对运行系统的设置。

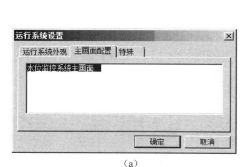
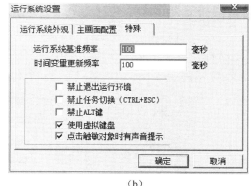

（a）　　　　　　　　　　　　　　　　（b）

图 5.22　设置运行系统的主画面和基准频率、更新频率

2．按钮和指示灯的动画连接与调试

（1）双击"系统启动"按钮→出现"动画连接"对话框→单击"命令语言连接"中的"弹起时"，如图 5.23（a）所示→出现图 5.23（b）所示"命令语言"窗口→在其中输入以下命令语言：\\本站点\系统启动=1;，→单击"确认"，返回到"动画连接"对话框→再单击"确定"，"系统启动"按钮的动画连接完成。注意命令语言中所有标点符号必须为英文符号。

（2）同样方法对"系统停止"按钮进行"弹起时"动画连接，"命令语言"内容为：\\本站点\系统启动=0;，如图 5.23（c）所示。

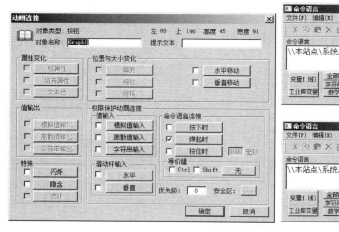
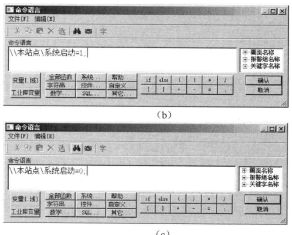

（a）　　　　　　　　　　　　　　　（b）

（c）

图 5.23　"系统启动"和"系统停止"按钮命令语言连接

（3）双击"指示灯"→出现"指示灯向导"对话框，如图 5.24 所示→将"变量名"设定为"\\本站点\系统启动"，并将"正常色"设定为绿色，"报警色"设定为红色→单击"确定"，"指示灯"动画连接完成。

在运行状态下，此指示灯的颜色将指示系统的运行状态：红色表示系统处于停止状态，绿色表示系统处于运行状态。

（4）存盘进入运行环境。单击"系统启动"按钮，指示灯应变为绿色；单击"系统停止"按钮，指示灯应变为红色。

3．水泵的动画连接与调试

（1）在开发系统的"水位监控系统主画面"中，双击"水泵"，出现"泵"对话框，如图 5.25 所示，将其中的"变量名"设置为：\\本站点\水泵运行；开启时颜色：绿色；关闭时颜色：红色，单击"确定"，"水泵"动画连接完成。

在运行时，水泵中央显示绿色表示水泵正在工作，显示红色表示水泵处于停止状态。

（2）写文字"水泵"。

图5.24 "指示灯"的动画连接

图5.25 "水泵"的动画连接

（3）双击文字"水泵"，弹出如图 5.26（a）所示窗口，选择"离散值输入"，变量名为:\\本站点\水泵运行。

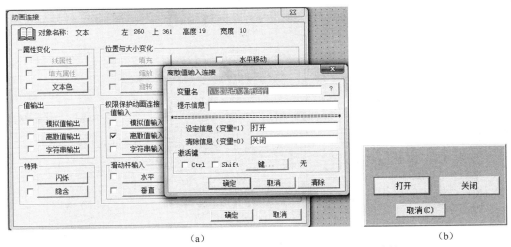

（a） （b）

图 5.26 文字"手动控制水泵"的离散值输入动画连接

（4）水泵动画连接调试。

① 全部存盘后进入运行环境。

② 将鼠标移动到文字"水泵"，单击后出现对话框，如图5.26（b）所示。

③ 选择"打开"后，水泵将显示绿色；选择"关闭"后，水泵将显示红色。

4．水箱的动画连接与调试

（1）双击"水箱"，出现"反应器"对话框。将其中的"变量名"设置为：\\本站点\水位，"填充颜色"设置为蓝色，并把"最大值"设置为 30，如图 5.27 所示，单击"确定"，完成"水箱"的动画连接。在运行中，水位为 0 时，水箱中填充的高度为 0%；水位为 30m 时，水箱填充高度 100%，即填充高度表示了水箱水位的高低。

（2）双击水位变送器旁的文字"##"，出现"动画连接"对话框，单击"模拟值输出"，弹出"模拟值输出连接"对话框，将其中的"表达式"设置为：\\本站点\水位，整数位数为 2，小数位数为 1，如图 5.28 所示，单击"确定"返回"动画连接"对话框，再次单击"确定"，完成"水位显示"动画连接。

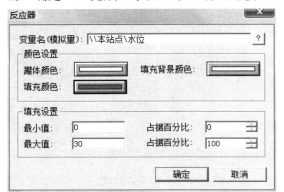

图 5.27 "水箱"的动画连接

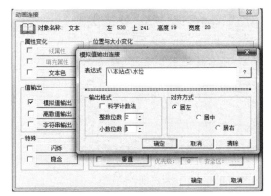

图 5.28 "水位显示"的动画连接

（3）单击菜单"图库→打开图库→游标"选择第一行第二列游标，双击后在画面中绘制该游标并拖动为合适大小，如图 5.29（a）、（b）所示。

（4）双击该游标进行动画连接，将变量名设置为：\\本站点\水位；最小：0；最大：30，如图 5.29（c）所示。

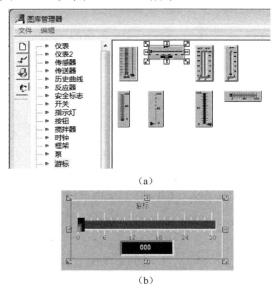

（a）

（b）

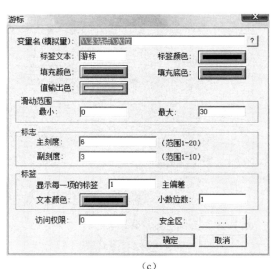

（c）

图 5.29 水位游标的动画连接

（5）水箱动画连接的调试。

① 全部存盘后进入运行环境。

② 鼠标拖动游标中的滑块，观察游标显示、水位显示值和水箱中水位填充色的变化，

三者应彼此同步变化，如图 5.30 所示。

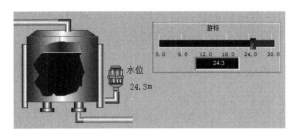

图 5.30 运行环境下拖动游标后的显示效果

5.4.5 编写控制程序并进行模拟调试

程序设计与调试

本系统采用牛顿系列的 ND-6018 模块和三菱 FX2N-48MR 型 PLC 作为接口设备，控制程序由 IPC 完成。

组态王需要在运行时根据水箱水位的高低，决定水泵的工作状态。具体要求是：

（1）如果水位低于下限，则水泵工作，为水箱进水。

（2）水位上升到上限，则关闭水泵。

（3）水位在上限到下限之前时，水泵保持原状态不变。

已知下限为 1m，上限为 26m。

1．控制程序的编写

（1）如图 5.31 所示，在工程浏览器中的工程目录显示区中单击"文件→命令语言→应用程序命令语言"。

图 5.31 "程序命令语言"的编写

（2）在目录内容显示区中双击"请双击这儿进入……"图标。

（3）单击"运行时"页面，将循环执行时间设定为 100ms。

（4）在命令语言输入框内输入如下命令语言：

```
if(系统启动==1)
    {   if(水位<1)
            水泵运行=1;
        if(水位>26)
            水泵运行=0;
    }
else
    水泵运行=0;
```

（5）单击"确认"，完成命令语言的输入。

2．控制程序的模拟调试

（1）进入运行环境，画面显示水位为 0，水泵不工作（红色）。

（2）按下"系统运行按钮"后，水泵工作（绿色）。

（3）拖动游标使水位大于 26m，则水泵停止（红色）。

（4）拖动游标使水位小于 1m，则水泵工作（绿色）。

（5）反复拖动游标，测试控制效果。

5.4.6　制作与调试实时和历史报警窗口

1．报警窗口的制作

如果事先在"变量定义"时允许变量进行上下限报警，则运行中变量值超限后，组态王会自动将变量超限情况存储在报警缓冲区中。利用"报警窗口"，可将报警缓冲区中的报警事件进行集中显示。下面为"水位监控系统"建立一个报警窗口。

（1）在组态王开发系统中，单击"文件"→"新画面"菜单命令，则出现"新画面"对话框。

（2）在"画面名称"中输入：水位监控系统报警画面，"大小可变"，如图 5.32 所示，单击"确定"，则新建立了一个画面。

（3）单击"工具箱"中的"报警窗口"按钮，然后用鼠标在画面上拉出一个矩形，如图 5.33 所示。

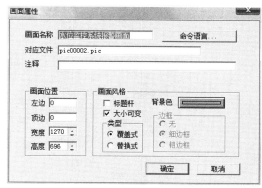

图 5.32　报警画面属性设置

（4）双击新建立的报警窗口，出现"报警窗口配置属性页"，如图 5.34（a）所示。

（5）在"通用属性"页，将"报警窗口名"设为：水位报警；选择"历史报警窗"。

（6）如图 5.34（b）所示，在"条件属性"页，将"报警服务器名"设为"本站点"；选中"报警信息源站点"中的"本站点"多选框；将"报警组"设置为"RootNode"；"报警类型"选择"低"和"高";"事件类型"选择"报警"、"恢复"、"确认"。最后单击"确定",完成报警窗口属性设置。

事件日期	事件时间	报警日期	报警时间	变量名	报警类型	报警值/旧值	恢复值/新值	界限值	报警组名	事件类型	变量描述

图 5.33　报警窗口

（7）在"水位监控系统报警画面"中制作一个游标,用于模拟输入水位值。方法与"水位监控系统主画面"中的游标相同。

（8）实时报警窗口的制作与之类似,只需在"通用属性"页中选择"实时报警窗"即可。

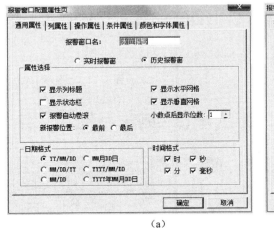

（a）

（b）

图 5.34　实时报警窗口设置

2．报警窗口的调试

（1）全部存盘后,进入运行环境。

（2）单击菜单栏"画面→打开",在弹出的窗口中选择"水位监控系统报警画面",单击"确定",如图 5.35 所示。

 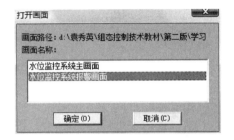

图 5.35　在运行环境中打开"水位监控系统报警画面"

（3）在"水位监控系统报警画面"中操作游标，改变水位大小，观察报警窗口中的显示是否能随之正确改变，报警效果如图 5.36 所示。

事件日期	事件时间	报警日期	报警时间	变量名	报警类型	报警值/旧值	恢复值/新值	界限值	报警组名	事件类型	变量描述
09/07/24	16:43:...	09/07/24	16:43:...	水位	高	26.1	25.5	26.0	RootNode	恢复	
		09/07/24	16:43:...	水位	高	26.1	----	26.0	RootNode	报警	
09/07/24	16:43:...	09/07/24	16:43:...	水位	高	26.1	24.8	26.0	RootNode	恢复	
----	----	09/07/24	16:43:...	水位	高	26.1	----	26.0	RootNode	报警	
09/07/24	16:43:...	09/07/24	16:43:...	水位	高	26.7	24.8	26.0	RootNode	恢复	
----	----	09/07/24	16:43:...	水位	高	26.7	----	26.0	RootNode	报警	
09/07/24	16:42:...	09/07/24	16:43:...	水位	高	26.1	24.3	26.0	RootNode	恢复	
		09/07/24	16:42:...	水位	高	26.1	----	26.0	RootNode	报警	

图 5.36　运行环境下的报警效果

5.4.7　制作与调试实时和历史曲线

进行趋势分析是监控软件必备的功能。组态王的趋势曲线分实时趋势曲线和历史趋势曲线两种。

下面建立"水位监控系统"的实时曲线和历史曲线。

1．实时曲线的制作

（1）在组态王开发系统中，单击"文件"→"新画面"菜单命令，出现"新画面"对话框。

（2）在"画面名称"中输入：水位监控系统实时曲线，"大小可变"，单击"确定"按钮，则新建立了画面。

（3）在"工具箱"中单击"实时趋势曲线"按钮，将鼠标移动到画面上，拖拉出一个适当大小的矩形框，如图 5.37 所示。

（4）双击该矩形框，出现"实时趋势曲线"对话框。如图 5.38（a）所示，在"曲线定义"页：

将"曲线 1"的表达式设置为：\\本站点\水位，颜色为红色；

将"曲线 2"的表达式设置为：\\本站点\系统启动，颜色为绿色；

将"曲线 3"的表达式设置为：\\本站点\水泵运行，颜色为蓝色。如图 5.38（b）所示，

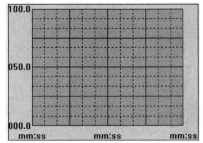

图 5.37　实时趋势曲线

在"标识定义"页，设置标识 X 轴，标识 Y 轴，时间长度：20s。

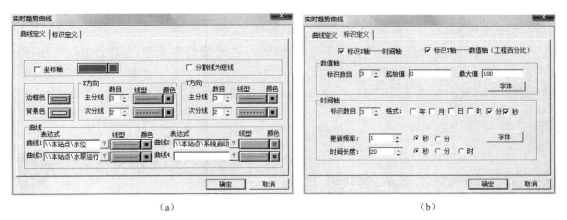

（a） （b）

图 5.38 "实时曲线"的配置

（5）在"水位监控系统实时曲线"画面中制作一个游标，用于水位模拟输入，方法与"水位监控系统主画面"中的游标相同。制作完成后的画面如图 5.39 所示。

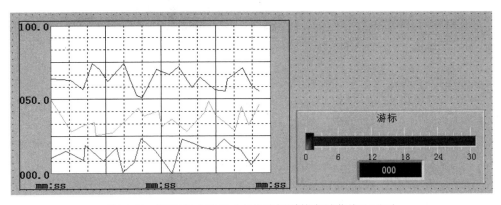

图 5.39 制作完成后的"水位监控系统实时曲线"画面

2．实时曲线的调试

（1）全部存盘后，进入运行环境。

（2）单击菜单栏"画面→打开"，在弹出的窗口中选择"水位监控系统实时曲线"，单击"确定"。

（3）在"水位监控系统实时曲线"画面中操作游标，改变水位大小，观察实时曲线的显示是否能随之正确改变，显示效果如图 5.40 所示。

3．历史曲线的制作

（1）在组态王开发系统中，单击"文件"→

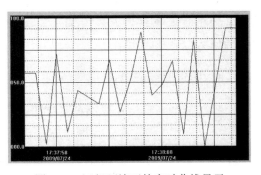

图 5.40 运行环境下的实时曲线显示

"新画面"菜单命令，出现"新画面"对话框。

（2）在"画面名称"中输入：水位监控系统历史曲线，"大小可变"，单击"确定"，则新建立了一个画面。

（3）按下 F2 键，出现"图库管理器"窗口，在此窗口中选中"历史曲线"图标，双击后在画面上单击，则画面上出现了一个"历史趋势曲线"对象，用鼠标将其大小调整到适当程度，如图 5.41 所示。此历史趋势曲线需要有两个变量来协助完成操作面板的操作。

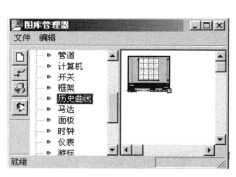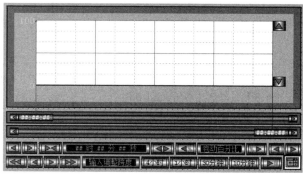

图 5.41　利用"图库"制作的历史曲线

（4）进入工程浏览器，新建两个内存实数变量："调整跨度"和"卷动百分比"，其中"调整跨度"的最大值为 99 999，初始值为 60；"卷动百分比"的最大值为 100，初始值为 50；两个变量均选中"保存数值"选项。

（5）回到组态王开发系统中，双击刚才建立的"历史趋势曲线"对象，出现"历史曲线向导"，如图 5.42（a）所示，在"曲线定义"页面中做如下设置：

"历史趋势曲线名"：水位监控系统历史趋势；

"曲线 1"变量名称：\\本站点\水位，线条颜色为：红色；

"曲线 2"变量名称：\\本站点\系统启动，线条颜色为：绿色；

"曲线 3"变量名称：\\本站点\水泵运行，线条颜色为：蓝色。

（6）单击"操作面板和安全属性"选项卡，如图 5.42（b）所示，设置"调整跨度"为：\\本站点\调整跨度；"卷动百分比"：\\本站点\卷动百分比。

（7）单击"坐标系"选项卡，如图 5.42（c）所示，设置"时间长度"：1 分钟，字体颜色为红色。

4．历史曲线的调试

（1）全部存盘后，进入运行环境。

（2）单击菜单栏"画面"→"打开"，在弹出的窗口中选择"水位监控系统历史曲线"，单击"确定"。

（3）在"水位监控系统历史曲线"画面中操作其上自带的各种操作按钮，可改变曲线的起始时间、终点时间，观察不同阶段的参数变化情况。

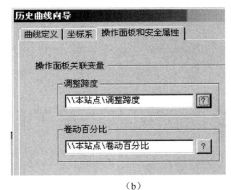

（a）   （b）

（c）

图 5.42 "历史曲线"设置

5.4.8 制作与调试日报表

1. 数据报表介绍

数据报表是生产过程中不可缺少的一个部分，它能够反映出生产过程的实时情况，也能够反映出长期的生产过程状况，管理人员可以通过对报表的分析，更好地对生产进行优化。

本系统需要建立一个简单的报表，此报表每天晚上 23 时 00 分 01 秒打印一次，打印过去 24 小时内每个整点的水位数据。

2. 报表制作过程

（1）在组态王开发系统中，单击"文件"→"新画面"菜单命令，出现"新画面"对话框。

（2）在"画面名称"中输入"水位监控系统报表显示"，"大小可变"，单击"确定"按钮，则新建立了一个报表显示画面。

（3）在组态王开发系统的"工具箱"中，单击"报表窗口"按钮，在画面上拖拉出一个矩形，如图 5.43 所示。

（4）双击矩形的深色部分，出现"报表设计"对话框，为报表控件取名为"日报表"，报表尺寸设定为 6 行 6 列（共计 24 个数据，第一行作标题，第二行显示日期和时间），单击"确认"按钮，如图 5.44 所示。

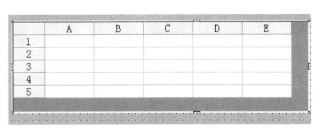

图 5.43 "报表"窗口

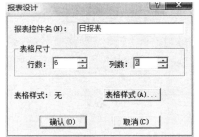

图 5.44 "报表设计"窗口

（5）用鼠标选中 A1～F1 这 6 个单元格，单击"报表工具箱"中的"合并单元格"按钮，则把这 6 个单元格合并为一个单元格，在这个单元格中输入文字"水位监控系统日报表"，鼠标右键单击此单元格，在弹出的菜单中单击"设置单元格格式"菜单项，设置格式为：居中对齐，字体为宋体常规 20 号。

（6）将 A2～C2 单元格合并，输入文字：=Date（$年,$月,$日）。鼠标右键单击此单元格，在弹出的菜单中单击"设置单元格格式"，设置单元格格式为日期类型：YY/MM/DD。

（7）将 D2～F2 单元格合并，在单元格中输入文字：=Time（$时,$分,$秒）"，设置单元格格式为"时间类型：13 时 30 分 00 秒"。

（8）在 A3～F3 单元格中分别输入：=水位 0　　=水位 1　　……=水位 5；

　　　在 A4～F4 单元格中分别输入：=水位 6　　=水位 7　　……=水位 11；

　　　在 A5～F5 单元格中分别输入：=水位 12　　=水位 13　　……=水位 17；

　　　在 A6～F6 单元格中分别输入：=水位 18　　=水位 19　　……=水位 23。

这 24 个单元格中依次显示过去 24 小时内每个整点的水箱水位。参见图 5.45 所示。

图 5.45　报表制作

3．有关报表命令语言编写

变量"水位 0"、"水位 1"、……、"水位 23"分别代表了每天 0 点到 23 点水位的大小，这些参数需要通过命令语言赋值。此外为了能够进行定点自动打印，也需要编写程序。
过程如下：

（1）在组态王的工程目录显示区中单击"文件→命令语言→应用程序命令语言"。

（2）在目录内容显示区中双击"请双击这儿进入<应用程序命令语言>对话框"图标。

（3）在出现的"应用程序命令语言"对话框中的"运行时"页面中增加输入以下命令语言程序：

```
if($时==0 && $分==0 && $秒==0)
    水位0=水位;
if($时==1 && $分==0 && $秒==0)
    水位1=水位;
if($时==2 && $分==0 && $秒==0)
    水位2=水位;
if($时==3 && $分==0 && $秒==0)
    水位3=水位;
if($时==4 && $分==0 && $秒==0)
    水位4=水位;
if($时==5 && $分==0 && $秒==0)
    水位5=水位;
if($时==6 && $分==0 && $秒==0)
    水位6=水位;
if($时==7 && $分==0 && $秒==0)
    水位7=水位;
if($时==8 && $分==0 && $秒==0)
    水位8=水位;
if($时==9 && $分==0 && $秒==0)
    水位9=水位;
if($时==10 && $分==0 && $秒==0)
    水位10=水位;
if($时==11 && $分==0 && $秒==0)
    水位11=水位;
if($时==12 && $分==0 && $秒==0)
    水位12=水位;
if($时==13 && $分==0 && $秒==0)
    水位13=水位;
if($时==14 && $分==0 && $秒==0)
    水位14=水位;
if($时==15 && $分==0 && $秒==0)
    水位15=水位;
if($时==16 && $分==0 && $秒==0)
    水位16=水位;
if($时==17 && $分==0 && $秒==0)
    水位17=水位;
if($时==18 && $分==0 && $秒==0)
```

```
    水位 18=水位;
if($时==19 && $分==0 && $秒==0)
    水位 19=水位;
if($时==20 && $分==0 && $秒==0)
    水位 20=水位;
if($时==21 && $分==0 && $秒==0)
    水位 21=水位;
if($时==22 && $分==0 && $秒==0)
    水位 22=水位;
if($时==23 && $分==0 && $秒==0)    /*准备开始打印*/
{   水位 23=水位;
    已经打印=0;
}
if($时==23 && $分==0 && $秒==1) /*进行打印，并避免重复打印*/
{   if(已经打印==0)
    {   ReportPrint2("报表 1");
        已经打印=1;
    }
}
```

（4）单击"确认"按钮，则报表制作完毕。命令语言输入情况如图 5.46 所示。

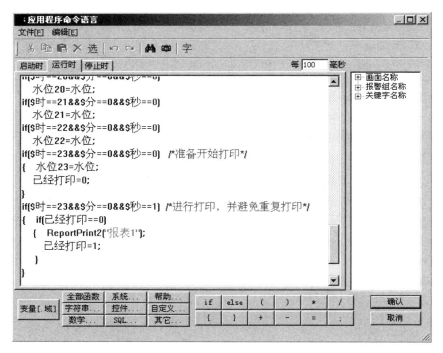

图 5.46　与报表相关的命令语言编写

在运行时，每天 23：00：01 时刻，系统自动弹出"打印"对话框，操作人员单击"确定"按钮即可完成报表打印。

4．报表调试

（1）全部存盘后，进入运行环境。

（2）单击菜单栏"画面"→"打开"，在弹出的窗口中选择"水位监控系统报表显示"，单击"确定"。

（3）观察"水位监控系统报表显示"画面中报表数据显示情况是否正确。

5.5 软、硬件联调

5.5.1 连接电路

水位监控系统硬件接线如图 5.9 所示。

（1）断开所有电源，以免在接线过程中发生人身、设备事故。

（2）按照图 5.9 所示接线关系，完成各个设备之间的接线。

（3）检查接线是否有误以及线路的通断情况，有无短路现象。

（4）接通电源，启动 IPC，准备在组态环境中进行设备配置。

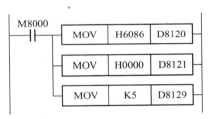

图 5.47 PLC 通信参数设置程序

5.5.2 设置三菱 FX2N-48MR PLC 通信参数

为了保证 FX2N-48MR 型 PLC 能够正常与 IPC 进行通信，需要在 PLC 中运行如图 5.47 所示程序。其功能是将 PLC 的通信参数设置为：波特率 9600bps，7 位数据位，1 位停止位，偶校验，站号为 0。

5.5.3 在组态王中配置 FX2N PLC 和 ND-6018

1．在组态王中添加 FX2N-48MR 型 PLC 设备

（1）在工程浏览器中，选择工程目录显示区中"设备→COM1"，注意根据图 5.9 所示，COM1 是 PLC 与 IPC 的连接接口。

（2）双击 COM1，弹出串行口通信参数设置窗口，如图 5.48 所示。

（3）在窗口中输入串行通信口 COM1 的通信参数，包括波特率 9600bps，偶校验，7 位数据位，1 位停止位，RS232 通信方式，然后单击"确定"按钮，这样就完成了对 COM1 的通信参数配置，保证 COM1 同 PLC 的通信能够正常进行。

（4）添加 FX2N-48MR 设备。双击目录内容显示区中的"新建"图标，在出现的"设备配置向导"中单击"PLC"→"三菱"→"FX2N"→"编程口"，如图 5.49（a）所示。

（5）单击"下一步"，在下一个窗口中给这个设备取一个名字"FX2PLC"。

（6）单击"下一步"，在下一个出现的窗口中为设备指定所连接的串口"COM1"。

（7）单击"下一步"，在下一个窗口中为设备指定一个地址"0"。

图 5.48 COM1 设置

注意，这个地址应该与 PLC 通信参数设置程序中设定的地址相同。

（8）单击"下一步"，出现"通信故障恢复策略"设定窗口，使用默认设置即可。

（9）单击"下一步"，出现"信息总结"窗口，如图 5.49（b）所示，检查无误后单击"完成"按钮，完成设备的配置。此时在工程浏览器的"目录内容显示区"中出现了"FX2PLC"图标。

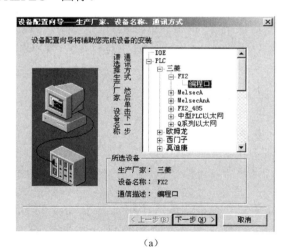

（a）

（b）

图 5.49　配置 FX2NPLC 设备

2．在组态王中添加 ND-6018 设备

（1）在厂家提供的模块配置程序上进行配置。

① 首先运行厂家提供的模块配置程序（NuDAM Administration Utility for Windows），将通信口设置为 COM2，无校验，波特率为 9600bps，数据位为 8 位，停止位为 1 位，如图 5.50 所示。

② 单击"搜索"，程序开始在 COM2 串行通信口上搜索设备。找到设备后，将设备的地址、模块型号等信息显示在程序窗口中。

③ 单击"配置"，出现"配置"窗口，按照图 5.50 中所示的内容配置好模块，再单击"OK"，完成设置。注意通道 5 的输入类型为±2.5V，其他通道被禁止。

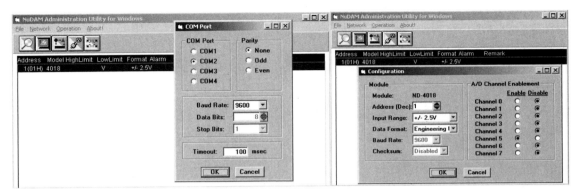

图 5.50　利用厂家模块配置程序设置 ND-6018 模块

（2）在组态王中进行配置。

① 双击工程目录显示区中的"设备→COM2"，在出现的窗口中输入串行通信口 COM2 的通信参数（如图 5.51 所示）：波特率 9600bps，无校验，8 位数据位，1 位停止位，RS232 通信方式，单击"确定"，完成对 COM2 的通信参数配置，保证 COM1 同 ND-6018 智能模块的通信能够正常进行。

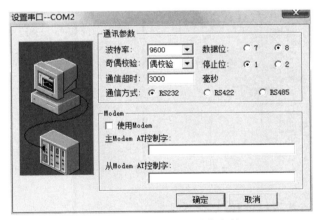

图 5.51　配置 COM2 通信参数

② 双击目录内容显示区中的"新建"图标，在出现的"设备配置向导"中单击"智能模块"→"牛顿 6000 系列"→"NuDam6018"→"串口"，如图 5.52（a）所示。

③ 单击"下一步"，在下一个窗口中给这个设备取一个名字"ND6018"。

④ 单击"下一步"，在下一个出现的窗口中为设备指定所连接的串口"COM2"。

⑤ 单击"下一步"，在下一个窗口中为设备指定一个地址"1"（注意，这个地址应该与在厂家提供的模块设置程序中对 ND-6018 模块设定的地址相同）。

⑥ 单击"下一步"，出现"通信故障恢复策略"设定窗口，使用默认设置即可。

⑦ 再单击"下一步"，出现"信息总结"窗口，如图 5.52（b）所示，检查无误后单击"完成"，完成设备配置。此时在工程浏览器的目录内容显示区中出现了"ND6018"图标。

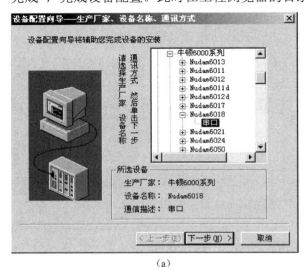

（a）　　　　　　　　　　　　　　　　（b）

图 5.52　在组态王中配置 ND-6018 模块设备

在完成以上设备配置之后，单击工程目录显示区中"设备"，可看到系统中出现了 FX2NPLC 和 ND6018 两个设备，如图 5.53 所示。

图 5.53　配置完毕的设备情况

3．将 I/O 变量与设备进行连接

变量"水位"、"水泵运行"本应为 I/O 变量，前面为了能够进行模拟调试，将他们设置成内存变量。现在需要将它们修改为 I/O 变量。

（1）修改变量"水位"的类型，并将其与 ND6018 连接。

① 工程浏览器目录显示区双击"数据库→"数据词典"。

② 在目录内容显示区中双击变量"水位"，出现"定义变量"窗口，如图 5.54 所示。

③ 在"基本属性"页中将"变量类型"设置为"I/O 实数"，此时与设备有关的选项可用了。

④ 将连接设备设置为"ND6018"，寄存器设置为"AI5"，数据类型设置为"float"，读

写属性设置为"只读"，采集频率设置为 1000ms，最小值为 0，最大值为 30，最小原始值为 0.5，最大原始值为 2.5。这样就能够把从配电器传送过来的 4～20mA 电流信号通过 125Ω 标准电阻转换为 0.5～2.5V 电压，再转换为 0～30m 的水位。

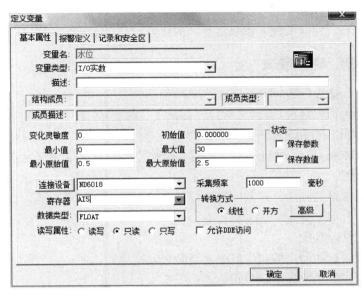

图 5.54　重新设置"水位"变量

⑤ 单击"确定"，完成变量"水位"的设置。

（2）修改变量"水泵运行"的类型，并将其与 FX2N-48MR 连接。

① 在工程浏览器下双击"数据库"→"数据词典"。

② 在目录内容显示区中双击变量"水泵运行"，出现"定义变量"窗口，如图 5.55 所示。

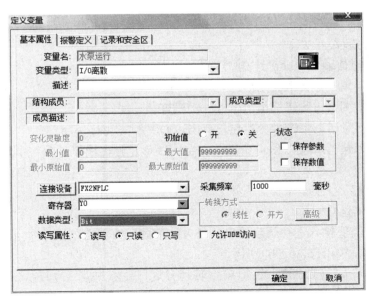

图 5.55　重新设置"水泵运行"变量

③ 在"基本属性"页中将变量类型设置为"I/O离散",此时与设备有关的选项可用了。

④ 将连接设备设置为"FX2NPLC",寄存器设置为"Y0",数据类型设置为"Bit",读写属性设置为"只写",采集频率设置为1000ms。

⑤ 单击"确定",完成变量"水泵运行"的设置。

5.5.4 进行软、硬件联调

（1）删除所有画面上的游标和文字"水泵"。

（2）存盘后进入运行环境。

（3）按下主画面上的启动按钮。

（4）将用户用水量从0调到最大,观察实际水位波动情况是否在允许范围,水泵动作频率是否在允许范围。

（5）将用户用水量调到0,观察实际水位波动情况是否在允许范围,水泵动作频率是否在允许范围。

（6）反复以上过程几次。

（7）按下主画面上的停止按钮,观察水泵是否立即停止。

（8）观察主画面中水位显示是否正常。

（9）观察报警窗口中水位报警是否正常。

（10）观察实时和历史曲线显示是否正常。

（11）观察报表显示是否正常。

5.6 思路拓展

1. 组态王手动输入数据的方法

（1）模拟量的输入方法。

① 利用"模拟值输入"动画连接。具体方法是：

a. 在画面上制作一个文本或图形。

b. 对该文本或图形进行"模拟值输入"动画连接。

c. 在动画连接对话框中输入变量名及范围,如图5.56（a）所示。

d. 存盘后进入运行环境,鼠标单击该文字或图形,弹出模拟量输入小键盘,如图5.56（b）所示。

② 利用"游标"工具。此方法前面已反复用到,这里不再叙述。

（2）开关量的输入方法。

① 利用"离散值输入"动画连接。具体方法前面已有叙述,运行时也有小键盘弹出,上面只有两个选项,如图5.26（b）所示。

② 利用"命令语言连接"。包括按下时、弹起时、按住时三种。这种方法之前已用过,实际上这种方法对于文本和其他图形对象也适用。

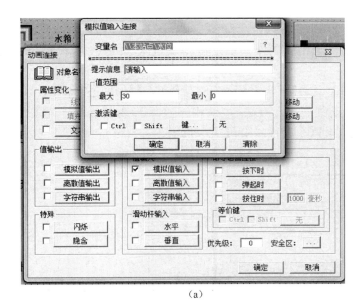
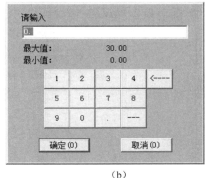

（a）　　　　　　　　　　　　　　　　　（b）

图 5.56　模拟值输入动画连接

2．组态王数据显示的方法

（1）模拟量的显示。

① 利用"模拟值输出"动画连接。此方法前面已有叙述，可对任意文字或图形进行，通常以文字"##"居多。无论画面设计时使用什么，运行时的显示效果是变量的数值。

② 利用"仪表"工具。图库中有多种仪表供选择，图 5.57 所示呈现了将仪表与变量连接并做好其他辅助设置后，运行环境下两种仪表的显示效果。

③ 利用"填充"动画连接。水箱水位的动态效果就是利用该功能。也可以自己制作。方法通常是先画一个矩形，然后对该矩形做"位置与大小变化→填充"动画连接，如图 5.58 所示。

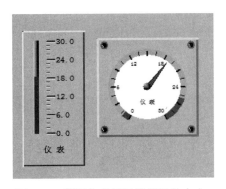

图 5.57　利用仪表显示模拟量的大小　　　　　图 5.58　"填充"动画连接

④ 利用"报表"进行数据显示。

⑤ 利用"曲线"进行数据显示。

④、⑤这两种方式前面已有详细介绍。

（2）开关量的显示。

① 利用"离散值输出"动画连接。通常先制作文字"##"，之后对文字进行该离散值输出动画连接设置。

② 利用报警灯进行显示。此方法前面也用到，可利用指示灯颜色变化或闪烁进行显示。

③ 利用"属性变化→填充属性"动画连接。方法是先制作一个矩形或圆形，对其进行该连接，设置如图 5.59 所示，按照该设置，运行时变量"水泵运行"=1 时，图形显示蓝色；"水泵运行"=0 时，图形显示红色。

图 5.59　"填充属性"动画连接

④ 利用"隐含"动画连接。一种富有启发意义的方法是制作两个完全相同的图形，例如矩形，其中一个为红色，另一个为蓝色，将二者都作"隐含"动画连接，连接变量相同，"表达式为真时"的选项，红色矩形设为"隐含"，绿色矩形设为"显示"，将二者重叠放置。运行时的效果与"填充属性"动画连接相同。

本项目小结

项目 5	用 IPC 和组态王实现储液罐水位监控系统
任务描述：	
利用 IPC 将储液罐水位控制在允许范围内，并在计算机上动态显示其工况	
实现步骤：	
1. 教师提出任务，学生在教师指导下，在实训室按以下步骤逐步完成工作：	
（1）讨论并确定方案，画系统方框图	
（2）进行硬件选型	
（3）根据选择硬件情况修改完善系统方框图，画出电路原理图	
（4）在组态王开发环境下进行软件设计	
（5）在组态王运行环境下进行软件调试直至成功	
（6）根据电路原理图连接电路，进行软、硬件联调直至成功	
2. 教师给出作业，学生在课余时间利用计算机独立完成以下工作：	
（1）讨论并确定方案，画系统方框图	
（2）进行软、硬件选型	
（3）根据选择硬件选型情况修改完善系统框图，画出电路原理图	
（4）在组态王开发环境下进行软件设计	
（5）在组态王运行环境下进行软件调试直至成功	
3. 作业展示与点评	

学习目标	
知识目标	技能目标
1. 计算机控制和自动控制的相关知识 ● 扩散硅压力变送器的功能 ● DBYG 扩散硅压力变送器接线端子定义 ● 配电器的功能 ● DFP-2100 配电器的接线端子定义 ● I/O 接口设备的知识 ● 三菱 FX2-48MR PLC 的接线端子 2. I/O 模块的作用与特征 ● 常用 I/O 模块的分类 ● 市场主流 I/O 模块品牌 ● 牛顿 ND-6018 模块的功能 ● 牛顿 ND-6018 模块的接线端子定义 ● 牛顿 ND-6520 模块的功能 ● 牛顿 ND-6520 模块的接线端子定义 3. 组态软件的知识 ● 绘图工具箱、图库的功能 ● 命令语言动画连接的功能，按下时、按住时、弹起时的含义 ● 模拟值输出动画连接的含义 ● 游标的作用 ● 指示灯、水泵、反应器、传感器的应用 ● COM 设备与智能模块设备的含义 ● 数据词典中连接设备、寄存器、数据类型、采集频率、初始值的含义 ● 报警限的含义 ● 数据变化记录的含义 ● 报警窗口的功能 ● 报表功能 ● 趋势曲线的功能	1. 能读懂水位监控系统方框图 2. 能利用 IPC 和 PLC 进行简单监控系统的方案设计 3. 能读懂使用 FX2-48MR PLC 的水位监控系统电路图 4. 能设计使用 FX2-48MR PLC 作为 I/O 接口设备的电路 5. 能利用 IPC 和 I/O 模块进行简单监控系统的方案设计 6. 能读懂使用 ND-6018 和 ND-6520 模块的水位监控系统电路图 7. 能设计使用 ND-6018 和 ND-6520 模块作为 I/O 接口设备的电路 8. 能使用组态王进行监控程序设计、制作与调试 ● 会使用工程管理器新建和存储工程、会打开一个已经存在的工程 ● 会使用工程浏览器进行不同的组态工作的切换 ● 会使用数据词典在组态王中创建内存离散、I/O 离散、内存实数、I/O 实数变量，并正确配置其基本属性、报警属性和记录属性 ● 会新建用户画面、定义画面名称、设置画面大小，并将其设置为主画面 ● 会利用绘图工具箱绘制文字、直线、按钮，并能够修改内容、大小、颜色、位置、角度等 ● 会利用图库绘制水箱、水位变送器、管道、水泵，指示灯并进行必要的动画连接 ● 能对按钮进行命令语言→弹起时动画连接并调试成功 ● 能对文字对象进行模拟值输出动画连接，并进入运行环境做调试，直至成功 ● 能读懂本系统命令语言程序 ● 能正确设置命令语言程序的循环时间 ● 能读懂水位系统程序并调试成功 ● 会制作报警窗口 ● 会制作报表窗口 ● 会制作曲线窗口 9. 能进行系统软、硬件联调 ● 能根据电路图进行电路连接 ● 会在组态王中正确配置 COM 口的通信参数 ● 会在组态王中添加 PLC 设备，并进行正确的配置 ● 会在组态王中添加 ND-6018 设备，并进行正确的配置 ● 会在组态王的数据词典中正确设置连接设备、寄存器、数据类型、采集频率 ● 会进行系统软、硬件联调
作业	双储液罐水位监控系统设计
任务描述：参见练习项目 9	

第2部分 练 习 项 目

练习项目1 车库自动监控系统设计

1. 任务

利用 MCGS 或组态王软件、IPC 和 PLC（或 I/O 板卡、模块）构成自动车库（见图 L1.1）的计算机监控系统，实现以下功能：

（1）车到门前，司机控制车灯亮 3 次。

（2）车位传感器接收到车灯的 3 组亮、灭信号，5s 后，车库门应自动上卷，动作指示灯点亮。

（3）门全部打开时，会碰到上限位开关，此时应停止上行。

（4）车进入车库，当车停到车位时，车位传感器会检测到，5s 后，门应自动下行，动作指示灯亮。

（5）门全部关闭时，会碰到下限位开关，此时应停止下行。

图 L1.1　自动车库图

（6）车库内和车库外还设有手动控制开关，可以控制门的开门、关门和停止。

（7）在计算机中显示车库工作状态。

要求能够查阅自动车库监控相关资料；根据控制要求制定控制方案、选择 I/O 接口设备，正确画出车库监控系统电路原理图；能够应用 MCGS 或 Kingview 组态软件进行监控画面的制作和程序编写、调试。

2. 系统方案设计（10 分）

（1）控制对象的分析。

① 本系统控制对象是什么？

② 被控参数有几个，分别完成什么功能？

③ 控制变量有几个，分别是什么？

（2）控制方案的制定。请画出系统的方框图。

3. 控制系统的软、硬件选型（15 分）

（1）IPC 的选型。请进行 IPC 的选型，写出选择结果。

（2）I/O 接口设备的选择。

① 所选择的 I/O 接口设备（板卡、PLC、模块）的型号是什么？

② 本系统 I/O 点数目：DI 有几个，DO 有几个，AI 有几个，AO 有几个？

③ 所选择的 I/O 接口设备的 I/O 点数？

④ 所选择的 I/O 接口设备允许的输入输出信号的类型是什么？范围是多少？

⑤ 所选择的 I/O 接口设备的供电电压是什么？

⑥ 画出所选择的 I/O 接口设备接线端子图，指出其定义。

（3）传感器、变送器的选择。

① 所选择的传感器、变送器的型号是什么？

② 所选择的传感器、变送器的主要技术参数？

（4）执行器的选择。所选择的执行器的主要技术参数。

（5）其他选择。

4．控制系统的电路原理图设计（15 分）

（1）I/O 接口设备与传感器、变送器的连接。请画出 I/O 设备与传感器、变送器的连线图。

（2）I/O 接口设备与执行器的连接。请画出 I/O 设备与执行器的连线图。

（3）I/O 接口设备与 IPC 的连线图。请画出 I/O 设备与 IPC 的连线图。

（4）其他。

5．软件设计与调试（30 分）

（1）数据变量的定义。请进行变量规划并填表 L1.1。

表 L1.1　变量规划表

名　称	信 号 类 型	初　值	作　用

（2）监控画面的制作。请进行监控画面的制作。

（3）动画连接。请填表 L1.2，说明所进行的主要的动画连接。

表 L1.2　动画连接内容

对　象	连 接 内 容	连 接 变 量	连 接 目 的

（4）程序的编写。请写出程序清单。

（5）程序调试顺序单。请填表 L1.3 确定调试步骤与结果。

（6）上交制作完成的电子版。

表 L1.3　调试顺序单

步骤	操　作	结　　果			
		报警灯	正转继电器	反转继电器	车库门
0	初始状态				
1					
2					
3					

6．硬件连线与检查（10 分）

（1）I/O 接口设备与传感器、变送器的连接。

（2）I/O 接口设备与执行器的连接。

（3）I/O 接口设备与 IPC 的连线。

（4）其他。

7．组态软件与接口设备的连接（10 分）

（1）在组态软件中进行设备添加。请写出主要方法与步骤。

（2）在组态软件中进行设备基本属性的设置。请写出主要方法与步骤。

（3）在组态软件中进行通道连接。请写出主要方法与步骤。

（4）在组态软件中进行设备调试。请写出主要方法与步骤。

（5）其他。

8．系统在线运行与调试（10 分）

请写出主要方法与步骤。

9．设计参考

（1）监控系统系统对象分析。

监控系统的控制对象——自动车库。

控制参数——车库门的开关动作。

控制目标——车库能够自动检测车到门前，自动地打开车库大门，门动作后，还应能够检测是否已经全部打开，车驶入车库后能检测车是否停靠到位。车辆停稳后，门可以关闭并能够检测是否完全关闭。

控制变量——执行机构采用电动机实现，控制变量共两个，分别控制正转继电器和反转继电器的通断。

检测装置——车感应传感器、车位置检测传感器、自动门位置检测传感器。

（2）控制系统方案确定。略。

（3）设备选型。本监控系统采用电动机、接触器、中间继电器作为执行机构。

车感传感器可采用光电开关（Photoelectric Switch）（见图 L1.2）实

图 L1.2　光电开关

现，位于库门的光电探测检测装置用于检测车是否到门前。安装在车库托盘底层左右两边的检测开关,可以检测托盘上汽车停放是否到位。

开关门检测传感器可采用限位开关。

（4）自动车库电路接线图。略。

（5）参考画面设计。参考画面如图 L1.3 所示，画面中除了车库、卷帘门、汽车外，还设计了 SB1 等 10 个按钮，用来在调试时模拟内外开门开关、关门开关、停止开关、车感信号 X1、车位信号 X2、上限位开关 X3 和下限位开关 X4，进行信号输入。Y3 是动作指示灯。画面中还设计了车库门上卷、下卷等 13 个状态指示灯。

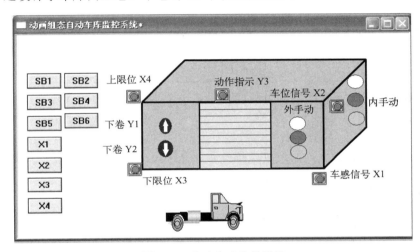

图 L1.3　自动车库监控系统

（6）变量定义。假设使用中泰 PCI-8408 I/O 板卡，参考变量定义见表 L1.4。

表 L1.4　参考变量定义

变 量 名	类 型	初 值	注 释
外部开门	开关	0	输入，按 1 松 0
外部停止	开关	0	输入，按 1 松 0
外部关门	开关	0	输入，按 1 松 0
内部开门	开关	0	输入，按 1 松 0
内部停止	开关	0	输入，按 1 松 0
内部关门	开关	0	输入，按 1 松 0
车感信号	开关	0	输入，1 有效
车位信号	开关	0	输入，1 有效
上限位开关	开关	0	输入，1 有效
下限位开关	开关	0	输入，1 有效
车库门上卷接触器	开关	0	输出，1 有效
车库门下卷接触器	开关	0	输出，1 有效
动作指示	开关	0	输出，1 有效
计数器满	开关	0	计数器溢出信号，溢出时自动置 1
计数器复位	开关	0	计数器复位信号，1 有效

变 量 名	类 型	初 值	注 释
计数值	数值	0	计数器的计数值
上卷计时值	数值	0	定时器计时值
车移动参数	数值	0	表现车移动效果
门移动参数	数值	0	表现门移动效果
上卷定时器启动	开关	0	定时器启动
上卷定时器复位	开关	0	定时器复位
上卷定时时间到	开关	0	定时时间到
下卷定时器启动	开关	0	定时器启动
下卷定时器复位	开关	0	定时器复位
下卷计时值	数值	0	定时器计时值
下卷定时时间到	开关	0	定时时间到

（7）动画连接与调试。以下给出基本动画连接要求与提示的实现方法。同学们也可以设计出更多的动画效果，但要与题意符合。

① 各开关动画效果：SB1～SB6 用"按 1 松 0"操作属性连接，其他用取反连接。

② 各指示灯的动画效果：可以采用颜色变化显示或明、暗变化显示或闪烁效果等。

③ 门的动画效果：用大小变化连接。

④ 车的动画效果：用水平移动连接。

⑤ 车感信号的计数：在循环策略中使用计数器，设置方法如图 L1.4（a）和（b）所示。

⑥ 延时效果：在循环策略中使用定时器，设置方法如图 L1.4（a）和（c）所示。

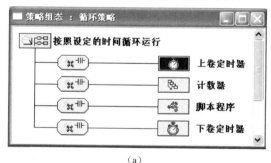

（a）

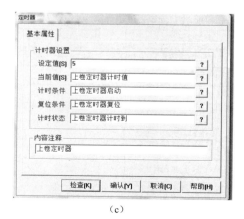

（b）　　　　　　　　　　　　　　　（c）

图 L1.4　循环策略中的计数器和定时器

（8）控制程序的编写与调试。以下是参考控制程序：

```
'---------动画参数修改------------------------
IF 车库门上卷接触器=1 THEN 门移动参数=门移动参数+1
IF 车库门下卷接触器=1 THEN 门移动参数=门移动参数−1


IF 车感信号=1 THEN 车移动参数=0
IF 上限位开关=1 AND 车位信号=0 THEN 车移动参数=车移动参数+5
'---------动作指示------------------------------
IF 车库门上卷接触器=1 OR 车库门下卷接触器=1 THEN
        动作指示=1
ELSE
        动作指示=0
ENDIF
'-------自动控制--------------------------------
IF 外开门=0 AND 外关门=0 AND 外停止=0 AND 内开门=0  AND 内关门=0  AND 内停止
=0  THEN
        IF 计数器满=1 THEN                          '车感传感器收到 3 个信号
        上卷定时器启动=1                            '启动定时器
        计数器复位=1
        ENDIF
        IF 上卷定时时间到=1 THEN                     '定时时间到
        车库门上卷接触器=1                          '开门
        上卷定时器复位=0
        计数器复位=0
        ENDIF

        IF 上限位开关=1 THEN 车库门上卷接触器=0      '门全开，停止开门
        IF 车位信号=1 THEN   下卷定时器启动=1        '车进入车位，启动定时器
        IF 下卷定时器计时到=1 THEN                   '时间到
            车库门下卷接触器=1                       '关门
            下卷定时器复位=0
        ENDIF
        IF 下限位开关=1 THEN 车库门下卷接触器=0      '门全关，停止关门
    '--------------手动控制------------------------
ELSE
        IF 外开门=1 OR 内开门=1 THEN 车库门上卷接触器=1  '开门按钮按下，开门
        IF 外关门=1 OR 内关门=1 THEN 车库门下卷接触器=1  '关门按钮按下，关门
        IF 外停止=1 OR 内停止=1 THEN                     '停止按按钮按下，全停
            车库门上卷接触器=0
            车库门下卷接触器=0
        ENDIF
ENDIF
```

观察参考程序的不足，结合对象的实际情况，写出更好的属于自己的控制程序。

练习项目 2　供电自动监控系统设计

1．任务

利用 MCGS 或组态王软件、IPC 和 PLC（或 I/O 板卡、模块）构成供电系统的计算机监控系统（见图 L2.1），实现以下功能：

（1）初始状态。

① 2 套电源均正常运行，状态检测信号 G1、G2 都为"1"。

② 供电控制开关 QF1、QF2、QF4、QF5、QF7 都为"1"，处于合闸状态；QF3、QF6 都为"0"，处于断开状态。

③ 变压器故障信号 T1、T2 和供电线路短路信号 K1、K2 都为 0。

（2）控制要求。

① 正常情况下，系统保持初始状态，2套电源分列运行。

② 若电源 G1、G2 有 1 个掉电（=0），则对应的 QF1 或 QF2 跳闸，QF3 闭合。

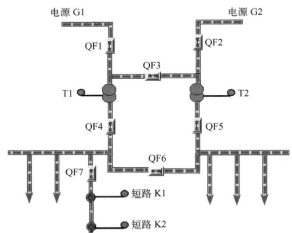

图 L2.1　供电系统计算机监控系统参考图

③ 若变压器 T1、T2 有 1 个故障（=1），则对应的 QF1 和 QF4 或 QF2 和 QF5 跳闸，QF6 闭合。

④ 若 K1 短路（=1），QF7 立即跳闸（速断保护）；若 K2 短路（=1），QF7 经 2s 延时跳闸（过流保护）。

⑤ 若 G1、G2 同时掉电或 T1、T2 同时故障，QF1～QF7 全部跳闸。

（3）在计算机中显示供电系统工作状态。要求能够查阅供电监控系统相关资料；根据控制要求制定控制方案、选择 I/O 接口设备，正确画出供电监控系统电路原理图；能够应用 MCGS 或 Kingview 组态软件进行监控画面的制作和程序编写、调试。

2．系统方案设计（10 分）

（1）控制对象的分析。

① 本系统控制对象是什么？

② 被控参数有几个？分别完成什么功能？

③ 控制变量有几个？分别是什么？

（2）控制方案的制定。请画出系统的方框图。

3．控制系统的软硬件选型（15 分）

（1）IPC 的选型。请进行 IPC 的选型，写出选择结果。

（2）I/O 接口设备的选择。

① 所选择的 I/O 接口设备（板卡、PLC、模块）的型号是什么？

② 本系统 I/O 点数目：DI 有几个？DO 有几个？AI 有几个？AO 有几个？

③ 所选择的 I/O 接口设备的 I/O 点数？

④ 所选择的 I/O 接口设备允许的输入输出信号的类型是什么？范围是多少？

⑤ 所选择的 I/O 接口设备的供电电压是多少？

⑥ 画出所选择的 I/O 接口设备接线端子图，指出其定义。

（3）传感器、变送器的选择。

① 所选择的传感器、变送器的型号是什么？

② 所选择的传感器、变送器的主要技术参数。

（4）执行器的选择。所选择的执行器的主要技术参数。

（5）其他选择。

4．控制系统的电路原理图设计（15 分）

（1）I/O 接口设备与传感器、变送器的连接。请画出 I/O 设备与传感器、变送器的连线图。

（2）I/O 接口设备与执行器的连接。请画出 I/O 设备与执行器的连线图。

（3）I/O 接口设备与 IPC 的连线图。请画出 I/O 设备与 IPC 的连线图。

（4）其他。

5．软件设计与调试（30 分）

（1）数据变量的定义。请进行变量规划并填表 L2.1。

（2）监控画面的制作。请进行监控画面制作。

（3）动画连接。请填表 L2.2，说明所进行的主要动画连接。

（4）程序的编写。请写出程序清单。

（5）程序调试顺序单。请填表 L2.3，确定调试步骤与结果。

（6）上交制作完成的电子版。

表 L2.1　变量规划表

名　称	信 号 类 型	初　值	作　　用

表 L2.2　动画连接内容

对　象	连 接 内 容	连 接 变 量	连 接 目 的

表 L2.3　调试顺序单

步骤	操作	结　果			
0	初始状态				
1					
2					
3					

6．硬件连线与检查（10 分）

（1）I/O 接口设备与传感器、变送器的连接。

（2）I/O 接口设备与执行器的连接。

（3）I/O 接口设备与 IPC 的连线。

（4）其他。

7．组态软件与接口设备的连接（10 分）

（1）在组态软件中进行设备添加。请写出主要方法与步骤。

（2）在组态软件中进行设备基本属性的设置。请写出主要方法与步骤。

（3）在组态软件中进行通道连接。请写出主要方法与步骤。

（4）在组态软件中进行设备调试。请写出主要方法与步骤。

（5）其他。

8．系统在线运行与调试（10 分）

请写出主要方法与步骤。

9．设计参考

（1）监控系统对象分析。

监控系统的控制对象——供电系统。

控制参数——供电线路中各断路器的动作。

控制目标——供电系统能够自动检测电源状态、变压器状态和线路的短路故障，确保在线路发生异常时，自动进行电源切换。

控制变量——QF1～QF7 的通断。

检测装置——电源故障检测装置、变压器故障检测装置、短路故障检测装置。

（2）控制系统方案确定。略。

（3）设备选型。请查找有关供配电和电力系统相关资料。

（4）供电线路接线图。请查找有关供配电和电力系统相关资料。

（5）参考画面设计。如图 L2.2 所示，图中除了供电系统外，还设计了 G1 等 6 个按钮，用来在调试时模拟电源运行状态、变压器运行状态和短路故障信号，进行信号输入。

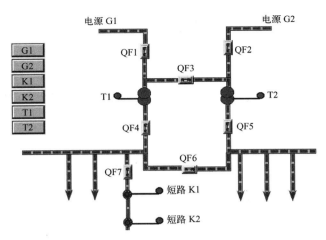

图 L2.2　供电系统监控参考图

（6）I/O 分配。假设使用中泰 PCI-8408 I/O 板卡，参考 I/O 定义见表 L2.4。

表 L2.4　参考 I/O 分配

输　　入		输　　出	
对象	PCI-8408 接线端子	对象	PCI-8408 接线端子
G1(电源 1 状态)	CH1(DI1)	QF1（开关 1）	CH1(DO1)
G2（电源 2 状态）	CH2(DI2)	QF2（开关 2）	CH2(DO2)
T1（变压器 1 故障）	CH3(DI3)	QF3（开关 3）	CH3(DO3)
T2（变压器 2 故障）	CH4(DI4)	QF4（开关 4）	CH3(DO4)
K1（短路 1）	CH5(DI5)	QF5（开关 5）	CH3(DO5)
K2（短路 2）	CH6(DI6)	QF6（开关 6）	CH3(DO6)
		QF7（开关 7）	CH3(DO7)

（7）变量定义。假设使用中泰 PCI-8408 I/O 板卡，参考变量定义见表 L2.5。

表 L2.5　参考变量定义

变　量　名	类　型	初　值	注　　释
电源 G1	开关	1	1 套电源正常，输入，1 有效
电源 G2	开关	1	2 套电源正常，输入，1 有效
变压器故障 T1	开关	0	变压器 1 故障，输入，1 有效
变压器故障 T2	开关	0	变压器 2 故障，输入，1 有效
短路 K1	开关	0	短路开关，输入，1 有效，速断保护用
短路 K2	开关	0	短路开关，输入，1 有效，过流保护用
QF1	开关	1	供电控制开关，输出，1 为合闸
QF2	开关	1	供电控制开关，输出，1 为合闸
QF3	开关	0	供电控制开关，输出，1 为合闸
QF4	开关	1	供电控制开关，输出，1 为合闸
QF5	开关	1	供电控制开关，输出，1 为合闸
QF6	开关	0	供电控制开关，输出，1 为合闸
QF7	开关	1	供电控制开关，输出，1 为合闸
ZHV1	开关	0	定时器状态，1 为时间到

（8）动画连接与调试。以下给出基本动画连接要求与提示的实现方法。同学们也可以设计出更多的动画效果，但要与题意相符。

① 电源 G1、G2，变压器故障 T1、T2 和短路 K1、K2 状态显示的动画效果：可以采用颜色变化显示或明、暗变化显示或可见度显示等。信号输入模拟：用按钮取反连接。流动画效果：采用流动的动画效果。

② 延时效果：可利用定时器构件实现，设置方法如图 L2.3 所示。结合程序与项目 1，定时器的设置有何不同？用以前的方法是否也能达到同样效果？

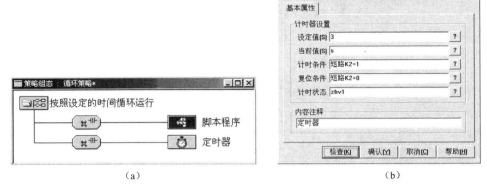

（a）　　　　　　　　　　　　　　　　　（b）

图 L2.3　定时器构件设置参考图

（9）控制程序的编写与调试。以下是参考控制程序：

```
'-------2 个电源都不正常或 2 个变压器都不正常----------------
IF (电源 G1=0 AND 电源 G2=0) OR (变压器 T1=1 AND 变压器 T2=1) THEN
    QF1=0
    QF2=0
    QF3=0
    QF4=0
    QF5=0
    QF6=0
    QF7=0
    EXIT
ENDIF
'-------2 个电源都正常----------------
IF 电源 G1=1 AND 电源 G2=1 THEN
    IF 变压器 T1=0 AND 变压器 T2=0 THEN          ' 2 个变压器都正常
        QF1=1
        QF2=1
        QF3=0
        QF4=1
        QF5=1
        QF6=0
    ENDIF
```

```
IF    变压器 T1=0 AND 变压器 T2=1 THEN          ' T2 不正常
        QF1=1
        QF2=0
        QF3=0
        QF4=1
        QF5=0
        QF6=1
    ENDIF
    IF    变压器 T1=1 AND 变压器 T2=0 THEN          ' T1 不正常
        QF1=0
        QF2=1
        QF3=0
        QF4=0
        QF5=1
        QF6=1
    ENDIF
ENDIF
'----------电源 G2 不正常----------------------------
IF 电源 G1=1 AND 电源 G2=0 THEN
    IF    变压器 T1=0 AND 变压器 T2=0 THEN          ' T1、T2 都正常
        QF1=1
        QF2=0
        QF3=1
        QF4=1
        QF5=1
        QF6=0
    ENDIF
    IF    变压器 T1=0 AND 变压器 T2=1 THEN          ' T2 不正常
        QF1=1
        QF2=0
        QF3=0
        QF4=1
        QF5=0
        QF6=1
    ENDIF
    IF    变压器 T1=1 AND 变压器 T2=0 THEN          ' T1 不正常
        QF1=1
        QF2=0
        QF3=1
        QF4=0
        QF5=1
        QF6=1
    ENDIF
ENDIF
```

```
'-------------电源 G1 不正常-------------------------------------------
IF  电源 G1=0 AND  电源 G2=1 THEN
     IF  变压器 T1=0 AND  变压器 T2=0 THEN         ' T1、T2 都正常
          QF1=0
          QF2=1
          QF3=1
          QF4=1
          QF5=1
          QF6=0
     ENDIF
     IF  变压器 T1=0 AND  变压器 T2=1 THEN         ' T2 不正常
          QF1=0
          QF2=1
          QF3=1
          QF4=1
          QF5=0
          QF6=1
     ENDIF
     IF  变压器 T1=1 AND  变压器 T2=0 THEN         ' T1 不正常
          QF1=0
          QF2=1
          QF3=0
          QF4=0
          QF5=1
          QF6=1
     ENDIF
ENDIF
'-----------短路开关 K1 和 K2-----------------------
IF  短路 K1=0 AND  短路 K2=0 THEN QF7=1              ' 无短路
IF  短路 K1=1 THEN QF7=0                             ' 速断保护
IF ZHV1=1 THEN QF7=0                                 ' 过流保护
```

观察参考程序的不足，结合对象的实际情况，写出更好的属于自己的控制程序。

练习项目3 雨水利用自动监控系统设计

1. 任务

利用 MCGS 或组态王软件、IPC 和 PLC（或 I/O 板卡、模块）构成雨水利用的计算机监控系统（见图 L3.1），实现以下功能：

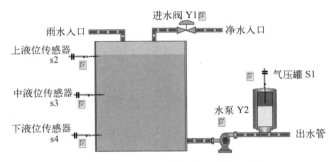

图 L3.1 雨水利用的计算机监控系统

（1）气压罐的压力低于设定值（压力传感器 S1=0），而且雨水罐液位高于下液位（S4=1）时，水泵 Y2 启动，气罐压力增加，待 S1=1 时，延时 5s 停止 Y2。

（2）雨水罐液位低于下液位（S4=0）时，水泵 Y2 不能启动。

（3）雨水罐液位低于中液位（S3=0）时，进水阀 Y1 开启，注入净水。

（4）雨水罐液面高于上液位（S2=1）时，进水阀 Y1 关断，停止注入净水。

（5）在计算机中显示雨水利用工作状态。

要求能够查阅雨水利用监控系统相关资料；根据控制要求制定控制方案、选择 I/O 接口设备，正确画出雨水利用监控系统电路原理图；能够应用 MCGS 或 Kingview 组态软件进行监控画面的制作和程序编写、调试。

2. 系统方案设计（10 分）

（1）控制对象的分析。

① 本系统控制对象是什么？

② 被控参数有几个？分别完成什么功能？

③ 控制变量有几个？分别是什么？

（2）控制方案的制定。请画出系统的方框图。

3. 控制系统的软硬件选型（15 分）

（1）IPC 的选型。请进行 IPC 的选型，写出选择结果。

（2）I/O 接口设备的选择。

① 所选择的 I/O 接口设备（板卡、PLC、模块）的型号是什么？

② 本系统 I/O 点数目：DI 有几个？DO 有几个？AI 有几个？AO 有几个？

③ 所选择的 I/O 接口设备的 I/O 点数？

④ 所选择的 I/O 接口设备允许的输入输出信号的类型是什么？范围是多少？

⑤ 所选择的 I/O 接口设备的供电电压是多少？

⑥ 画出所选择的 I/O 接口设备接线端子图，指出其定义。

（3）传感器、变送器的选择。

① 所选择的传感器、变送器的型号是什么？

② 所选择的传感器、变送器的主要技术参数。

（4）执行器的选择。所选择的执行器的主要技术参数。

（5）其他选择。

4．控制系统的电路原理图设计（15 分）

（1）I/O 接口设备与传感器、变送器的连接。请画出 I/O 设备与传感器、变送器的连线图。

（2）I/O 接口设备与执行器的连接。请画出 I/O 设备与执行器的连线图。

（3）I/O 接口设备与 IPC 的连线图。请画出 I/O 设备与 IPC 的连线图。

（4）其他。

5．软件设计与调试（30 分）

（1）数据变量的定义。请进行变量规划并填表 L3.1。

表 L3.1　变量规划表

名　　称	信 号 类 型	初　　值	作　　用

（2）监控画面的制作。请进行监控画面制作。

（3）动画连接。请填表 L3.2，说明所进行的主要动画连接。

表 L3.2　动画连接内容

对　　象	连 接 内 容	连 接 变 量	连 接 目 的

（4）程序的编写。请写出程序清单。

（5）程序调试顺序单。请填表 L3.3，确定调成步骤与结果。

（6）上交制作完成的电子版。

表 L3.3　调试顺序单

步骤	操　作	结　　果		
0	初始状态			
1				
2				
3				

6．硬件连线与检查（10分）

（1）I/O 接口设备与传感器、变送器的连接。

（2）I/O 接口设备与执行器的连接。

（3）I/O 接口设备与 IPC 的连线。

（4）其他。

7．组态软件与接口设备的连接（10分）

（1）在组态软件中进行设备添加。请写出主要方法与步骤。

（2）在组态软件中进行设备基本属性的设置。请写出主要方法与步骤。

（3）在组态软件中进行通道连接。请写出主要方法与步骤。

（4）在组态软件中进行设备调试。请写出主要方法与步骤。

（5）其他。

8．系统在线运行与调试（10分）

请写出主要方法与步骤。

9．设计参考

雨水利用（Rainwater）控制系统，雨水由雨水管网收集并送至雨水罐，由抽升设备（如水泵、气压罐）送至出水管。该控制系统用液位传感器检测水罐的液位，控制进水阀和水泵的动作。

（1）监控系统系统对象分析。

监控系统的控制对象——雨水罐、气压罐。

控制参数——雨水罐水位，气压罐压力。

控制目标——使雨水罐的水位保持在上、下液位之间，气压罐的压力不大于设定值。

控制变量——控制电磁阀和水泵通断，以改变进水量和出水量。

检测装置——液位传感器、压力传感器。

（2）控制系统方案设定。略。

（3）设备选型。本监控系统采用水泵、电磁阀作为执行机构。

液位的检测可以采用液位开关（Liquid Level Switch）实现，水罐上安装有三个液位传感器用于检测液位是否到达下限、中限、上限。浮球式液位开关的工作原理是：浮球带动磁钢随液位上下移动，当液位到达限位值时，磁钢与干簧管作用，产生开关信号，达到液位检测目的，其外观如图 L3.2 所示。

气压罐的压力检测采用压力开关。压力开关常采用弹性元件作为传感器，弹性元件受到压力作用产生变形，当被测压力超过额定值时，变形达到一定程度，推动开关元件动作，达到检测压力的目的。外观如图 L3.3 所示。

图 L3.2　液位开关　　　　　　　　　　图 L3.3　压力开关

（4）雨水利用电路接线图。采用 S7-200 PLC 作为 I/O 接口。

（5）参考画面设计。见图 L3.4 所示。

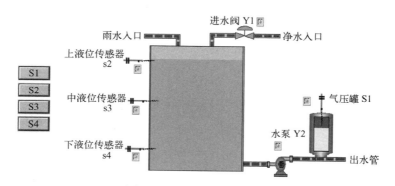

图 L3.4　雨水利用监控画面

（6）I/O 分配。若使用 PLC 作为 I/O 接口设备，见表 L3.4。

表 L3.4　参考 I/O 分配

输　　　入		输　　　出	
对　象	PLC 接线端子	对　象	PLC 接线端子
S1（压力传感器）	I0.0	Y1（进水阀）	Q0.0
S2（上液位传感器）	I0.1	Y2（水泵）	Q0.1
S3（中液位传感器）	I0.2		
S4（下液位传感器）	I0.3		

（7）变量定义。参考变量定义见表 L3.5。

表 L3.5　参考变量定义

变量名	类型	初值	注　释
S1	开关	0	压力传感器，输入，压力大于等于设定值时：=1
S2	开关	0	上液位传感器，输入，液位大于等于上限时：=1
S3	开关	0	中液位传感器，输入，液位大于等于中限时：=1
S4	开关	0	下液位传感器，输入，液位大于等于下限时：=1
Y1	开关	0	进水阀，输出，1 为接通
Y2	开关	0	水泵，输出，1 为工作
水	数值	0	雨水罐液位变化效果参数
水 1	数值	0	气压罐液位变化效果参数
ZHV1	开关	0	定时时间到信号，1 有效
ZHV2	开关	0	定时器启动，=1：启动，=0：停止并复位定时器
ZHV3	数值	0	定时器计时时间

（8）动画连接与调试。

① 4 个传感器的模拟输入按钮：用取反连接；对应的状态指示：用颜色变化或闪烁连接。

② 2 个液面的动画效果：采用大小变化实现。

③ 定时器的添加与设置如图 L3.5 所示。

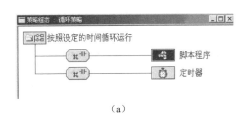

（a）　　　　　　　　　　　　　　　　　（b）

图 L3.5　循环策略中的计数器和定时器

（9）控制程序的编写与调试。参考控制程序如下：

```
'-----------动画参数修改----------
IF Y1=1 THEN  水=水+1
IF Y2=1 THEN
    水=水-1.2
    水 1=水 1+1
ENDIF            '注意参数变化幅度应尽量与实际对象相同
```

```
'-----------自动控制--------------
IF S1=0 AND S4=1 THEN Y2=1
IF S1=1 THEN    ZHV2=1
IF ZHV1=1 THEN
    Y2=0
    ZHV2=0
ENDIF
IF S4=0 THEN Y2=0
IF S3=0 THEN Y1=1
IF S2=1 THEN Y1=0
```

观察参考程序的不足，结合对象的实际情况，写出更好的属于自己的控制程序。

练习项目4 加热反应炉自动监控系统设计

1．任务

利用 MCGS 或组态王软件、IPC 和 PLC（或 I/O 板卡、模块）构成加热反应炉自动监控系统（如图 L4.1 所示），实现以下功能：

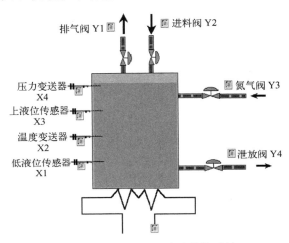

图 L4.1 加热反应炉自动监控系统

按启动按钮后，系统运行；按停止按钮后，系统停止。

第一阶段：送料控制。

（1）检测下液面 X1、炉内温度 X2、炉内压力 X4 是否都小于给定值（都为"0"）。

（2）若是，则开启排气阀 Y1 和进料阀 Y2。

（3）当液位上升到上液面 X3 时，应关闭排气阀 Y1 和进料阀 Y2。

（4）延时 10s，开启氮气阀 Y3，氮气进入反应炉，炉内压力上升。

（5）当压力上升到给定值时，即 X4=1，关断氮气阀。送料过程结束。

第二阶段：加热反应控制。

（1）接通加热炉电源 Y5。

（2）当温度上升到给定值时（此时信号 X2=1），切断加热电源。加热过程结束。

第三阶段：泄放控制。

（1）延时 10s，打开排气阀 Y1，使炉内压力降到给定值以下（此时 X4=0）。

（2）打开泄放阀 Y4，当炉内溶液降到下液面以下（此时 X1=0），关闭泄放阀 Y4 和排气阀 Y1。系统恢复到原始状态，准备进入下一循环。

最后在计算机中显示反应炉工作状态。

要求能够查阅加热反应炉监控相关资料；根据控制要求制定控制方案、选择 I/O 接口设备，正确画出加热反应炉监控系统电路原理图；能够应用 MCGS 或 Kingview 组态软件进行监控画面的制作和程序编写、调试。

2．系统方案设计（10 分）

（1）控制对象的分析。

① 本系统控制对象是什么？

② 被控参数有几个？分别完成什么功能？

③ 控制变量有几个？分别是什么？

（2）控制方案的制定。请画出系统的方框图。

3．控制系统的软硬件选型（15 分）

（1）IPC 的选型。请进行 IPC 的选型，写出选择结果。

（2）I/O 接口设备的选择。

① 所选择的 I/O 接口设备（板卡、PLC、模块）的型号是什么？

② 本系统 I/O 点数目：DI 有几个？DO 有几个？AI 有几个？AO 有几个？

③ 所选择的 I/O 接口设备的 I/O 点数。

④ 所选择的 I/O 接口设备允许的输入输出信号的类型是什么？范围是多少？

⑤ 所选择的 I/O 接口设备的供电电压是多少？

⑥ 画出所选择的 I/O 接口设备接线端子图，指出其定义。

（3）传感器、变送器的选择

① 所选择的传感器、变送器的型号是什么？

② 所选择的传感器、变送器的主要技术参数。

（4）执行器的选择。所选择的执行器的主要技术参数。

（5）其他选择。

4．控制系统的电路原理图设计（15 分）

（1）I/O 接口设备与传感器、变送器的连接。请画出 I/O 设备与传感器、变送器的连线图。

（2）I/O 接口设备与执行器的连接。请画出 I/O 设备与执行器的连线图

（3）I/O 接口设备与 IPC 的连线图。请画出 I/O 设备与 IPC 的连线图。

（4）其他。

5．软件设计与调试（30 分）

（1）数据变量的定义。请进行变量规划并填表 L4.1。

表 L4.1　变量规划表

名　　称	信 号 类 型	初　　值	作　　用

（2）监控画面的制作。请进行监控画面制作。

（3）动画连接。请填表 L4.2，说明所进行的主要动画连接。

表 L4.2　动画连接内容

对　象	连接内容	连接变量	连接目的

（4）程序的编写。请写出程序清单。

（5）程序调试顺序单。请填表 L4.3，确定调试步骤与结果。

（6）上交制作完成的电子版。

表 L4.3　调试顺序单

步骤	操　作	结　果			
0	初始状态				
1					
2					
3					

6．硬件连线与检查（10 分）

（1）I/O 接口设备与传感器、变送器的连接。

（2）I/O 接口设备与执行器的连接。

（3）I/O 接口设备与 IPC 的连线。

（4）其他。

7．组态软件与接口设备的连接（10 分）

（1）在组态软件中进行设备添加。请写出主要方法与步骤。

（2）在组态软件中进行设备基本属性的设置。请写出主要方法与步骤。

（3）在组态软件中进行通道连接。请写出主要方法与步骤。

（4）在组态软件中进行设备调试。请写出主要方法与步骤。

（5）其他。

8．系统在线运行与调试（10 分）

请写出主要方法与步骤。

9．设计参考

加热反应炉控制系统（Heating Furnace Control System）通过对炉温、炉内压力及液位的检测实现送料控制、加热控制及泄放控制。本系统通过压力变送器、液位传感器和温度变送器检测压力、液位及炉内温度，控制电磁阀的动作。

（1）监控系统系统对象分析。

监控系统的控制对象——加热炉。

控制参数——加热炉液位、炉内压力和温度。

控制目标——使液位、炉温和炉内压力处于给定值范围内。

控制变量——控制 4 个电磁阀，1 个电加热器的通断。

检测装置——液位传感器、压力变送器和温度变送器。

（2）控制系统方案确定。略。

（3）设备选型。温度、压力、液位的检测可以用变送器（温度变送器、压力变送器、液位变送器）；也可以用温度开关、压力开关、液位开关。变送器可将被测参数转换为 4～20mA 或 1～5V 等模拟信号输出，可以进行参数的全范围检测。温度开关等开关型传感器只能检测参数是否到达限位值。液位开关和压力开关可参见练习项目 3。温度变送器和温度开关外观如图 L4.2 所示。

（a）温度变送器　　　　　　（b）温度开关　　　　　　（c）温度开关符号

图 L4.2

（4）加热炉反应电路接线图。略。

（5）参考画面设计。参考画面如图 L4.3 所示，画面中除了加热炉反应系统外，还设计了 SB1 等 6 个按钮，用来在调试时模拟启动、停止开关、传感器开关，进行信号输入。

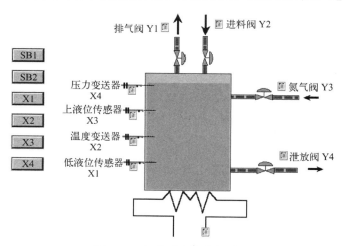

图 L4.3　加热反应炉监控系统

（6）I/O 分配。若使用 PLC 作为 I/O 接口设备，请参考表 L4.4。

表 L4.4　参考 I/O 分配

输　　入		输　　出	
对　　象	PLC 接线端子	对　　象	PLC 接线端子
下液面检测（X1）	I0.0	排气阀（Y1）	Q0.0
炉内温度（X2）	I0.1	进料阀（Y2）	Q0.1
上液面检测（X3）	I0.2	氮气阀（Y3）	Q0.2
炉内压力（X4）	I0.3	泄放阀（Y4）	Q0.3
启动按钮（SB1）	I0.4	加热炉电源（Y5）	Q0.4
停止按钮（SB2）	I0.5		

（7）变量定义。参考变量定义见表 L4.5。

表 L4.5　参考变量定义

变量名	类型	初值	注　　释
X1	开关	0	下液面检测，开关量输入，液位超过下液位时为 1，否则为 0
X2	开关	0	炉内温度，开关量输入，温度超过设定值时为 1，否则为 0
X3	开关	0	上液面检测，开关量输入，液位超过上液位时为 1，否则为 0
X4	开关	0	炉内压力，开关量输入，压力超过设定值时为 1，否则为 0
SB1	开关	0	启动按钮，开关量输入，按下为 1，再按为 0，1 有效
SB2	开关	0	停止按钮，开关量输入，按下为 1，再按为 0，1 有效
Y1	开关	0	排气阀，开关量输出，1 有效
Y2	开关	0	进料阀，开关量输出，1 有效
Y3	开关	0	氮气阀，开关量输出，1 有效
Y4	开关	0	泄放阀，开关量输出，1 有效
Y5	开关	0	加热炉电源，开关量输出，1 有效
ZHV1	开关	0	定时器时间到
ZHV2	开关	0	定时器启动
ZHV3	数值	0	定时器计时时间
水	数值	0	动画参数

（8）动画连接与调试。以下给出基本动画连接要求与提示的实现方法。同学们也可以设计出更多的动画效果，但要与题意符合。

① 在按钮 SB1 属性设置窗口中的"脚本程序"里写入：

```
SB1=1
SB2=0
```

确保二者不同时为 1。按钮 SB2 做类似设置。

② 用剪切或缩放效果表现液面的变化。

③ 定时器的制作如图 L4.4 所示。

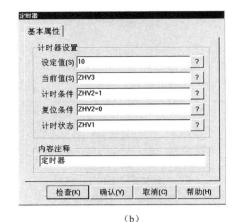

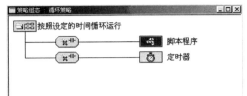

（a）
（b）

图 L4.4 循环策略中定时器的设置

（9）控制程序的编写与调试。以下是参考控制程序：

```
'水位变化动画效果
IF Y2=1 THEN                              '进料阀开
        水=水+0.5
        IF  水>80 THEN
            水=80
        ENDIF
ENDIF
IF Y4=1 THEN                              '泄放阀开
        水=水-0.5
        IF  水<0 THEN
            水=0
        ENDIF
ENDIF


'动作控制
IF SB2=1 THEN                             '按下停止按钮，所有阀断开
    Y1=0
    Y2=0
    Y3=0
    Y4=0
    Y5=0
ENDIF
IF SB1=1 THEN                             '按下启动按钮
    IF   JIEDUAN=0 THEN                   '如果是第1阶段，则
        IF X1=0 AND X2=0 AND X4=0 THEN
            Y1=1                          '排气，压力开始下降
            Y2=1                          '进料，液位开始上升
        ENDIF
        IF X3=1 THEN                      '液位升到上限
```

```
            Y1=0                              '停止排气
            Y2=0                              '停止进料
            ZHV2=1                            '启动定时器
        ENDIF
        IF ZHV1=1 THEN                        '时间到
            Y3=1                              '进氮气，压力开始上升
        ENDIF
        IF X4=1 THEN                          '压力升到给定值
            Y3=0                              '停止进氮气
            JIEDUAN=1                         '进入第 2 阶段
            ZHV2=0                            '清零并停止定时器
        ENDIF
    ENDIF
    IF   JIEDUAN=1 THEN                       '处于第 2 阶段时
        IF X2=0 THEN
            Y5=1                              '加热，温度开始上升
        ENDIF
        IF X2=1 THEN                          '温度升到设定值
            Y5=0                              '停止加热
            ZHV2=1                            '启动定时器
            JIEDUAN=2                         '进入第 3 阶段
        ENDIF
    ENDIF
    IF JIEDUAN=2 THEN                         '处于第 3 阶段时
        IF ZHV1=1 THEN
            ZHV2=0                            '清零并停止定时器
            Y1=1                              '排气，压力开始下降
            Y4=1                              '放料，液位开始下降
        ENDIF
        IF X4=0 THEN Y1=0                     '压力降到设定值以下，停止排气
        IF X1=0 THEN Y4=0                     '液位降到下限以下，停止放料
        IF Y1=0 AND Y4=0 THEN    JIEDUAN=0    '重新进入第 1 阶段
    ENDIF
ENDIF
```

观察参考程序的不足，结合对象的实际情况，写出更好的属于自己的控制程序。

练习项目 5　升降机自动监控系统设计

1．任务

利用 MCGS 或组态王软件、IPC 和 PLC（或 I/O 板卡、模块）构成升降机计算机监控系统，实现以下功能：

（1）当升降机停于一层或二层时，按三层按钮呼叫，则升降机上升至 LS3 停止。

（2）当升降机停于三层或二层时，按一层按钮呼叫，则升降机下降至 LS1 停止。

（3）当升降机停于一层时，按二层按钮呼叫，则升降机上升至 LS2 停止。

（4）当升降机停于三层时，按二层按钮呼叫，则升降机下降至 LS2 停止。

（5）当升降机停于一层，而二层、三层按钮均有人呼叫时，升降机上升至 LS2 时，在 LS2 暂停 10s 后，继续上升至 LS3 停止。

（6）当升降机停于三层，而二层、一层按钮均有人呼叫时，升降机下降至 LS2 时，在 LS2 暂停 10s 后，继续下降至 LS1 停止。

（7）当升降机上升或下降途中，任何反方向的按钮呼叫均无效。

（8）在计算机中显示自动升降机工作状态。

要求能够查阅自动升降机监控相关资料；根据控制要求制定控制方案、选择 I/O 接口设备，正确画出自动升降机监控系统电路原理图；能够应用 MCGS 或 Kingview 组态软件进行监控画面的制作和程序编写、调试。

2．系统方案设计（10 分）

（1）控制对象的分析。

① 本系统控制对象是什么？

② 被控参数有几个？分别完成什么功能？

③ 控制变量有几个？分别是什么？

（2）控制方案的制定。请画出系统的方框图。

3．控制系统的软、硬件选型（15 分）

（1）IPC 的选型。请进行 IPC 的选型，写出选择结果。

（2）I/O 接口设备的选择。

① 所选择的 I/O 接口设备（板卡、PLC、模块）的型号是什么？

② 本系统 I/O 点数目：DI 有几个？DO 有几个？AI 有几个？AO 有几个？

③ 所选择的 I/O 接口设备的 I/O 点数？

④ 所选择的 I/O 接口设备允许的输入输出信号的类型是什么？范围是多少？

⑤ 所选择的 I/O 接口设备的供电电压是多少？

⑥ 画出所选择的 I/O 接口设备接线端子图，指出其定义。

（3）传感器、变送器的选择。

① 所选择的传感器、变送器的型号是什么？

② 所选择的传感器、变送器的主要技术参数。

（4）执行器的选择。所选择的执行器的主要技术参数。

（5）其他选择。

4．控制系统的电路原理图设计（15 分）

（1）I/O 接口设备与传感器、变送器的连接。请画出 I/O 设备与传感器、变送器的连线图。

（2）I/O 接口设备与执行器的连接。请画出 I/O 设备与执行器的连线图。

（3）I/O 接口设备与 IPC 的连线图。请画出 I/O 设备与 IPC 的连线图

（4）其他。

5．软件设计与调试（30 分）

（1）数据变量的定义。请进行变量规划并填表 L5.1。

表 L5.1　变量规划表

名　　称	信　号　类　型	初　　值	作　　用

（2）监控画面的制作。请进行监控画面制作。

（3）动画连接。请填表 L5.2，说明所进行的主要动画连接。

表 L5.2　动画连接内容

对　　象	连　接　内　容	连　接　变　量	连　接　目　的

（4）程序的编写。请写出程序清单。

（5）程序调试顺序单。请填表 L5.3，确定调试步骤与结果。

（6）上交制作完成的电子版。

表 L5.3　调试顺序单

步骤	操　　作	结　　　　　　果			
0	初始状态				
1					
2					
3					

6．硬件连线与检查（10 分）

（1）I/O 接口设备与传感器、变送器的连接。

（2）I/O 接口设备与执行器的连接。

（3）I/O 接口设备与 IPC 的连线。

（4）其他。

7．组态软件与接口设备的连接（10 分）

（1）在组态软件中进行设备添加。请写出主要方法与步骤。

（2）在组态软件中进行设备基本属性的设置。请写出主要方法与步骤。

（3）在组态软件中进行通道连接。请写出主要方法与步骤。

（4）在组态软件中进行设备调试。请写出主要方法与步骤。

（5）其他。

8．系统在线运行与调试（10 分）

请写出主要方法与步骤。

9．设计参考

升降机自动控制系统通过限位开关检测升降机的位置和呼叫开关的状态，控制电动机的正反转达到升降目的。

（1）监控系统系统对象分析。

监控系统的控制对象——升降机。

控制参数——升降机的上升和下降。

控制目标——根据升降机的位置和呼叫按钮确定升降机的上升或下降。

控制变量——控制电动机的启停。

检测装置——限位开关。

（2）控制系统方案设定。略。

（3）设备选型。本监控系统采用电动机作为执行机构。

（4）升降机控制系统电路接线图。略。

（5）参考画面设计。参考画面如图 L5.1 所示。画面中除了升降机、楼层显示和传感器，还设计了 SB1 等 6 个按钮，用来在调试时模拟呼叫按钮、限位开关。画面中还设计了升降机的 6 个状态指示灯。

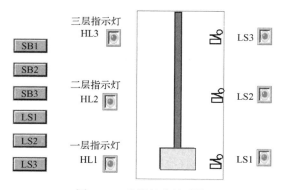

图 L5.1 升降机监控系统

（6）I/O 分配。若使用板卡作为 I/O 接口设备，请参考表 L5.4。

表 L5.4　参考 I/O 分配

输　　入		输　　出	
对象	PCI-8408 接线端子	对象	PCI-8408 接线端子
一层按钮（SB1）	CH1(DI1)	上升（马达正转）（M1）	CH1(DO1)
二层按钮（SB2）	CH2(DI2)	下降（马达反转）（M2）	CH2(DO2)
三层按钮（SB3）	CH3(DI3)	一层指示灯（HL1）	CH3(DO3)
一层限位开关（LS1）	CH4(DI4)	二层指示灯（HL2）	CH4(DO4)
二层限位开关（LS2）	CH5(DI5)	三层指示灯（HL3）	CH5(DO5)
三层限位开关（LS3）	CH6(DI6)		

（7）变量定义。假设使用中泰 PCI-8408 I/O 板卡，参考变量定义见表 L5.5。假设将负载接在 DO 信号和地之间，PCI-8408 反相输出。

表 L5.5　参考变量定义

变 量 名	类　　型	初值	注　　释
HL1	开关	1	开关量输出，0 有效，一层呼叫指示灯
HL2	开关	1	开关量输出，0 有效，二层呼叫指示灯
HL3	开关	1	开关量输出，0 有效，三层呼叫指示灯
LS1	开关	0	开关量输入，1 有效，一层限位开关
LS2	开关	0	开关量输入，1 有效，二层限位开关
LS3	开关	0	开关量输入，1 有效，三层限位开关
M1	开关	1	开关量输出，0 有效，电梯上升（马达正转）
M2	开关	1	开关量输出，0 有效，电梯下降（马达反转）
SB1	开关	0	开关量输入，1 有效，一层按钮（SB1），按 1 松 0
SB2	开关	0	开关量输入，1 有效，二层按钮(SB2)，按 1 松 0
SB3	开关	0	开关量输入，1 有效，三层按钮(SB3)，按 1 松 0
ZHV1	开关	0	定时器状态信号，1 有效
ZHV2	开关	0	定时器启动/复位信号，1/O 有效
ZHV3	数值	0	定时器计时值，定时器调试变量
电梯	数值	0	电梯上下移动变化
TWO	开关	0	2 按钮都按下标志，1 有效

（8）动画连接与调试。以下给出基本动画连接要求与提示的实现方法。同学们也可以设计出更多的动画效果，但要与题意符合。

升降机移动动画连接：采用垂直移动和剪切变化连接。

① SB1、SB2、SB3 操作属性连接用"按 1 松 0"，LS1、LS2、LS3 用"取反"连接。

② 指示灯、限位开关采用闪烁的动画连接。

③ 定时器设置如图 L5.2 所示。

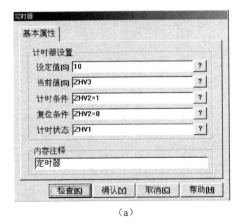
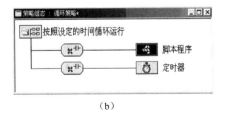

(a)   (b)

图 L5.2   循环策略中定时器的设置

（9）控制程序的编写与调试。以下是参考控制程序：

```
'************呼叫，灯亮************
IF SB1=1 THEN HL1=0
IF SB2=1 THEN HL2=0
IF SB3=1 THEN HL3=0
'*****(1) 升降机停止于一层或二层，三层呼叫
IF 电梯<=100 AND HL3=0 AND HL2=1   AND HL1=1   AND TWO=0 THEN
   M1=0
   电梯=电梯+1
   IF 电梯>=100   THEN 电梯=100
   IF LS3=1 THEN
      M1=1
      HL3=1
   ENDIF
ENDIF
'*****(2) 升降机停于三层或二层，一层呼叫**********
IF 电梯>=0 AND HL1=0 AND HL2=1 AND HL3=1 AND TWO=0   THEN
   M2=0
   电梯=电梯-1
   IF 电梯<0 THEN 电梯=0
   IF LS1=1 THEN
      M2=1
      HL1=1
   ENDIF
ENDIF
'*****(3) 升降机停于一层，二层呼叫************
IF 电梯<=50 AND HL2=0 AND HL1=1 AND HL3=1   THEN
   M1=0
   电梯=电梯+1
   IF 电梯>=50   THEN 电梯=50
```

```
    IF LS2=1 THEN
        M1=1
        HL2=1
    ENDIF
ENDIF
'*****(4) 升降机停于三层，二层呼叫**************
IF 电梯>=50 AND HL2=0 AND HL3=1 AND HL1=1    THEN
    M2=0
    电梯=电梯-1
    IF  电梯<50 THEN  电梯=50
    IF LS2=1 THEN
        M2=1
        HL2=1
    ENDIF
ENDIF
'*****(5) 升降机停于一层，二层、三层呼叫
IF 电梯<=50 AND HL2=0 AND HL3=0 AND HL1=1    THEN
    M1=0
    TWO=1
    电梯=电梯+1
    IF  电梯>=50    THEN  电梯=50
    IF LS2=1 THEN
        M1=1
        HL2=1
        ZHV2=1
    ENDIF
ENDIF
IF ZHV1=1 AND HL3=0 AND M2=1 THEN
    M1=0
    电梯=电梯+1
    IF  电梯>=100    THEN  电梯=100
    IF LS3=1 THEN
        M1=1
        HL3=1
        ZHV2=0
        TWO=0
    ENDIF
ENDIF
'*****(6) 升降机停于三层，一、二层呼叫**************
IF 电梯>=50 AND HL1=0 AND HL2=0 AND HL3=1 AND M1=1 THEN
    M2=0
    TWO=1
    电梯=电梯-1
    IF  电梯<50 THEN  电梯=50
```

```
        IF LS2=1 THEN
            M2=1
            HL2=1
            ZHV2=1
        ENDIF
    ENDIF
    IF ZHV1=1 AND HL1=0 AND M1=1 THEN
        M2=0
        电梯=电梯−1
        IF  电梯<0 THEN  电梯=0
        IF LS1=1 THEN
            M2=1
            HL1=1
            ZHV2=0
            TWO=0
        ENDIF
    ENDIF
    '*****(7) 运行中，反方向呼叫无效**********
    IF M1=0 AND  电梯>0    THEN HL1=1
    IF M1=0 AND  电梯>50 THEN HL2=1
    IF M2=0 AND  电梯<100    THEN HL3=1
    IF M2=0 AND  电梯<50      THEN HL2=1
```

观察参考程序的不足，结合对象的实际情况，写出更好的属于自己的控制程序。

练习项目 6　废品检测自动监控系统设计

1．任务

利用 MCGS 或组态王软件、IPC 和 PLC（或 I/O 板卡、模块）构成废品检测计算机监控系统，实现以下功能：

（1）按下启动按钮，电机 Y1 运转，传送带 A 做连续运行。按下停止按钮，系统停止运行。

（2）当零件经过传感器 SQ2 时，若为正品零件，SQ2 输出正脉冲，计数达到 15 个时，正品计数灯亮 3s，重新开始计数。

（3）当零件经过废品监测传感器 SQ1 时，若零件为废品，SQ1 输出正脉冲，电机 Y1 停止，机械手 Y6 把废品从 A 传送带上拿走，放到 B 传送带上。待机械手复位后，启动传送带电机 Y2 和 Y1，把废品经输送带 B 带走。经 15s 延时，切断 B 输送带。

（4）当废品达到 5 个时，发出报警信号，报警灯 Y5 亮，系统暂停运行。

（5）在计算机中显示废品检测自动控制工作状态。

要求能够查阅废品检测监控相关资料；根据控制要求制定控制方案、选择 I/O 接口设备，正确画出废品检测监控系统电路原理图；能够应用 MCGS 或 Kingview 组态软件进行监控画面的制作和程序编写、调试。

2．系统方案设计（10 分）

（1）控制对象的分析。

① 本系统控制对象是什么？

② 被控参数有几个？分别完成什么功能？

③ 控制变量有几个？分别是什么？

（2）控制方案的制定。请画出系统的方框图。

3．控制系统的软、硬件选型（15 分）

（1）IPC 的选型。请进行 IPC 的选型，写出选择结果。

（2）I/O 接口设备的选择。

① 所选择的 I/O 接口设备（板卡、PLC、模块）的型号是什么？

② 本系统 I/O 点数目：DI 有几个？DO 有几个？AI 有几个？AO 有几个？

③ 所选择的 I/O 接口设备的 I/O 点数？

④ 所选择的 I/O 接口设备允许的输入信号的类型是什么？范围是多少？

⑤ 所选择的 I/O 接口设备的供电电压是多少？

⑥ 画出所选择的 I/O 接口设备接线端子图，指出其定义。

（3）传感器、变送器的选择。

① 所选择的传感器、变送器的型号是什么？

② 所选择的传感器、变送器的主要技术参数。

（4）执行器的选择。所选择的执行器的主要技术参数。

（5）其他选择。

4．控制系统的电路原理图设计（15 分）

（1）I/O 接口设备与传感器、变送器的连接。请画出 I/O 设备与传感器、变送器的连线图。

（2）I/O 接口设备与执行器的连接。请画出 I/O 设备与执行器的连线图。

（3）I/O 接口设备与 IPC 的连线图。请画出 I/O 设备与 IPC 的连线图。

（4）其他。

5．软件设计与调试（30 分）

（1）数据变量的定义。请进行变量规划并填表 L6.1。

表 L6.1　变量规划表

名　　称	信　号　类　型	初　　值	作　　用

（2）监控画面的制作。请进行监控画面制作。

（3）动画连接。请填表 L6.2，说明所进行的主要动画连接。

表 L6.2　动画连接内容

对　　象	连　接　内　容	连　接　变　量	连　接　目　的

（4）程序的编写。请写出程序清单。

（5）程序调试顺序单。请填表 L6.3，确定调试步骤与结果。

（6）上交制作完成的电子版。

表 L6.3　调试顺序单

步骤	操　　作	结　　果		
0	初始状态			
1				
2				
3				

6．硬件连线与检查（10 分）

（1）I/O 接口设备与传感器、变送器的连接。
（2）I/O 接口设备与执行器的连接。
（3）I/O 接口设备与 IPC 的连线。
（4）其他。

7．组态软件与接口设备的连接（10 分）

（1）在组态软件中进行设备添加。请写出主要方法与步骤。
（2）在组态软件中进行设备基本属性的设置。请写出主要方法与步骤。
（3）在组态软件中进行通道连接。请写出主要方法与步骤。
（4）在组态软件中进行设备调试。请写出主要方法与步骤。
（5）其他。

8．在线运行与调试（10 分）

请写出主要方法与步骤。

9．设计参考

废品检测自动控制系统，通过检测系统，能够检测零件的质量，并用计数器进行零件的计数，并把废品同过机械手放的另一条传送带上。

（1）监控系统系统对象分析。

监控系统的控制对象——自动生产线。

控制参数——传送带的运行。

控制目标——传感器能够自动检测零件是否是正品，如果是正品，记录正品的数量。如果是废品，机械手把废品拿走放到另一条传送带上。

控制变量——控制变量共三个，分别控制 2 个电动机和 1 个报警灯的通断。

检测装置——零件正品检测传感器、废品检测传感器。

（2）控制系统方案确定。（参见学习项目 2）

（3）设备选型。本监控系统采用电动机、接触器作为执行机构，设备的选型可参考学习项目 2。

零件的检测和废品的检测传感器很多，请自己查阅相关资料。

（4）废品检测电路接线图。（参见学习项目 2）

（5）参考画面设计。参考画面如图 L6.1 所示。画面中除了传送带、传感器、电机外，还设计了 SB1 等 5 个按钮，用来在调试时模拟启动/停止开关、传感器的动作，进行信号输入。画面中还设计了电机、机械手、零件检测等 9 个状态指示灯。

（6）变量定义。假设使用中泰 PCI-8408 I/O 板卡，参考变量定义见表 L6.4。假设将负载接在 DO 信号和地之间，PCI-8408 反相输出。

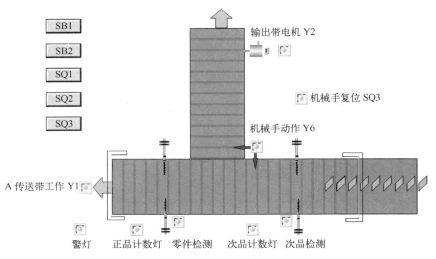

图 L6.1 废品检测自动控制系统

表 L6.4 参考变量定义

变 量 名	类 型	初 值	注 释
零件位置	数值	0	水平移动参数
次品位置	数值	0	垂直移动参数
SB1_CIPIN	开关	0	开始按钮，按 1 松 0
SB2_CIPIN	开关	0	停止按钮，按 1 松 0
SQ1_CIPIN	开关	0	次品检测，脉冲信号，上升有效
SQ2_CIPIN	开关	0	零件检测，脉冲信号，上升有效
SQ3_CIPIN	开关	0	机械手复位，脉冲信号，上升有效
Y1_CIPIN	开关	1	A 传送带电机 Y1，0 有效
Y2_CIPIN	开关	1	B 传送带电机 Y2，0 有效
Y3_CIPIN	开关	1	正品计数指示灯，0 有效
Y4_CIPIN	开关	1	次品计数指示灯，0 有效
Y5_CIPIN	开关	1	警灯指示，0 有效
Y6_CIPIN	开关	1	机械手动作阀，0 有效
ZHV1	开关	0	正品定时器状态
ZHV2	开关	0	正品定时器启动
ZHV3	数值	0	正品定时器计时值
ZHV4	开关	0	次品定时器状态
ZHV5	开关	0	次品定时器启动
ZHV6	数值	0	次品定时器计时值
正品计数满	开关	0	正品计数器状态
正品计数值	数值	0	正品计数器计数值
正品计数器复位	开关	0	正品计数器复位
次品计数满	开关	0	次品计数器状态
次品计数器值	数值	0	次品计数器计数值
次品计数器复位	开关	0	次品计数器复位
次品显示	数值	0	B 传送带上的次品数

（7）动画连接与调试。以下给出基本动画连接要求与提示的实现方法。同学们也可以设计出更多的动画效果，但要与题意符合。

① 传送带的制作：用宽的流动块来表示。

② 正品的运动：水平移动连接。

③ 次品的运动：画 5 个次品在 B 传送带上，做垂直移动和可见度连接。运行中如无次品，B 传送带上见不到工件（如图 L6.1 所示），否则相反。

④ 循环策略中用 2 个计数器、2 个定时器分别进行正品和次品计数、延时，设置如图 L6.2 所示。

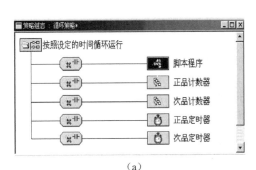

(a)

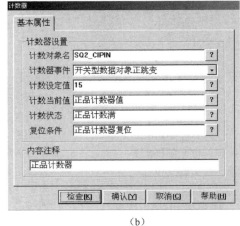

(b)

图 L6.2　循环策略中计数器的设置

（8）控制程序的编写与调试。以下是参考控制程序：

```
IF Y1_CIPIN=0 THEN
    零件位置=零件位置+1
    IF 零件位置>100 THEN 零件位置=0
ENDIF
    IF Y2_CIPIN=0 THEN
    次品位置=次品位置+2
ENDIF                    '修改动画参数

IF SB1_CIPIN=1 THEN      '按下开始按钮
    Y1_CIPIN=0           ' A 传送带电机 Y1 运动
    次品显示=0
    次品位置=0
ENDIF
IF SB2_CIPIN=1 THEN      '按下停止按钮
    Y1_CIPIN=1
    Y2_CIPIN=1
    Y3_CIPIN=1
    Y4_CIPIN=1
    Y5_CIPIN=1
    Y6_CIPIN=1           '全停
```

```
    ENDIF

    IF  正品计数满=1 THEN              '正品数超过 15 个
        Y3_CIPIN=0                    '正品计数灯亮
        ZHV2=1                        '开始计时
        正品计数器复位=1
    ELSE  正品计数器复位=0
    ENDIF
    IF ZHV1=1 THEN                    '3s 后
        Y3_CIPIN=1                    '灯灭
        ZHV2=0                        '停止定时并清零
    ENDIF

    IF SQ1_CIPIN=1 THEN               '检测到次品
        Y4_CIPIN=0                    '次品灯亮
        Y1_CIPIN=1                    'A 传送带电机 Y1 停止
        Y6_CIPIN=0                    '机械手运动
        Y2_CIPIN=1                    'B 传送带电机 Y2 停止
        ZHV5=0                        '停止定时并清零
    ENDIF
    IF SQ3_CIPIN=1 THEN               '机械手已将次品抓到 B 传送带
        次品显示=次品显示+1             'B 传送带上次品数+1
        Y1_CIPIN=0                    'A 传送带电机 Y1 运动
        Y2_CIPIN=0                    'B 传送带电机 Y2 运动
        Y4_CIPIN=1                    '次品灯灭
        Y6_CIPIN=1                    '机械手停
        ZHV5=1                        '开始计时
    ENDIF
    IF ZHV4=1 THEN                    '15s 后
        Y2_CIPIN=1                    '停止 B 传送带电机 Y2
        次品显示=0
        ZHV5=0
        次品位置=0
    ENDIF
    IF  次品计数满=1 THEN              '次品数超过 5 个
        Y5_CIPIN=0                    '报警灯亮
        次品计数器复位=1
        Y1_CIPIN=1
        Y2_CIPIN=1
        Y6_CIPIN=1                    '系统暂停
    ELSE
        次品计数器复位=0
    ENDIF
```

观察参考程序的不足，结合对象的实际情况，写出更好的属于自己的控制程序。

练习项目 7 加料过程自动监控系统设计

1. 训练任务

利用 MCGS 或组态王软件、IPC 和 PLC（或 I/O 板卡、模块）构成加料过程自动监控系统（见图 L7.1 所示），实现以下功能：

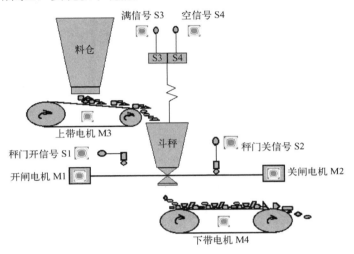

图 L7.1 加料过程自动监控系统

（1）按启动按钮后，上输送带电机（进料电机）M3 得电，上输送带运转，开始向斗秤进料。当斗秤中的原料达到设定重量，料位开关 S3 动作，切断 M3，停止进料，同时接通下输送带电机 M4（出料电机）和开闸电机 M1，使下输送带运转，斗秤闸门打开，将料输出至下传送带。当闸门完全打开，碰撞闸门上限位开关 S1，切断 M1。

（2）当斗秤中原料下完，料位开关 S4 动作，关闸电机 M2 得电，关闭闸门，当闸门完全关闭，碰撞闸门下限位开关 S2，切断 M2，接通 M3，料仓重新开始下料。

（3）按停车按钮时，应等斗秤中的原料下完，再延长 10s，待传送带上的原料输送完毕，再切断电源。

（4）在计算机中显示加料自动控制系统工作状态。

要求能够查阅加料自动控制系统监控相关资料；根据控制要求制定控制方案、选择 I/O 接口设备，正确画出加料自动控制系统电路原理图；能够应用 MCGS 或 Kingview 组态软件进行监控画面的制作和程序编写、调试。

2. 系统方案设计（10 分）

（1）控制对象的分析。

① 本系统控制对象是什么？

② 被控参数有几个？分别完成什么功能？

③ 控制变量有几个？分别是什么？

（2）控制方案的制定。请画出系统的方框图。

3．控制系统的软硬件选型（15 分）

（1）IPC 的选型。请进行 IPC 的选型，写出选择结果。

（2）I/O 接口设备的选择。

① 所选择的 I/O 接口设备（板卡、PLC、模块）的型号是什么？

② 本系统 I/O 点数目：DI 有几个？DO 有几个？AI 有几个？AO 有几个？

③ 所选择的 I/O 接口设备的 I/O 点数。

④ 所选择的 I/O 接口设备允许的输入输出信号的类型是什么？范围是多少？

⑤ 所选择的 I/O 接口设备的供电电压是多少？

⑥ 画出所选择的 I/O 接口设备接线端子图，指出其定义。

（3）传感器、变送器的选择。

① 所选择的传感器、变送器的型号是什么？

② 所选择的传感器、变送器的主要技术参数？

（4）执行器的选择。所选择的执行器的主要技术参数。

（5）其他选择。

4．控制系统的电路原理图设计（15 分）

（1）I/O 接口设备与传感器、变送器的连接。画出 I/O 设备与传感器、变送器的连线图。

（2）I/O 接口设备与执行器的连接。请画出 I/O 设备与执行器的连线图。

（3）I/O 接口设备与 IPC 的连线图。请画出 I/O 设备与 IPC 的连线图。

（4）其他。

5．软件设计与调试（30 分）

（1）数据变量的定义。请进行变量规划并填表 L7.1。

（2）监控画面的制作。请进行监控画面制作。

（3）动画连接。请填表 L7.2，说明所进行的主要动画连接。

表 L7.1　变量规划表

名　　　称	信 号 类 型	初　　值	作　　用

表 L7.2　动画连接内容

对　　象	连 接 内 容	连 接 变 量	连 接 目 的

（4）程序的编写。请写出程序清单。

（5）程序调试顺序单。请填表 L7.3，确定调试步骤与结果。

（6）上交制作完成的电子版。

表 L7.3 调试顺序单

步　骤	操　作	结　果			
0	初始状态				
1					
2					
3					

6．硬件连线与检查（10 分）

（1）I/O 接口设备与传感器、变送器的连接。

（2）I/O 接口设备与执行器的连接。

（3）I/O 接口设备与 IPC 的连线。

（4）其他。

7．组态软件与接口设备的连接（10 分）

（1）在组态软件中进行设备添加。请写出主要方法与步骤。

（2）在组态软件中进行设备基本属性的设置。请写出主要方法与步骤。

（3）在组态软件中进行通道连接。请写出主要方法与步骤。

（4）在组态软件中进行设备调试。请写出主要方法与步骤。

（5）其他。

8．系统在线运行与调试（10 分）

请写出主要方法与步骤。

9．设计参考

加料过程自动监控系统：启动按钮按钮按下后，根据控制要求，能够实现加料、送料的自动控制。

（1）监控系统对象分析。

监控系统的控制对象——加料控制装置。控制参数——上料、下料动作。控制目标——加料控制系统能够自动上料。控制变量——控制 4 个电机的动作。检测装置——料满、料空传感器。

（2）控制系统方案确定。略。

（3）设备选型。本监控系统采用电动机作为执行机构，设备的选型可参考学习项目 2。

（4）加料控制电路接线图。略。

（5）I/O 分配。若使用板卡作为 I/O 接口设备请参考表 L7.4。

（6）参考画面设计。参考画面如图 L7.2 所示，画面中除了料仓、斗秤、传送带和电机，还设计了 SB1 等 6 个按钮，用来在调试时模拟启动/停止开关、秤门开、闭合、料满和料空信号，进行信号输入。画面中还设计了 10 个状态指示灯。

输　　入		输　　出	
对　　象	PCI-8408 接线端子	对　　象	PCI-8408 接线端子
启动(SB1)	CH1(DI1)	出料电机(M4)	CH1(DO1)
停止(SB2)	CH2(DI2)	进料电机(M3)	CH2(DO2)
闸门开限位(S1)	CH39DI3)	开闸门电机(M1)	CH3(DO3)
闸门关限位(S2)	CH4(DI4)	关闸门电机(M2)	CH3(DO4)
斗秤满信号(S3)	CH5(DI5)		
斗秤空信号(S4)	CH6(DI6)		

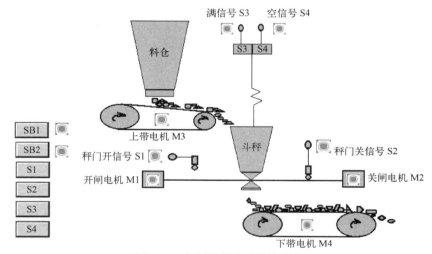

图 L7.2　加料过程自动监控系统

（7）变量定义。假设使用中泰 PCI-8408 I/O 板卡，参考变量定义见表 L7.5。假设将负载接在 DO 信号和地之间，PCI-8408 反相输出。

表 L7.5　参考变量定义

变　量　名	类　　型	初　　值	注　　释
SB1_JIA	开关	0	启动按钮，输入，按 1 松 0
SB2_JIA	开关	0	停止按钮，输入，按 1 松 0
S1_JIA	开关	0	秤门开，输入，脉冲信号，上跳沿有效
S2_JIA	开关	0	秤门闭，输入，脉冲信号，上跳沿有效
S3_JIA	开关	0	斗秤满，输入，脉冲信号，上跳沿有效
S4_JIA	开关	0	斗秤空，输入，脉冲信号，上跳沿有效
M1_JIA	开关	1	开闸电机控制，输出，0 有效
M2_JIA	开关	1	关闸电机控制，输出，0 有效
M3_JIA	开关	1	上带进料电机控制，输出，0 有效
M4_JIA	开关	1	下带出料电机控制，输出，0 有效

变　量　名	类　型	初　值	注　释
ZHV1	开关	0	定时器状态信号
ZHV2	开关	0	定时器启动信号
ZHV3	数值	0	定时器计时值
STOP_F	开关	0	停止按钮按下标志
EMPTY	开关	0	斗秤空标志

（8）动画连接与调试。略。

（9）控制程序的编写与调试。以下是参考控制程序：

```
IF SB1_JIA=1 THEN              '按下启动按钮
    M3_JIA=0                   'M3 得电，开始进料
    EMPTY=0                    '清除空标志
ENDIF


IF S3_JIA=1   THEN             '斗秤满
    M3_JIA=1                   '停进料
    M4_JIA=0                   '下传送带运转
    M1_JIA=0                   '打开闸门
ENDIF
IF S1_JIA=1 THEN M1_JIA=1      '闸门已全开，不再继续开
IF S4_JIA=1 THEN              '斗秤已空
    M2_JIA=0                   '关闭闸门
    EMPTY=1                    '斗秤空标志置位
ENDIF
IF S2_JIA=1 THEN              '闸门已全闭
    M2_JIA=1                   '不再继续关闭闸门
    M3_JIA=0                   '重新进料
ENDIF


IF SB2_JIA=1 THEN STOP_F=1              '按下停止按钮，停标志置位
IF STOP_F=1 AND EMPTY=1 THEN ZHV2=1     '曾经按下停止按钮且斗秤已空，则启动定时器
IF ZHV1=1 THEN                          '延时时间到
    M1_JIA=1
    M2_JIA=1
    M3_JIA=1
    M4_JIA=1                            '全停
    ZHV2=0
    STOP_F=0
ENDIF
```

思考：如果 S1～S4 四个传感器输出的不是脉冲信号而是电平信号，该怎样进行动画连接和程序修改？

练习项目 8　双储液罐单水位自动监控系统设计

1. 任务

利用 MCGS 或组态王软件、IPC 和 PLC（或 I/O 板卡、模块）构成双储液罐单水位自动监控系统（如图 L8.1 所示），实现以下控制要求：

（1）对两水罐的水位、温度进行检测，并将下水罐液位控制在给定值。运行中，应能人工输入水位给定值，系统应具有手动和自动两种控制功能。

（2）具有生产流程显示、温度、上下液位指示、计算机手动控制、自动控制和手/自动切换功能。

要求能够查阅双储液罐系统相关资料；根据控制要求制定控制方案、选择 I/O 接口设备，正确画出水位控制系统电路原理图；能够应用 MCGS 或 Kingview 组态软件进行监控画面的制作和程序编写、调试。

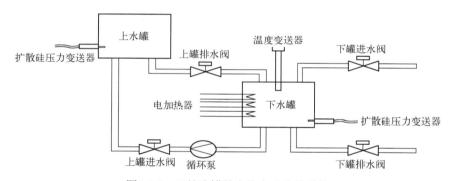

图 L8.1　双储液罐单水位自动监控系统

2. 系统方案设计（10 分）

（1）控制对象的分析。

① 本系统控制对象是什么？

② 被控参数有几个？分别完成什么功能？

③ 控制变量有几个？分别是什么？

（2）控制方案的制定。请画出系统的方框图。

3. 控制系统的软硬件选型（15 分）

（1）IPC 的选型。请进行 IPC 的选型，写出选择结果。

（2）I/O 接口设备的选择。

① 所选择的 I/O 接口设备（板卡、PLC、模块）的型号是什么？

② 本系统 I/O 点数目：DI 有几个？ DO 有几个？ AI 有几个？ AO 有几个？

③ 所选择的 I/O 接口设备的 I/O 点数？

④ 所选择的 I/O 接口设备允许的输入输出信号的类型是什么？范围是多少？

⑤ 所选择的 I/O 接口设备的供电电压是多少？

⑥ 画出所选择的 I/O 接口设备接线端子图，指出其定义。

（3）传感器、变送器的选择。

① 所选择的传感器、变送器的型号是什么？

② 所选择的传感器、变送器的主要技术参数。

（4）执行器的选择。所选择的执行器的主要技术参数。

（5）其他选择。

4. 控制系统的电路原理图设计（15 分）

（1）I/O 接口设备与传感器、变送器的连接。请画出 I/O 设备与传感器、变送器的连线图

（2）I/O 接口设备与执行器的连接。请画出 I/O 设备与执行器的连线图。

（3）I/O 接口设备与 IPC 的连线图。请画出 I/O 设备与 IPC 的连线图。

（4）其他。

5. 软件设计与调试（30 分）

（1）数据变量的定义。请进行变量规划并填表 L8.1。

表 L8.1　变量规划表

名　　　称	信　号　类　型	初　　　值	作　　　用

（2）监控画面的制作。请进行监控画面制作。

（3）动画连接。请填表 L8.2，说明所进行的主要动画连接。

表 L8.2　动画连接内容

对　　　象	连　接　内　容	连　接　变　量	连　接　目　的

（4）程序的编写。请写出程序清单。

（5）程序调试顺序单。请填表 L8.3，确定调试步骤与结果。

（6）上交制作完成的电子版。

表 L8.3　　调试顺序单

步　骤	操　作	结　　果				
		压力变送器	温度传感器	电加热器	上罐排水阀	下罐排水阀
0	初始状态					
1						
2						
3						

6. 硬件连线与检查（10 分）

（1）I/O 接口设备与传感器、变送器的连接。

（2）I/O 接口设备与执行器的连接。

（3）I/O 接口设备与 IPC 的连线。

（4）其他。

7. 组态软件与接口设备的连接（10 分）

（1）在组态软件中进行设备添加。请写出主要方法与步骤。

（2）在组态软件中进行设备基本属性的设置。请写出主要方法与步骤。

（3）在组态软件中进行通道连接。请写出主要方法与步骤。

（4）在组态软件中进行设备调试。请写出主要方法与步骤。

（5）其他。

8. 系统在线运行与调试（10 分）

请写出主要方法与步骤。

9. 设计参考

（1）控制系统的分析。

① 系统组成：被控对象由上、下两个储液罐组成，如图 L8.1 所示。

② 罐上检测及控制元件名称及作用见表 L8.4。上、下水位和温度分别经 2 个扩散硅压力变送器和温度变送器检测后，变成 4~20mA 信号输出给计算机。水位控制通过 4 个阀门、1 个水泵进行。

表 L8.4　　设备表

名　　称	作　　用	信　号　类　型
下罐进水阀	下罐进水	电磁阀（DO），0 为开阀
下罐排水阀	下罐排水	电磁阀（DO），0 为开阀
上罐进水阀	上罐进水	电磁阀（DO），0 为开阀
循环泵	上罐进水	电磁阀（DO），0 为工作
上罐排水阀	上罐排水	电磁阀（DO），0 为开阀
扩散硅压力变送器	上、下水位检测	4~20mA（1~5V）（AI）

名　　称	作　　用	信　号　类　型
铂电阻温度变送器	下罐水温检测	4～20mA（1～5V）（AI）
下罐液位高限开关	检测下罐液位高越限	开关（DI），0 为接通
下罐液位低限开关	检测下罐液位低越限	开关（DI），0 为接通
上罐液位高限开关	检测上罐液位高越限	开关（DI），0 为接通

（2）控制方案的选择。

① 控制系统组成。温度、液位 3 路模拟信号经变送器转换成 4～20mA 信号后，经 250Ω电阻转换成 1～5V，分别送显示仪表和计算机（本系统采用仪表显示和计算机显示两套显示设备）。进计算机前，信号先经 PCLD-9138 端子板送入 PCL-818L，经 A/D 转换后，被计算机采集到，根据采集到的信号情况，计算机输出控制信号给 PCL-818L，再经 PCLD-780 端子板送给 74LS07 驱动中间继电器，使其得电后控制各电磁阀和泵的通断。信号检测电路如图 L8.2 所示，控制电路如图 L8.3 所示。

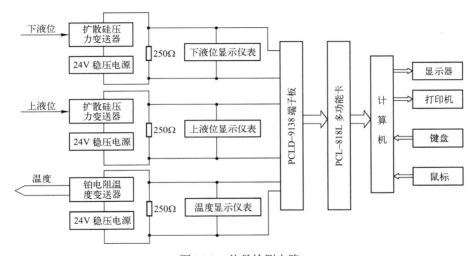

图 L8.2　信号检测电路

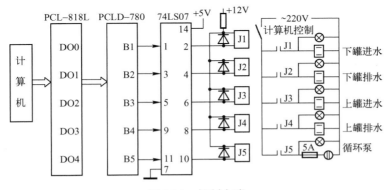

图 L8.3　控制电路

② 控制策略。

a. 下罐水位很低时（-40mm 以下），停止一切排水，双进水（下罐进水，上罐排水）。

b. 下罐水位较低时（–30～–20mm），停止一切排水，单进水（上罐排水优先，下罐进水次之）。

c. 下罐水位正常（–10～+10mm），不排水，不进水。

d. 下罐水位较高（+20～+30mm），单排水（上罐进水优先，下罐排水次之）。

e. 下罐水位很高（+40mm 以上），双排水（下罐排水，上罐进水）。

f. 停上罐进水的顺序：先关闭循环泵，延时 1 秒再关闭上罐进水阀。

g. 上罐进水的顺序：打开上罐进水阀，延时 1 秒再打开循环泵。

h. 由于水位对象响应较快，应采用带中间区的位式控制算法，防止泵和阀切换过于频繁，中间区可取±10mm。

为确保上罐进水阀和循环泵的顺序动作，防止手动操作错误，应对二者设计软件做连锁保护。

第 f、g 步的目的是防止出现阀关而泵开的情况，造成泵损坏，另外手动控制也要遵循此原则，当发生操作错误时，系统应能自锁。

以上控制策略特点是水交换尽量在两罐之间进行，比较利于节水。

（3）设备的选型。参见学习项目 3

（4）I/O 分配。参考变量分配见表 L8.5。其他中间变量根据需要设置。

表 L8.5　参考变量分配

变量名	类型	连接设备	寄存器	数据类型	初始值	最小原始值	最小值	最大原始值	最大值
水罐温度	I/O 浮点	PCL-818L	AD2.F2L5.G1	INT	0	2 457	0	4 095	100
上罐液位	I/O 浮点	PCL-818L	AD1.F2L5.G1	INT	90	2 457	90	4 095	1 080
下罐液位	I/O 浮点	PCL-818L	AD0.F2L5.G1	INT	90	2 457	90	4 095	1 690
下罐进水阀	I/O 离散	PCL-818L	DO0	bit	开				
下罐排水阀	I/O 离散	PCL-818L	DO1	bit	开				
循环泵阀	I/O 离散	PCL-818L	DO2	bit	开				
上罐排水阀	I/O 离散	PCL-818L	DO3	bit	开				
循环泵	I/O 离散	PCL-818L	DO4	bit	开				
1 组电加热器	I/O 离散	PCL-818L	DO5	bit	开				
2 组电加热器	I/O 离散	PCL-818L	DO6	bit	开				
3 组电加热器	I/O 离散	PCL-818L	DO7	bit	开				
下液位下限开关	I/O 离散	PCL-818L	DI0	bit	开				
下液位上限开关	I/O 离散	PCL-818L	DI1	bit	开				
上液位上限开关	I/O 离散	PCL-818L	DI2	bit	开				

（5）参考画面设计。请参照图 L8.1。

（6）动画连接与控制程序编写调试。简单程序（如手动控制）可通过命令语言动画连接实现。复杂的控制则需要用应用程序命令语言、事件命令语言或数据改变命令语言实现。例如，自动控制策略可用应用程序命令语言，也可用事件命令语言实现。

练习项目9 双储液罐双水位自动监控系统设计

1. 任务

利用 MCGS 或组态王软件、IPC 和 PLC（或 I/O 板卡、模块）构成双储液罐双水位自动监控系统（见图 L9.1 所示），实现以下控制要求：

（1）对两水罐的水位、温度进行检测，并将下水罐和上水罐液位都控制在给定值。运行中，应能人工输入水位给定值，并且具有水位手动控制和自动控制功能。

（2）具有生产流程显示、温度、上下液位指示、计算机手动控制、自动控制和手/自动切换功能。

（3）设计报警画面，报表、实时趋势曲线、历史趋势曲线画面。

要求能够查阅双储液罐双水位系统监控相关资料；根据控制要求制定控制方案、选择 I/O 接口设备，正确画出水位控制系统电路原理图；能够应用 MCGS 或 Kingview 组态软件进行监控画面的制作和程序编写、调试。

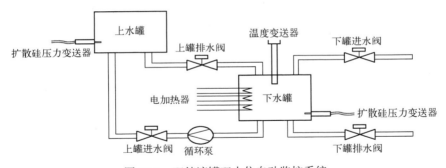

图 L9.1 双储液罐双水位自动监控系统

（4）自动控制策略：为提高控制品质，提出总水量概念。总水量=下水位×下罐底面积＋上水位×上罐底面积。总设计思路是：

① 如果实际总水量低于设定总水量，开下罐进水阀，关下罐排水阀，由外管路为系统补水。

② 如果实际总水量高于设定总水量，关下罐进水阀，开下罐排水阀，向外管路排水。

③ 实际总水量=设定总水量时，则不与外管路进行水交换。同时判定：

a. 下水位低：停止上罐进水，打开上罐排水阀，由上罐给下罐注水。

b. 下水位高：停止上罐排水，向上罐注水。

c. 注意上罐进水和排水时循环泵和循环泵阀的动作顺序。

2. 系统方案设计（10 分）

（1）控制对象的分析

① 本系统控制对象是什么？

② 被控参数有几个？分别完成什么功能？

③ 控制变量有几个？分别是什么？

（2）控制方案的制定。请画出系统的方框图。

3．控制系统的软硬件选型（15 分）

（1）IPC 的选型。请进行 IPC 的选型，写出选择结果。

（2）I/O 接口设备的选择。

① 所选择的 I/O 接口设备（板卡、PLC、模块）的型号是什么？

② 本系统 I/O 点数目：DI 有几个？DO 有几个？AI 有几个？AO 有几个？

③ 所选择的 I/O 接口设备的 I/O 点数。

④ 所选择的 I/O 接口设备允许的输入输出信号的性质类型是什么？范围是多少？

⑤ 所选择的 I/O 接口设备的供电电压是多少？

⑥ 画出所选择的 I/O 接口设备接线端子图，指出其定义。

（3）传感器、变送器的选择。

① 所选择的传感器、变送器的型号是什么？

② 所选择的传感器、变送器的主要技术参数。

（4）执行器的选择。所选择的执行器的主要技术参数。

（5）其他选择。

4．控制系统的电路原理图设计（15 分）

（1）I/O 接口设备与传感器、变送器的连接。请画出 I/O 设备与传感器、变送器的连线图。

（2）I/O 接口设备与执行器的连接。请画出 I/O 设备与执行器的连线图。

（3）I/O 接口设备与 IPC 的连线图。请画出 I/O 设备与 IPC 的连线图。

（4）其他。

5．软件设计与调试（30 分）

（1）数据变量的定义。请进行变量规划并填表 L9.1。

表 L9.1　变量规划表

名　称	信　号　类　型	初　值	作　用

（2）监控画面的制作。请进行监控画面制作。

（3）动画连接。请填表 L9.2，说明所进行的主要动画连接。

表 L9.2　动画连接内容

对　　象	连 接 内 容	连 接 变 量	连 接 目 的

（4）程序的编写。请写出程序清单。

（5）程序调试顺序单。请填表 L9.3。

（6）上交制作完成的电子版。

表 L9.3　调试顺序单

步　骤	操　作	结　果							
		上压力变送器	下压力变送器	上罐进水阀	上罐排水阀	下罐进水阀	下罐排水阀	温度变送器	电加热器
0	初始状态								
1									
2									
3									

6. 硬件连线与检查（10 分）

（1）I/O 接口设备与传感器、变送器的连接。

（2）I/O 接口设备与执行器的连接。

（3）I/O 接口设备与 IPC 的连线。

（4）其他。

7. 组态软件与接口设备的连接（10 分）

（1）在组态软件中进行设备添加。请写出主要方法与步骤。

（2）在组态软件中进行设备基本属性的设置。请写出主要方法与步骤。

（3）在组态软件中进行通道连接。请写出主要方法与步骤。

（4）在组态软件中进行设备调试。请写出主要方法与步骤。

（5）其他。

8. 系统在线运行与调试（10 分）

请写出主要方法与步骤。

练习项目 10 双储液罐温度监控系统设计

1. 任务

利用 MCGS 或组态王软件、IPC 和 PLC（或 I/O 板卡、模块）构成双储液罐温度监控系统（见图 L10.1 所示）。要求：

（1）控制要求：对两水罐的温度进行检测，并将下水罐温度控制在给定值。运行中，应能人工输入温度给定值，并且具有手动控制和自动控制两种功能。

（2）具有生产流程显示、温度、上下液位指示、计算机手动控制、自动控制和手/自动切换功能。

（3）设计报警画面、报表、实时趋势曲线、历史趋势曲线画面。

要求能够查阅双储液罐双水位系统监控相关资料；根据控制要求制定控制方案、选择 I/O 接口设备，正确画出水位控制系统电路原理图；能够应用 MCGS 或 Kingview 组态软件进行监控画面的制作和程序编写、调试。

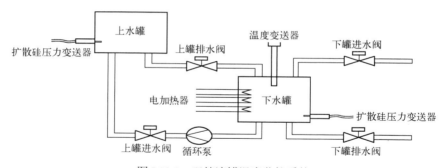

图 L10.1 双储液罐温度监控系统

（4）自动控制策略：通过对加热器的通断控制实现温控。

① 两位式策略：温度低于设定值，三组加热器工作使水升温；温度高于设定值，下罐进水阀，下罐排水阀打开，排出热水，倒入冷水，以降温。

② 另外，为防止下水位过低造成电加热器干烧损坏，应设低水位保护，确保水位过低时自动停止加热。

（5）温度监控系统参考电路如图 L10.2 所示。

2. 系统方案设计（10 分）

（1）控制对象的分析。

① 本系统控制对象是什么？

② 被控参数有几个？分别完成什么功能？

③ 控制变量有几个？分别是什么？

（2）控制方案的制定。请画出系统的方框图。

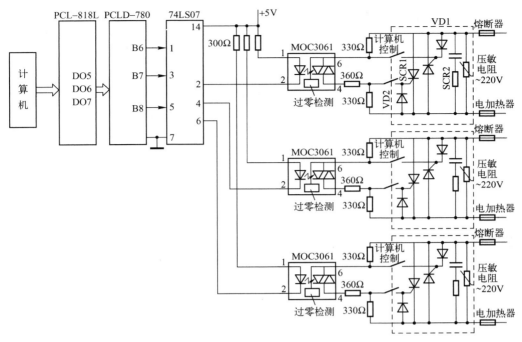

图 L 10.2　温度监控系统参考电路

3.　温度监控系统的软、硬件选型（15 分）

（1）IPC 的选型。请进行 IPC 的选型，写出选择结果。

（2）I/O 接口设备的选择。

① 所选择的 I/O 接口设备（板卡、PLC、模块）的型号是什么？

② 本系统 I/O 点数目：DI 有几个？DO 有几个？AI 有几个？AO 有几个？

③ 所选择的 I/O 接口设备的 I/O 点数。

④ 所选择的 I/O 接口设备允许的输入输出信号的类型是什么？范围是多少？

⑤ 所选择的 I/O 接口设备的供电电压是多少？

⑥ 画出所选择的 I/O 接口设备接线端子图，指出其定义。

（3）传感器、变送器的选择。

① 所选择的传感器、变送器的型号是什么？

② 所选择的传感器、变送器的主要技术参数。

（4）执行器的选择。所选择的执行器的主要技术参数。

（5）其他选择。

4.　控制系统的电路原理图设计（15 分）

（1）I/O 接口设备与传感器、变送器的连接。请画出 I/O 设备与传感器、变送器的连线图。

（2）I/O 接口设备与执行器的连接。请画出 I/O 设备与执行器的连线图。

（3）I/O 接口设备与 IPC 的连线图。请画出 I/O 设备与 IPC 的连线图。

（4）其他。

5. 软件设计与调试（30 分）

（1）数据变量的定义。请进行变量规划并填表 L10.1。

表 L10.1　变量规划表

名　　称	信 号 类 型	初　　值	作　　用

（2）监控画面的制作。请进行监控画面制作。

（3）动画连接。请填表 L10.2，说明所进行的主要动画连接。

表 L10.2　动画连接

对　　象	连 接 内 容	连 接 变 量	连 接 目 的
	.		

（4）程序的编写。请写出程序清单。

（5）程序调试顺序单。请填表 L10.3。

（6）上交制作完成的电子版。

表 L10.3　调试顺序单

步　　骤	操　　作	结　　果							
		上压力变送器	下压力变送器	上罐进水阀	上罐排水阀	下罐进水阀	下罐排水阀	温度变送器	电加热器
0	初始状态								
1									
2									
3									

6. 硬件连线与检查（10 分）

（1）I/O 接口设备与传感器、变送器的连接。

（2）I/O 接口设备与执行器的连接。

（3）I/O 接口设备与 IPC 的连线。

（4）其他。

7．组态软件与接口设备的连接（10 分）

（1）在组态软件中进行设备添加。请写出主要方法与步骤。

（2）在组态软件中进行设备基本属性的设置。请写出主要方法与步骤。

（3）在组态软件中进行通道连接。请写出主要方法与步骤。

（4）在组态软件中进行设备调试。请写出主要方法与步骤。

（5）其他。

8．系统在线运行与调试（10 分）

请写出主要方法与步骤。

练习项目 11 双储液罐水位 PID 控制系统设计

1. 任务

利用 MCGS 或组态王软件、IPC 和 PLC（或 I/O 板卡、模块）构成双储液罐水位 PID 控制系统（见图 L11.1 所示），实现以下控制要求：

（1）对两水罐的水位、温度进行检测，并将下水罐水位控制在给定值。运行中，应能人工输入水位给定值，系统应具有手动控制和自动控制功能。

（2）具有生产流程显示、温度、上下液位指示、计算机手动控制、自动控制和手/自动切换功能。

（3）设计报警画面、报表、实时趋势曲线、历史趋势曲线画面。

要求能够查阅双储液罐双水位系统监控相关资料；根据控制要求制定控制方案、选择 I/O 接口设备，正确画出水位控制系统电路原理图；能够应用 MCGS 或 Kingview 组态软件进行监控画面的制作和程序编写、调试。

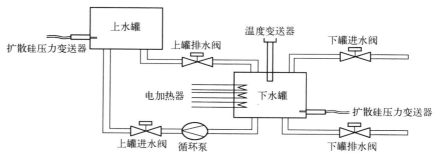

图 L11.1 双储液罐水位 PID 控制系统

（4）自动控制策略：采用 PID 控制算法。将下罐进水阀改为可连续调节阀门开度的调节阀。

2. 系统方案设计（10 分）

（1）控制对象的分析。

① 本系统控制对象是什么？

② 被控参数有几个？分别完成什么功能？

③ 控制变量有几个？分别是什么？

（2）控制方案的制定。请画出系统的方框图。

3. 控制系统的软硬件选型（15 分）

（1）IPC 的选型。请进行 IPC 的选型，写出选择结果。

（2）I/O 接口设备的选择。

① 所选择的 I/O 接口设备（板卡、PLC、模块）的型号是什么？

② 本系统 I/O 点数目：DI 有几个？DO 有几个？AI 有几个？AO 有几个？

③ 所选择的 I/O 接口设备的 I/O 点数？

④ 所选择的 I/O 接口设备允许的输入输出信号的类型是什么？范围是多少？

⑤ 所选择的 I/O 接口设备的供电电压是多少？

⑥ 画出所选择的 I/O 接口设备接线端子图，指出其定义。

（3）传感器、变送器的选择。

① 所选择的传感器、变送器的型号是什么？

② 所选择的传感器、变送器的主要技术参数。

（4）执行器的选择。所选择的执行器的主要技术参数。

（5）其他选择。

4．控制系统的电路原理图设计（15 分）

（1）请画出 I/O 设备与传感器、变送器的连线图。

（2）请画出 I/O 设备与执行器的连线图。

（3）请画出 I/O 设备与 IPC 的连线图。

（4）其他。

5．软件设计与调试（30 分）

（1）请进行变量规划并填表 L11.1。

表 L11.1　变量规划表

名　　称	信　号　类　型	初　　值	作　　用

（2）请进行监控画面制作。

（3）请填表 L11.2，说明所进行的主要动画连接。

表 L11.2　动画连接

对　　象	连　接　内　容	连　接　变　量	连　接　目　的

（4）请写出程序清单。

（5）程序调试顺序单。请填表 L11.3。

（6）上交制作完成的电子版。

表 L11.3　调试顺序单

步　　骤	操　　作	结　果							
		上压力 变送器	下压力 变送器	上罐进 水阀	上罐排 水阀	下罐进 水阀	下罐排 水阀	温度变 送器	电加 热器
0	初始状态								
1									
2									
3									

6．硬件连线与检查（10 分）

（1）I/O 接口设备与传感器、变送器的连接。

（2）I/O 接口设备与执行器的连接。

（3）I/O 接口设备与 IPC 的连线。

（4）其他。

7．组态软件与接口设备的连接（10 分）

（1）在组态软件中进行设备添加。请写出主要方法与步骤。

（2）在组态软件中进行设备基本属性的设置。请写出主要方法与步骤。

（3）在组态软件中进行通道连接。请写出主要方法与步骤。

（4）在组态软件中进行设备调试。请写出主要方法与步骤。

（5）其他。

8．系统在线运行与调试（10 分）

请写出主要方法与步骤。

练习项目 12　双储液罐水位、温度自动监控系统设计

1. 任务

利用 MCGS 或组态王软件、IPC 和 PLC（或 I/O 板卡、模块）构成双储液罐水位、温度自动监控系统（如图 L12.1 所示），实现以下控制要求：

（1）对两水罐的水位、温度进行检测，并将下水罐水位和温度都控制在给定值。运行中，应能人工输入水位给定值和温度给定值，系统应具有手动控制和自动控制功能。

（2）具有生产流程显示、温度、上下液位指示、计算机手动控制、自动控制和手/自动切换功能。

（3）设计报警画面、报表、实时趋势曲线、历史趋势曲线画面。

要求能够查阅双储液罐双水位系统监控相关资料；根据控制要求制定控制方案、选择 I/O 接口设备，正确画出水位控制系统电路原理图；能够应用 MCGS 或 Kingview 组态软件进行监控画面的制作和程序编写、调试。

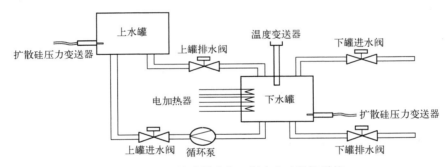

图 L12.1　双储液罐水位、温度自动监控系统

（4）自动控制策略：采用 PID 控制算法。采用与训练项目 8、训练项目 10 相同的策略，但应注意水位控制和温度控制策略不应有矛盾处。

2. 系统方案设计（10 分）

（1）控制对象的分析。

① 本系统控制对象是什么？

② 被控参数有几个？分别完成什么功能？

③ 控制变量有几个？分别是什么？

（2）控制方案的制定。请画出系统的方框图。

3. 控制系统的软硬件选型（15 分）

（1）IPC 的选型。请进行 IPC 的选型，写出选择结果。

（2）I/O 接口设备的选择。

① 所选择的 I/O 接口设备（板卡、PLC、模块）的型号是什么？

② 本系统 I/O 点数目：DI 有几个？DO 有几个？AI 有几个？AO 有几个？

③ 所选择的 I/O 接口设备的 I/O 点数。

④ 所选择的 I/O 接口设备允许的输入输出信号的类型是什么？范围是多少？

⑤ 所选择的 I/O 接口设备的供电电压是多少？

⑥ 画出所选择的 I/O 接口设备接线端子图，指出其定义。

（3）传感器、变送器的选择。

① 所选择的传感器、变送器的型号是什么？

② 所选择的传感器、变送器的主要技术参数。

（4）执行器的选择。所选择的执行器的主要技术参数。

（5）其他选择。

4．控制系统的电路原理图设计（15 分）

（1）I/O 接口设备与传感器、变送器的连接。请画出 I/O 设备与传感器、变送器的连线图。

（2）I/O 接口设备与执行器的连接。请画出 I/O 设备与执行器的连线图。

（3）I/O 接口设备与 IPC 的连线图。请画出 I/O 设备与 IPC 的连线图。

（4）其他。

5．软件设计与调试（30 分）

（1）数据变量的定义。请进行变量规划并填表 L12.1。

表 L12.1　变量规划表

名　　称	信 号 类 型	初　值	作　用

（2）监控画面的制作。请进行监控画面制作。

（3）动画连接。请填表 L12.2，说明所进行的主要动画连接。

表 L12.2　动画连接

对　　象	连 接 内 容	连 接 变 量	连 接 目 的

（4）程序的编写。请写出程序清单。

（5）程序调试顺序单。请填表 L12.3。

（6）上交制作完成的电子版。

表 L12.3　调试顺序单

步　骤	操　作	结　果							
		上压力 变送器	下压力 变送器	上罐进 水阀	上罐排 水阀	下罐进 水阀	下罐排 水阀	温度变 送器	电加 热器
0	初始状态								
1									
2									
3									

6．硬件连线与检查（10 分）

（1）I/O 接口设备与传感器、变送器的连接。

（2）I/O 接口设备与执行器的连接。

（3）I/O 接口设备与 IPC 的连线。

（4）其他。

7．组态软件与接口设备的连接（10 分）

（1）在组态软件中进行设备添加。请写出主要方法与步骤。

（2）在组态软件中进行设备基本属性的设置。请写出主要方法与步骤。

（3）在组态软件中进行通道连接。请写出主要方法与步骤。

（4）在组态软件中进行设备调试。请写出主要方法与步骤。

（5）其他。

8．系统在线运行与调试（10 分）

请写出主要方法与步骤。

练习项目 13　工件自动加工监控系统设计

1. 任务

利用 MCGS 或组态王软件、IPC 和 PLC（或 I/O 板卡、模块）构成工件自动加工监控系统（见图 L13.1 所示），实现以下功能：

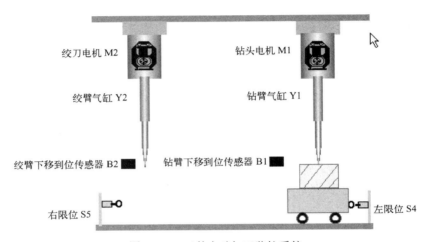

绞刀电机 M2　　　　　　钻头电机 M1

绞臂气缸 Y2　　　　　　钻臂气缸 Y1

绞臂下移到位传感器 B2　　钻臂下移到位传感器 B1

右限位 S5　　　　　　　左限位 S4

图 L13.1　工件自动加工监控系统

（1）钻孔加工。加工台在右边时，手工将工件放好，上限位开关 S4 动作，延时 30s 作为间隔，此时气缸 Y1 带动的钻臂向下运动，同时电机 M1 带动的钻头开始旋转。当钻臂接近工件的表面（B1=1）时，延时 5s（钻臂继续向下钻孔）后，钻臂返回。钻臂在 B1 处出现下降沿时，钻头停止。

（2）绞孔加工。加工台在左边时，压上限位开关 S5，延时 10s，此时气缸 Y2 带动的绞臂向下运动，同时电机 M2 带动的绞刀开始旋转。当绞臂接近工件的表面（B2=1）时，延时 5s（绞臂继续向下绞孔）后，绞臂返回。绞臂在 B2 处出现下降沿时，绞刀停止。

（3）小车传送。当钻臂在 B1 处或绞臂在 B2 处出现下降沿时，送料小车开始左、右行，按下其限位开关后停止。

（4）其他。初次加工时，应按复位按钮 S3 将送料小车移到右位，该加工应具有记忆功能，按下急停按钮 S0 或各个电机过载时，加工停止，并产生不同闪烁周期的报警信号。

（5）在计算机中显示工件加工工作状态。

要求能够查阅工件自动加工监控相关资料；根据控制要求制定控制方案、选择 I/O 接口设备，正确画出自动加工监控系统电路原理图；能够应用 MCGS 或 Kingview 组态软件进行监控画面的制作和程序编写、调试。

2．系统方案设计（10 分）

（1）控制对象的分析。

① 本系统控制对象是什么？

② 被控参数有几个？分别完成什么功能？

③ 控制变量有几个？分别是什么？

（2）控制方案的制定。请画出系统的方框图。

3．控制系统的软硬件选型（15 分）

（1）IPC 的选型。请进行 IPC 的选型，写出选择结果。

（2）I/O 接口设备的选择。

① 所选择的 I/O 接口设备（板卡、PLC、模块）的型号是什么？

② 本系统 I/O 点数目：DI 有几个？DO 有几个？AI 有几个？AO 有几个？

③ 所选择的 I/O 接口设备的 I/O 点数。

④ 所选择的 I/O 接口设备允许的输入信号的类型是什么？范围是多少？

⑤ 所选择的 I/O 接口设备的供电电压是多少？

⑥ 画出所选择的 I/O 接口设备接线端子图，指出其定义。

（3）传感器、变送器的选择。

① 所选择的传感器、变送器的型号是什么？

② 所选择的传感器、变送器的主要技术参数。

（4）执行器的选择。所选择的执行器的主要技术参数。

（5）其他选择。

4．控制系统的电路原理图设计（15 分）

（1）I/O 接口设备与传感器、变送器的连接。请画出 I/O 设备与传感器、变送器的连线图。

（2）I/O 接口设备与执行器的连接。请画出 I/O 设备与执行器的连线图。

（3）I/O 接口设备与 IPC 的连线图。请画出 I/O 设备与 IPC 的连线图。

（4）其他。

5．软件设计与调试（30 分）

（1）数据变量的定义。请进行变量规划并填表 L13.1。

表 L13.1　变量规划表

名　　称	信　号　类　型	初　　值	作　　用

（2）监控画面的制作。请进行监控画面制作。

（3）动画连接。请填表 L13.2，说明所进行的主要动画连接。

对　　象	连 接 内 容	连 接 变 量	连 接 目 的

（4）程序的编写。请写出程序清单。

（5）程序调试顺序单。请填表 L13.3。

（6）上交制作完成的电子版。

表 L13.3　调试顺序单

步　骤	操　作	结　　　果							
		绞刀 电机	绞臂 气缸	钻头 电机	钻臂 气缸	位置传 感器 B1	位置传 感器 B2	右限位 开关	左限位 开关
0	初始状态								
1									
2									
3									

6．硬件连线与检查（10分）

（1）I/O 接口设备与传感器、变送器的连接。

（2）I/O 接口设备与执行器的连接。

（3）I/O 接口设备与 IPC 的连线。

（4）其他。

7．组态软件与接口设备的连接（10分）

（1）在组态软件中进行设备添加。请写出主要方法与步骤。

（2）在组态软件中进行设备基本属性的设置。请写出主要方法与步骤。

（3）在组态软件中进行通道连接。请写出主要方法与步骤。

（4）在组态软件中进行设备调试。请写出主要方法与步骤。

（5）其他。

8．系统在线运行与调试（10分）

请写出主要方法与步骤。

9．设计参考

工件自动加工系统。

（1）监控系统系统对象分析。

监控系统的控制对象——钻臂、绞臂、小车。

控制参数——钻臂移动及旋转动作，绞臂的移动及旋转动作，小车的移动。

控制目标——能够完成工件钻孔加工，之后小车传送到绞孔台，进行绞孔的加工。

控制变量——执行机构采用电动机和气缸实现，控制变量共六个，分别控制电动机及电。磁阀。

检测装置——限位开关、钻臂、绞臂到位传感器。

（2）控制系统方案确定。参见学习项目 1。

（3）设备选型。本监控系统采用电动机、电磁阀作为执行机构，设备的选型可参考学习项目 1。

（4）工件加工电路接线图。参见学习项目 1。

（5）参考画面设计。参考画面如图 13.1 所示。

（6）I/O 变量的定义。使用 PLC 作 I/O 设备，I/O 地址分配见表 L13.4。

表 L13.4　PLC I/O 地址分配

输　入				输　出		
PLC 地址	电气符号	状态	功能说明	PLC 地址	电气符号	功能说明
I0.0	S0	NC	急停按钮	Q0.0	K1M	钻头电机
I0.1	RF1	NC	送料小车电机过载	Q0.1	K2M	绞刀电机
I0.2	RF2	NC	钻头、绞刀电机过载	Q0.2	K3M	送料小车右行
I0.3	S1	NC	停止按钮	Q0.3	K4M	送料小车左行
I0.4	S2	NO	启动按钮	Q0.4	Y1	钻臂下移
I0.5	S3	NO	复位按钮	Q0.5	Y2	绞臂下移
I0.6	S4	NO	送料小车右限位开关	Q0.6	H1	加工正常指示灯
I0.7	S5	NO	送料小车左限位开关	Q0.7	BJD	报警灯
I1.0	B1	NO	钻臂下移到位传感器			
I1.1	B2	NO	绞臂下移到位传感器			

（7）变量定义。假设使用 PLC，参考变量定义见表 L13.5。

表 L13.5　参考变量定义

变量名称	类型	变量说明	变量名称	类型	变量说明
RF1	开关型	送料小车电机过载	K1M	开关型	钻头电机
RF2	开关型	钻头、绞刀电机过载	K2M	开关型	绞刀电机
S1	开关型	停止按钮	K3M	开关型	送料小车右行
S2	开关型	启动按钮	K4M	开关型	送料小车左行
S3	开关型	复位按钮	Y1	开关型	钻臂下移
S4	开关型	送料小车右限位开关	Y2	开关型	绞臂下移
S5	开关型	送料小车左限位开关	H1	开关型	加工正常指示灯
B1	开关型	钻臂下移到位传感器	BJD	开关型	报警灯
B2	开关型	绞臂下移到位传感器	小车行程	数值型	小车行走模拟
系统状态	字符型	描述系统状态	钻头行程	数值型	钻臂运动模拟

变量名称	类型	变量说明	变量名称	类型	变量说明
ZD	开关型	自动标志	绞刀行程	数值型	绞臂运动模拟
JP	开关型	工作状态			

（8）动画连接与调试。以下给出基本动画连接要求与提示的实现方法。同学们也可以设计出更多的动画效果，但要与题意符合。

（9）控制程序的编写与调试。以下是参考控制程序：

```
IF ZD=0 THEN
    系统状态="手动"
ENDIF
IF ZD=1 THEN
    系统状态="自动"
ENDIF
IF BJD=1 THEN
    系统状态="故障"
ENDIF
IF JP=1 AND Y1=1 THEN
    钻头行程=钻头行程+1
ENDIF
IF 钻头行程>400 AND Y1=1 THEN
    钻头行程=400
ENDIF
IF JP=2 AND Y1=0 THEN
    钻头行程=钻头行程-1
ENDIF
IF 钻头行程<0 AND Y1=0 THEN
    钻头行程=0
ENDIF
IF JP=3 AND K4M=1 THEN
    小车行程=小车行程+1
ENDIF
IF JP=4 AND Y2=1 THEN
    绞刀行程=绞刀行程+1
ENDIF
IF 绞刀行程>400 AND Y2=1 THEN
    绞刀行程=400
ENDIF
IF JP=6 AND Y2=0 THEN
    绞刀行程=绞刀行程-1
```

ENDIF

IF 绞刀行程<0 AND Y2=0 THEN

    绞刀行程=0

ENDIF

IF JP=7 AND K3M=1 THEN

    小车行程=小车行程-1

ENDIF

IF 小车行程<0 AND K3M=1 THEN

    小车行程=0

ENDIF

练习项目 14　污水处理过程监控系统设计

1．任务

利用 MCGS 或组态王软件、IPC 和 PLC（或 I/O 板卡、模块）构成污水处理过程监控系统（见图 L14.1 所示），具体如下：

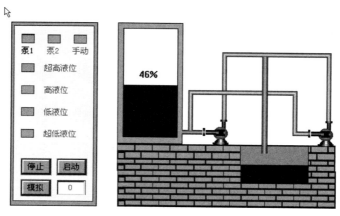

图 L14.1　污水处理过程监控系统

（1）控制方式。一个污水池，由两台污水泵实现对污水的排放处理。两台排污泵定时循环工作，每间隔 2 分钟（实际时间可调整）实现换泵。当某一台泵在其工作期间出现故障时，要求另一台泵投入运行。当污水液位达到超高液位时，两台泵也可以同时投入运行。

（2）液位控制。污水池液位在高液位时，系统自动开启污水泵；污水池液位在低液位时，系统自动关闭污水泵；污水池液位达到超高液位时，系统自动开启两台污水泵。

（3）报警输出。污水池出现超低液位时，液位报警灯以 0.5s 的周期闪烁；污水池出现超高液位时，液位报警灯以 0.1s 的周期闪烁。

（4）在计算机中显示污水处理工作状态。

要求能够查阅污水处理监控相关资料；根据控制要求制定控制方案、选择 I/O 接口设备，正确画出污水处理监控系统电路原理图；能够应用 MCGS 或 Kingview 组态软件进行监控画面的制作和程序编写、调试。

2．系统方案设计（10 分）

（1）控制对象的分析。

① 本系统控制对象是什么？

② 被控参数有几个？分别完成什么功能？

③ 控制变量有几个？分别是什么？

（2）控制方案的制定。请画出系统的方框图。

3．控制系统的软硬件选型（15 分）

（1）IPC 的选型。请进行 IPC 的选型，写出选择结果。

（2）I/O 接口设备的选择。

① 所选择的 I/O 接口设备（板卡、PLC、模块）的型号是什么？

② 本系统 I/O 点数目：DI 有几个，DO 有几个？AI 有几个？AO 有几个？

③ 所选择的 I/O 接口设备的 I/O 点数。

④ 所选择的 I/O 接口设备允许的输入输出信号的类型是什么？范围是多少？

⑤ 所选择的 I/O 接口设备的供电电压是多少？

⑥ 画出所选择的 I/O 接口设备接线端子图，指出其定义。

（3）传感器、变送器的选择。

① 所选择的传感器、变送器的型号是什么？

② 所选择的传感器、变送器的主要技术参数。

（4）执行器的选择。所选择的执行器的主要技术参数。

（5）其他选择。

4．控制系统的电路原理图设计（15 分）

（1）I/O 接口设备与传感器、变送器的连接。请画出 I/O 设备与传感器、变送器的连线图。

（2）I/O 接口设备与执行器的连接。请画出 I/O 设备与执行器的连线图。

（3）I/O 接口设备与 IPC 的连线图。请画出 I/O 设备与 IPC 的连线图。

（4）其他。

5．软件设计与调试（30 分）

（1） 数据变量的定义。请进行变量规划并填表 L14.1。

表 L14.1　变量规划表

名　　称	信 号 类 型	初　值	作　用

（2）监控画面的制作。请进行监控画面制作。

（3）动画连接。请填表 L14.2，说明所进行的主要动画连接。

表 L14.2　动画连接

对　象	连 接 内 容	连 接 变 量	连 接 目 的

（4）程序的编写。请写出程序清单。

（5）程序调试顺序单。请填表 L14.3。

（6）上交制作完成的电子版。

表 L14.3　调试顺序单

步　骤	操　作	结　果			
		泵 1	泵 2	液位	报警灯
0	初始状态				
1					
2					
3					

6．硬件连线与检查（10 分）

（1）I/O 接口设备与传感器、变送器的连接。
（2）I/O 接口设备与执行器的连接。
（3）I/O 接口设备与 IPC 的连线。
（4）其他。

7．组态软件与接口设备的连接（10 分）

（1）在组态软件中进行设备添加。请写出主要方法与步骤。
（2）在组态软件中进行设备基本属性的设置。请写出主要方法与步骤。
（3）在组态软件中进行通道连接。请写出主要方法与步骤。
（4）在组态软件中进行设备调试。请写出主要方法与步骤。
（5）其他。

8．系统在线运行与调试（10 分）

请写出主要方法与步骤。

9．设计参考

污水处理监控系统。
（1）监控系统系统对象分析。
监控系统的控制对象——水池。
控制参数——水泵的动作。
控制目标——两台水泵定时循环工作，当一台出现故障，另一台投入工作；当液位太高时两台同时工作。
控制变量——执行机构采用水泵。
检测装置——液位传感器、水泵电机故障检测装置。
（2）控制系统方案确定。略。
（3）设备选型。略。

（4）污水处理电路接线图。略。

（5）参考画面设计。如图L14.1。

（6）I/O变量的定义。PLC I/O地址分配见表L14.4。

表 L14.4　PLC I/O 地址分配

输　　入				输　　出		
PLC 地址	电气符号	状态	功能说明	PLC 地址	电气符号	功能说明
I0.0	S0	NC	急停按钮	Q0.0	K1M	1 号污水泵运行
I0.1	RF1	NC	1 号污水泵电机过载	Q0.1	K2M	2 号污水泵运行
I0.2	RF2	NC	2 号污水泵电机过载	Q0.2	H1	污水池超低液位指示
I0.3	S1	NC	停止按钮	Q0.3	H2	污水池低液位指示
I0.4	S2	NO	启动按钮	Q0.4	H3	污水池高液位指示
I0.5	B1	NO	污水池超低液位	Q0.5	H4	污水池超高液位指示
I0.6	B2	NO	污水池低液位	Q0.6	BJD	污水池液位报警灯
I0.7	B3	NO	污水池高液位			
I1.0	B4	NO	污水池超高液位			

（7）变量定义。假设使用PLC，参考变量定义见表L14.5。

表 L14.5　参考变量定义

变量名称	类型	变量说明	变量名称	类型	变量说明
S0	开关型	急停按钮	K1M	开关型	1 号污水泵运行
S1	开关型	停止按钮	K2M	开关型	2 号污水泵运行
S2	开关型	1 号污水泵启动	H1	开关型	污水池超低液位状态
S3	开关型	2 号污水泵启动	H2	开关型	污水池低液位状态
RF1	开关型	1 号污水泵过载	H3	开关型	污水池高液位状态
RF2	开关型	2 号污水泵过载	H4	开关型	污水池超高液位状态
CDYW	开关型	污水池超低液位	BJQ	开关型	报警器
DYW	开关型	污水池低液位	BJD	开关型	报警灯
GYW	开关型	污水池高液位	GZ	开关型	故障
CGYW	开关型	污水池超高液位	ZD	开关型	自动
系统状态	字符型	系统状态	液位	数值型	液位
YWBZ	数值型	液位标志			

（8）动画连接与调试。以下给出基本动画连接要求与提示的实现方法。同学们也可以设计出更多的动画效果，但要与题意符合。

（9）控制程序的编写与调试。以下是参考控制程序：

```
IF zd=0 THEN
    系统状态="手动"
ENDIF
IF zd=1 THEN
    系统状态="自动"
```

```
        ENDIF
IF GZ=1 THEN
        系统状态="故障"
ENDIF
IF CGYW=0 AND YWBZ=1 THEN
        液位=液位+1
ENDIF
IF CDYW=0 AND  液位>150 AND YWBZ=1 THEN
        液位=150
ENDIF
IF DYW=0 AND  液位>300 AND YWBZ=1 THEN
        液位=300
ENDIF
IF GYW=0 AND  液位>750 AND YWBZ=1 THEN
        液位=750
ENDIF
IF CGYW=0 AND  液位>900 AND YWBZ=1 THEN
        液位=900
ENDIF
IF CDYW=0 AND YWBZ=0 THEN
        液位=液位-1
ENDIF
IF CGYW=1 AND  液位<890 AND YWBZ=0 THEN
        液位=890
ENDIF
IF GYW=1 AND  液位<740 AND YWBZ=0 THEN
        液位=740
ENDIF
IF DYW=1 AND  液位<290 AND YWBZ=0 THEN
        液位=290
ENDIF
IF CDYW=1 AND  液位<140 AND YWBZ=0 THEN
        液位=140
ENDIF
IF CGYW=0 THEN
        YWBZ=1
ENDIF
IF CGYW=1 THEN
        YWBZ=0
ENDIF
```